NDT 冶金无损检测人员资格鉴定与认证培训教材

铁磁金属材料的磁粉检测

冶金无损检测人员资格鉴定与认证委员会 编

张建卫 主编

合肥工業大學出版社

图书在版编目(CIP)数据

铁磁金属材料的磁粉检测/冶金无损检测人员资格鉴定与认证委员会编．—合肥：合肥工业大学出版社，2021.7
ISBN 978-7-5650-5366-5

Ⅰ.①铁…　Ⅱ.①冶…　Ⅲ.①铁磁材料—磁粉检验　Ⅳ.①TG115.28

中国版本图书馆 CIP 数据核字(2021)第 132869 号

铁磁金属材料的磁粉检测

TIECI JINSHU CAILIAO DE CIFEN JIANCE

冶金无损检测人员资格鉴定与认证委员会　编　　　责任编辑　汤礼广　刘　露

出　版	合肥工业大学出版社	版　次	2021 年 7 月第 1 版
地　址	合肥市屯溪路 193 号	印　次	2021 年 7 月第 1 次印刷
邮　编	230009	开　本	787 毫米×1092 毫米　1/16
电　话	理工编辑部：0551-62903087	印　张	15.5
	市场营销部：0551-62903198	字　数	377 千字
网　址	www.hfutpress.com.cn	印　刷	安徽昶颉包装印务有限责任公司
E-mail	hfutpress@163.com	发　行	全国新华书店

ISBN 978-7-5650-5366-5　　　　定价：46.00 元

《铁磁金属材料的磁粉检测》

编写委员会

主　编　张建卫

副主编　陈昌华　刘光磊　黄　鑫

委　员　（以姓氏笔画为序）

丁伟臣　于武刚　万　策　王永锋　王丽娟

王晓文　曲敬龙　吕　丹　朱国庆　刘　力

齐英豪　李　杰　李　艇　沈海红　张广新

张海龙　张鸿博　陈翠丽　范　弘　罗云东

金雄英　周立波　赵仁顺　徐　磊　温　静

谢晓慧　魏志辉

序　言

随着国民经济和科学技术的快速发展，石油、机械、铁道、船舶、电力、国防和特种设备等行业和领域对金属材料和产品的质量要求越来越高。无损检测作为质量控制中不可缺少的技术，已成为保证金属材料和产品质量的有力手段，且发挥着越来越重要的作用。

无损检测技术应用的正确性和有效性，一方面取决于所采用的技术和设备的水平，另一方面取决于使用技术和设备的人员的专业能力、水平和经验。在一定的技术和设备条件下，如何确保无损检测结果的可靠性，国际通行做法是通过对无损检测人员进行技术培训和资格鉴定与认证以提高和确定其专业能力和水平。对此，国际标准化组织制定的相关国际标准(ISO 9712)以及我国采用和颁布的国家标准《无损检测人员资格鉴定与认证》(GB/T 9445)，都规定了对申请各级别资格的无损检测人员从事专业工作范围及专业能力进行确认的方法。为了与国际标准接轨，同时遵循国家标准，我国冶金行业对从事无损检测人员履行各级别无损检测任务所需的知识、技术及培训经历也做出了相应规定。

几十年来，无损检测在各个行业中广泛应用，尤其是近 20 年以来，冶金行业中的无损检测技术发展迅速，带有鲜明行业特色的自动化无损探伤设备的数量不断增加。先进的设备需要有一定理论基础和实践经验的专业人员进行操作，冶金无损检测人员资格鉴定与认证委员会作为全国冶金行业中无损检测专业人员的培训和认证基地，自 20 世纪 80 年代以来，为冶金企事业单位培养和输送了大批合格的专业技术人员，在提高冶金无损检测人员素质、确保冶金产品质量等方面发挥了重要作用。随着国内有关企事业单位对无损检测人员的需求不断增加，编写内容反映最新国际标准和国家标准要求的相关教材及建立相应培训体系的任务更加迫切。为此，冶金无损检测人员资格鉴定与认证委员会特组织有关专家和学者于 1993 年、1997 年和 2015 年相继编写了《金属材料的超声波检测》《金属材料的涡流检测》《铁磁金属材料的漏磁检测》《铁磁金属材料的磁粉检测》等系列培训教材，这些教材在介绍无损检测通用基础理论和技术的基础上，还专门介绍了冶金行业自动化无损检测人员所需的知识和内容。本书是上述系列教材之一，经过多年的试用和不断修订，本教材已经趋于成熟和完善，现予以正式出版。

本教材可满足冶金无损检测 1～3 级人员的培训需要，其中以 2 级无损检测人员所需的学习内容为主，而对 3 级无损检测人员的学习要求则体现在内容的深度和广度上，并强调其实用性。本教材整体上体现了冶金工业无损检测技术的特点，并反映了无损检测技术发展的最新动态和趋势。

相信经过我们共同的努力，我国的无损检测事业一定会绽放出更美丽的花朵，结出更丰硕的果实。

冶金无损检测人员资格鉴定与认证委员会

2021 年 6 月 1 日

前　　言

《铁磁金属材料的磁粉检测》是冶金无损检测人员资格鉴定与认证委员会组织编写的系列培训教材中的一本，它主要用于对各行业2级、3级磁粉检测人员进行技术培训与教学。

磁粉检测作为无损检测领域的一项专门技术，近二三十年来在各个行业中普及和应用的范围越来越广，自动化和智能化的磁粉检测已经逐渐成为行业保证产品质量所必不可少的检测手段，专门从事磁粉检测的从业人员也越来越多。

编写这本培训教材不是一项轻松的工作，因为它既要满足2级、3级检测人员培训学习需要，又要考虑各行业(特别是冶金行业)一般无损检测从业人员的接受能力，要完美地做到这点是非常困难的。现在本书虽然正式出版了，但受编者自身水平的限制，书中一定存在着许多欠缺和不足之处，在这里诚恳期待各位专家和同行批评与指正。

本书按照《冶金无损检测人员资格鉴定培训与考试大纲》(等同ISO/TS 25107:2019《无损检测人员培训大纲》)的要求编写，其中标有“*”的章节内容，主要供3级磁粉检测人员的培训与学习需要。

本书由张建卫担任主编，参编单位有钢研纳克检测技术股份有限公司、南京迪威尔高端制造股份有限公司、安泰天龙钨钼科技有限公司、天津钢管制造有限公司、北京科技大学、中石油西安管材研究所、北京钢研高纳科技股份有限公司、上海金艺检测技术有限公司、江阴兴澄特种钢铁有限公司、洛阳LYC轴承有限公司、河钢集团石家庄钢铁有限责任公司、大冶特殊钢有限公司、鞍钢集团钢铁研究院、包钢股份钢管公司、抚顺特殊钢股份有限公司、宝武重钢集团钢管公司等。

在编写本书的过程中，作者参考和引用了某些著作和文献中的部分内容，在此谨向这些著作和文献的作者表示真诚的感谢。

本书根据各行业2级、3级无损检测人员培训的特点进行编写，力求实用，同时考虑了冶金行业的特殊性要求，并尽量做到与国际上通行的无损检测等级技术培训要求相适应。本书在系统介绍磁粉检测必要知识的同时，为满足读者需要，也尽可能多地反映近些年来行业在科研和设备制造方面的一些新成果。

本书得到了赵仁顺同志的细心审核和校对，还有其他许多同志也为本书的编写付出了辛勤的劳动，在此，对他们一并致以深深的谢意。

张建卫

2021年5月于北京

目　　录

第一章　钢铁生产工艺及无损检测概论

*1.1　钢铁生产与钢中缺陷

钢材是现代工业、农业、国防以及科学技术各个领域应用最广泛的工程材料，这不仅是由于其来源丰富，生产工艺简单、成熟，而且还因为它具有优良的性能。通常所指的钢材的性能包括以下两个方面：

① 使用性能，即为了保证机械零件、结构件、设备等能正常工作，钢材所应具备的性能，主要有力学性能(强度、硬度、刚度、塑性、韧性等)，物理性能(密度、熔点、导热性、热膨胀性等)，化学性能(耐蚀性、热稳定性等)。使用性能决定了材料的应用范围、安全可靠性和使用寿命。

② 工艺性能，即钢材在被制成机械零件、结构件、设备的过程中适应各种冷、热加工的性能，例如铸造、压力加工、热处理、切削加工等方面的性能。工艺性能对制造成本、生产效率、产品质量有重要影响。

在钢材的生产过程中，由于操作不当或受技术水平的限制，有时在材料的表面或内部产生各种缺陷，这些部位将导致机件过早的失效与破坏，降低使用寿命。因此从事无损检测技术研究及冶金产品质量控制的工作者，充分了解钢材的生产、加工过程对材料性能和缺陷的形成影响，具有重要的意义。

1.1.1　炼铁

铁在自然界中以氧化物形式存在。含铁量较多并且具有冶炼价值的矿物，称铁矿石。炼铁就是从铁矿石中提取铁及其他有用元素形成生铁的过程。

(1)炼铁的原料及其作用

炼铁的原料主要有铁矿石、燃料和熔剂。

常见的铁矿石有磁铁矿(Fe_3O_4)和赤铁矿(Fe_2O_3)两种。铁矿石中也含有脉石(SiO_2、Al_2O_3)和杂质(硫、磷等)，它们是铁、钢中杂质的主要来源。

炼铁的主要燃料是焦炭。焦炭燃烧提供热量。燃烧形成的一氧化碳及焦炭本身都是优质还原剂。焦炭燃烧创造了炼铁过程的必要条件。

炼铁使用的熔剂为石灰石($CaCO_3$)。熔剂的作用是与矿石中的脉石及燃料中的灰分相互作用，形成熔点低、流动性好和比重小的熔渣，从而使铁水与杂质分离开。

(2)高炉冶炼过程

现代炼铁过程是在高炉内进行的。所谓炼铁过程的实质是把铁从含铁的氧化物(铁矿石)中还原出来。

图 1-1 为高炉示意图。矿石、燃料及熔剂按一定比例组成炉料，从炉顶装入炉内。由风口送入热风与焦炭燃烧后，产生的大量的热量及高温的炉气(含大量 CO)使炉温升高。炉气与炉料发生一系列反应，最后形成生铁和炉渣。生成的高温铁水与炉渣积蓄在炉缸内，

到达一定数量时，分别由出铁口及出渣口排出炉外。

高炉的主要产品是生铁，性能较脆。它是以铁碳为主（含碳量大于2.11%），并含有少量硅、锰、硫、磷等杂质的合金。生铁主要有两种：铸造生铁含硅量高，流动性好，主要用于铸造业。因其断口呈暗灰色，又称灰口铸铁；炼钢生铁主要用作炼钢原料，因其断口呈白亮色，又称白口铸铁。高炉的副产品是煤气和炉渣，煤气是良好的燃料，炉渣可用做建筑材料。

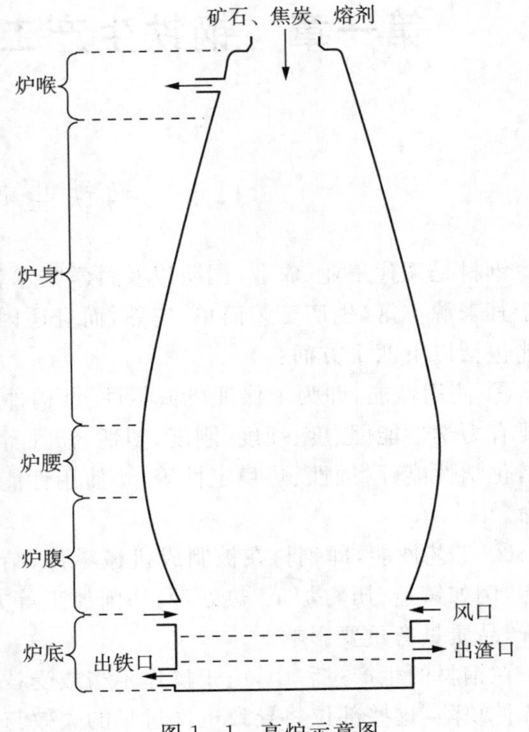

图1-1　高炉示意图

1.1.2　炼钢

(1)炼钢的基本原理

炼钢是将生铁中的碳及硅、锰、硫、磷等杂质通过氧化的方法而降低，使其达到规定的含量。炼钢过程的实质是杂质的氧化过程。

磷、硫在钢中通常是有害的，炼钢时应尽可能地除去。碳、硅、锰、硫、磷氧化后生成的氧化物以气体或炉渣的形式排出。其中硅、锰氧化时会放出大量热量，可作为炼钢的热源。

向铁液中供入的氧，使碳、硅、锰等元素氧化的同时，铁也被氧化形成亚铁(FeO)，需将其脱氧，使铁反入钢液中。钢的脱氧方法是加入脱氧剂（如Fe-Si合金、Fe-Mn合金、铝）。

(2)炼钢方法

现代炼钢方法主要有转炉、平炉及电炉炼钢法三种。图1-2为三种炼钢炉示意图。

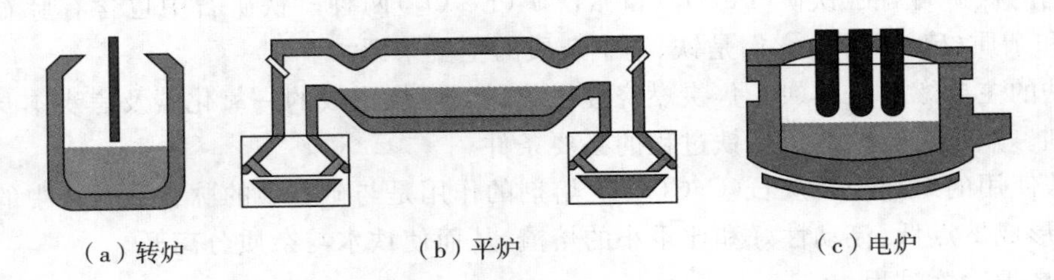

图1-2　三种炼钢炉示意图

转炉炼钢法是将纯氧或空气吹入铁水中，使碳、硅、锰、磷等元素氧化去除，并靠某些元素氧化时放出的热量使铁水温度升高，从而得到成分、温度合格的钢水。转炉炼钢不消耗外部燃料，冶炼时间短（几十分钟一炉），生产率高，钢的品种多，质量好，成本低，投资少，故被广泛采用。

平炉炼钢法是利用煤气、天然气或重油等燃烧的热，熔化炉料，靠炉气中的氧使铁水中杂质氧化，从而得到成分、温度合格的钢水。平炉炼钢对原料条件可以放宽，冶炼过程容易控制，钢的品种、质量和转炉钢相似，但其冶炼时间长（几小时一炉），生产率低，已逐渐为转炉所代替。

电炉炼钢法是利用电能作为热源的炼钢方法。常用的电炉有电弧炉和感应炉两种。电弧炉的炉盖上开有三个圆孔，插入三根石墨电极。通电时，电极与炉料之间产生电弧，依靠电弧产生的热量将炉料熔化。然后加入铁矿石氧化其中的杂质，加入石灰等造渣剂去除硫、磷，从而得到成分、温度合格的钢水。电炉炼钢的炉内温度高，可冶炼难熔的合金钢，炉内气氛及炉渣成分容易调节，除硫、除磷很彻底，钢的质量好，但因以电能为热源，故成本高。

（3）钢的浇注方法

炼好的钢水，很少一部分直接铸成铸件使用；绝大部分钢水都浇注成钢锭，然后轧成各种钢材。浇注钢锭是重要的一环，对钢材质量影响很大。钢的浇注方法有模铸法和连铸法两种。

图1－3中的图(a)和图(b)是模铸法的示意图，其中图(a)是上注法，图(b)是下注法。钢水浇入一定形状的钢锭模中，凝固后脱去钢锭模即得钢锭。模铸法设备较复杂、工序多、劳动强度大、钢水损失多、钢锭质量差。

图1－3中的图(c)是连铸法示意图。钢水经中间罐连续地注入水冷结晶器中，钢液中的热量被流经结晶器的冷却水迅速带走，形成一定厚度的坯壳，接着由拉坯机拉出结晶器，坯壳进入二次冷却区后再直接喷水冷却，使坯壳内的钢液全部凝固而成钢坯，再经矫直由切割机切成一定长度，准备轧制。连铸法的成材率和机械化程度高，便于自动化生产，劳动强度低，生产率高，是一种先进的生产方法。

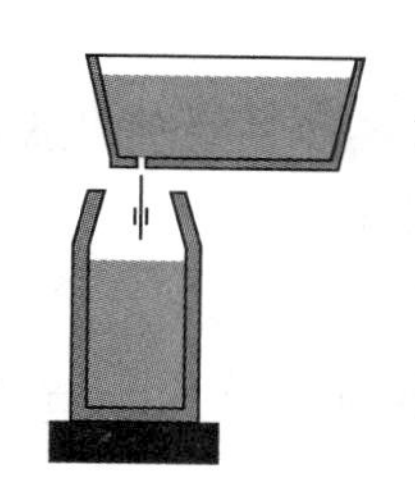
（a）模铸法（上注法）

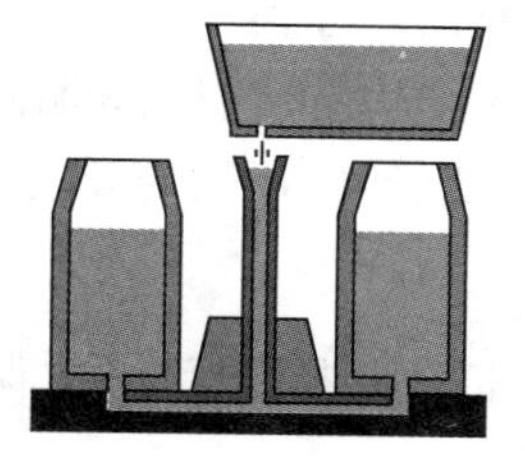
（b）模铸法（下注法）

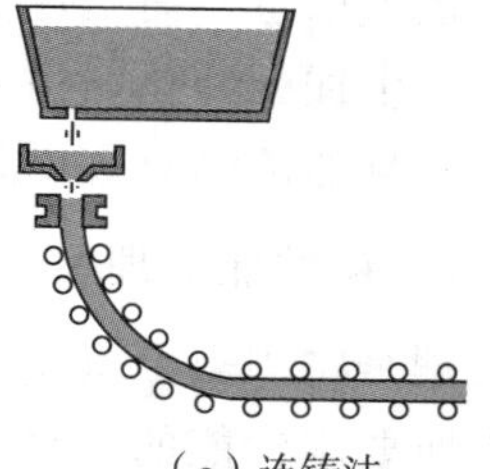
（c）连铸法

图1－3　钢锭浇注示意图

连铸坯与铸锭相比，一般断面较小，凝固速度快，因此它的组织致密、成分偏析较小，特别是沿铸坯长度方向几乎没有偏析，这是连铸坯的最大特点。此外，由于采用了保护渣及浸入式水口浇注技术，使得铸坯表面性状大为改善。但是由于断面小，凝固速度快以及设备上的某些特点，又带来了一些质量问题，如表面缺陷、夹杂物、中心偏析和内裂等。

1.1.3　钢的压力加工

（1）锻造

锻造是用锻锤的往复冲击力或压力机的压力使钢坯改变形状尺寸的一种压力加工方法。锻造会使金属的内部组织更加致密，并改善其机械性能。许多承受重大载荷的零部件都用锻造方法生产。锻造工艺不当，可产生内部裂纹、表面开裂、折痕、脱碳及白点等缺陷。

(2)轧制

轧制是金属在轧辊辗压下进行塑性变形的压力加工方法。大多数钢材都是由轧制成型的。轧钢的生产过程包括原料清理、加热、轧制、轧后冷却、精整等阶段。轧制的产品有型材、板材、钢管、钢轨、车轮和轮箍等。

钢材在轧制过程中,由于轧辊孔型设计不正确、轧制工艺不当或钢锭内部、表面有缺陷等,会给钢材带来缺陷。轧制产生的缺陷种类很多,按其特征可分为以下四类:

① 钢材外形不正确,包括断面形状不正确、钢材在长度上的变形、钢板表面不平、厚度不匀、单向皱纹和双向皱纹等。

② 外部缺陷,包括表面上的裂纹、发裂、龟裂和折叠等。

③ 内部缺陷,包括缩孔和白点。

④ 机械性能和显微组织异常。

(3)挤压

挤压是把金属料坯放入密闭的挤压筒内,用塞杆加力使金属从模孔中挤出而得到不同形状和尺寸的成品的压力加工方法。挤压的优点是一次挤出成品,生产率高,产品尺寸准确,并能挤出断面形状复杂的产品。挤压多用于生产有色金属及其合金的型材和管材,也可挤压钢质角件。

(4)拉拔

拉拔是将放于模子内的金属坯料用外力从模孔中拉出来,断面减小,长度增加。在室温下进行的拉拔称冷拉或冷拔。

冷拉能得到精确的尺寸和光洁的表面。拉丝是目前生产金属丝的唯一方法。将热轧线材作为原料,用多次冷拉的方法可得到钢丝。冷拉也用于生产直径较大的圆钢、六角钢等棒材。冷拉还可以生产高质量的钢管及断面尺寸很小的产品。

冷拉产生加工硬化,材料的强度、硬度均有所提高,再配以各种热处理可获得所需性能。拉拔产品常见的缺陷有表面划伤、微裂纹、性能不均匀及表面脱碳等。

1.1.4 钢的热处理

热处理是将固态金属及合金按预定的要求进行加热、保温和冷却,以改变其内部组织,从而获得所要求性能的一种工艺过程。

在实际生产中,热处理过程是比较复杂的,可能由多次加热和冷却过程组成,但其基本工艺过程是由加热、保温、冷却三个阶段构成,温度和时间是影响热处理的主要因素。

根据钢在加热和冷却时的组织和性能变化规律,热处理工艺分为退火、正火、淬火、回火等。

(1)退火

将钢加热到适当温度,保温一定时间后缓慢冷却,以获得接近平衡状态组织的热处理工艺称为退火。根据钢的成分和目的的不同,退火又分为完全退火、不完全退火、消除应力退火等。完全退火是将钢加热到 Ac_3(铁素体完全消失的温度)以上 30～50℃,保温后在炉内缓慢冷却,其目的在于均匀组织,消除应力,降低硬度改善切削加工性能;不完全退火是将钢加热到 Ac_1(奥氏体开始出现的温度)以上 30～50℃,保温后缓慢冷却,其主要目的是降低硬度,改善切削加工性能,消除内应力;消除应力退火的加热温度根据材料不同而不同,一般是

将钢加热到 Ac_1 以下 100～200℃(对碳钢和低合金钢大致在 500～650℃),保温然后缓慢冷却,其目的是消除冷变形加工、铸造、锻造等加工工艺所产生的内应力,提高抗裂性和韧性。

(2)正火

正火是将钢加热到 Ac_3 以上 30～50℃,保持一定时间后在空气中冷却的热处理工艺。正火的目的与退火基本相同,主要是细化晶粒,均匀组织,降低内应力。正火与退火的不同之处在于前者的冷却速度较快,过冷度较大。钢正火后的强度、硬度、韧性都较退火为高。

(3)淬火

淬火是将钢加热到临界温度以上,经过适当保温后快冷,使奥氏体转变为马氏体的过程。材料通过淬火可以提高硬度和强度,但马氏体硬而脆,韧性很差,内应力很大,容易产生裂纹。

(4)回火

回火是将经过淬火的钢加热到 Ac_1 以下的适当温度,保持一定时间,然后用符合要求的方法冷却(通常是空冷),以获得所需组织和性能的热处理工艺。回火的主要目的是降低材料的内应力,提高韧性。

1.1.5　钢材的种类

(1)按材质分类

按照化学成分,钢可分为碳素钢和合金钢两大类。

碳素钢简称碳钢,以铁和碳为两个基本组元,此外还存在少量的其他元素,例如硅、锰、硫、磷、氧、氮、氢等,这些元素不是为了改善钢的性能而特意加入的,而是由于冶炼过程无法去除,或是由于冶炼工艺需要而加入的,这些元素在碳钢中被称为杂质元素。按含碳量分类,碳钢可分为:低碳钢(含碳量≤0.25%)、中碳钢(0.25%<含碳量≤0.6%)和高碳钢(含碳量>0.6%);按钢的质量分类,碳钢可分为:普通碳素钢(含硫量≤0.050%、含磷量≤0.045%)、优质碳素钢(含硫量≤0.040%、含磷量≤0.040%)和高级优质碳素钢(含硫量≤0.030%,含磷量≤0.035%);按钢的用途分类,碳钢可分为:碳素结构钢(主要用于制作各种工程结构件和机器零件,一般为低碳钢)和碳素工具钢(主要用于制作各种刀具、量具、模具等,一般为高碳钢)。

为了改善钢的性能,在钢中特意加入了除铁和碳以外的其他元素,这类钢称为合金钢,通常加入的合金元素有锰、铬、镍、钼、铜、铝、硅、钨、钒、铌、锆、钴、钛、硼、氮等。按合金元素的加入量分类,合金钢可分为:低合金钢(合金总量不超过 5%)、中合金钢(合金总量为 5%～10%)和高合金钢(合金总量超过 10%);按用途分类,合金钢可分为:合金结构钢(专用于制造各种工程结构和机器零件的钢种)、合金工具钢(专用于制造各种工具的钢种)和特殊性能合金钢(具有特殊物理、化学性能的钢种,例如耐酸钢、耐热钢、电工钢等)。

(2)按品种分类

钢材的种类很多,一般可分为型、板、管和丝四大类。

① 型钢类:是一种具有一定截面形状和尺寸的实心长条钢材。按其断面形状不同又分简单和复杂断面两种,前者包括圆钢、方钢、扁钢、六角钢和角钢,后者包括钢轨、工字钢、槽钢和异型钢等。直径 5～22mm、以盘卷形式交货的热轧圆钢称线材。

② 钢板类:是一种宽厚比和表面积都很大的扁平钢材。按厚度不同分薄板(厚度小于 4mm)、中板(厚度为 4～25mm)和厚板(厚度大于 25mm)三种。钢带包括在钢板类内。

③ 钢管类:是一种中空截面的长条钢材。按其截面形状不同可分为圆管、方形管、六角形管和各种异形截面钢管。按加工工艺不同又可分为无缝钢管和焊接钢管两大类。

④ 钢丝类:是线材的再一次冷加工产品。钢丝除直接使用外,还用于生产钢丝绳、钢绞线和其他制品。

1.1.6　钢的冶炼和压力加工缺陷

在冶炼、铸造、压力加工过程中所产生的各种表面缺陷及非金属夹杂物等,对钢的表面、表层及内部质量会产生显著的影响。

(1)表面缺陷

① 结疤:是钢锭或钢材的表面粗糙不平,有形状不规则和大小不一致的凹坑。结疤主要是操作不当造成的,如注钢时钢水飞溅,钢水沿模壁流下,致使这部分钢水不能与钢锭本身融合,形成结疤。钢材加热过剧,表面形成厚氧化皮,轧制时嵌入钢材表面亦可产生结疤。

板材(尤其是薄板)若有结疤,冲压时会在结疤处产生裂纹。弹簧上的结疤容易造成应力集中而破坏。

② 划痕:是由轧制设备的某些部件与被轧钢件摩擦而产生。可以按划痕的分布状况来判断其形成原因。外形呈连续或断续状分布的划痕,很可能是轧槽内毛刺造成的;而外形无规律、形状不规则大都是操作不当造成的。

划痕降低钢材强度。薄板上的划痕可造成应力集中,冲压时扩展为裂纹。耐压容器上严重的划痕可能在使用时酿成事故。

③ 折叠:在锻、轧过程中产生的尖角或耳子嵌入金属本体而形成折叠。折叠分布没有规律,在许多情况下从外观上很难与裂纹区别,需仔细分析判断。

轧制型材表面的折叠,使用中易造成应力集中而开裂或疲劳断裂。

④ 表面裂纹:表面裂纹的类型很多。钢锭由于脱氧或浇注不当可能形成横裂纹或纵裂纹,它们在轧制过程中将扩大,并会改变形状。这部分裂纹较深且长,易于识别和检出。此外,原坯料中的折叠、皮下气泡或严重的非金属夹杂物等缺陷,金属加热温度不均、过高或过低,锻轧终了温度太低或锻轧后冷却过快等,也会导致产生裂纹。这些裂纹的检测及判别是无损检测的重要内容。连铸坯的表面星状裂纹也叫表面龟裂,其深度为 1～3 mm,可产生横向裂纹,这种裂纹是坯壳在高温下与铜结晶器壁接触,导致铜渗入引起的高温脆化。

(2)低倍缺陷

钢锭或钢材中的低倍缺陷也称宏观缺陷,常见的低倍缺陷有偏析、疏松、缩孔、裂纹、气泡、白点以及不正常断口等。低倍缺陷通常是直接或放大(30 倍以下)后观察和判断。

由于低倍缺陷大多不属于漏磁探伤可检测的范畴,故在此不对它们做详细讨论。这里,我们只将低倍缺陷中的连铸坯裂纹向读者做一简要介绍。

连铸坯除表面龟裂外尚有横裂、纵裂及皮下裂纹。

横裂:弧形连铸坯在矫直操作不当时易在内弧面上形成横裂。坯面的龟裂缺口在矫直时易扩展为横裂,特别是在冷却最快的角部有龟裂时易形成角部横裂。横裂与钢液成分及工艺有关,含铝超过 0.02%以上易在晶界析出 AlN 引起晶界脆化造成横裂。

纵裂:沿铸坯走向(轴向)的裂纹叫纵裂。一般认为含硫量高及结晶器冷凝能力低时产生纵裂,是热脆现象。

皮下裂纹:顾名思义是一种与表面不贯通的裂纹。分布于皮下 3 mm 内的裂纹可通过剥皮去除，若分布在10 mm以下可通过轧制加工而焊合，而介于皮下3～10 mm范围的裂纹，将会造成厚板表面产生重皮缺陷。

(3)非金属夹杂物

钢中的非金属夹杂物的来源有两种。一是外来的非金属夹杂物，是在冶炼、浇铸过程中炉渣及耐火材料受侵蚀剥落后进入钢液中形成的；二是内在的非金属夹杂物，是冶炼、浇铸过程中物理化学反应的生成物。

1.1.7　钢的热处理缺陷

钢件在淬火处理时，常因处理不当及一些其他因素，造成工件内部存在有很大的淬火应力，以致引起淬火裂纹。常见的淬火裂纹主要有以下几种。

① 纵向裂纹：由工件表面裂向心部、深度较大的裂纹。其分布是沿着工件的纵向，或者随工件的形状而改变其方向，故称纵向裂纹。当工件的长度大于它的直径或厚度时以及形状复杂的工件，极易产生纵向裂纹。

② 横向裂纹和弧形裂纹：此类裂纹的特点是断口垂直于轴向方向。断口的中心附近有破坏的起点，以此为中心向四周有放射状的断裂扩展痕迹，呈撕裂脆断。弧形裂纹主要产生于工件的内部或在尖锐棱角及孔洞附近，即易于造成应力集中处。如工件的厚度不大，则裂纹将以弧形分布在棱角附近的钢件内部。这种弧形裂纹有时还蔓延到工件的表面，称内部弧形裂纹。

③ 表面裂纹(或表面龟裂)：此裂纹是一种分布在工件表面深度较小的裂纹，其深度通常为0.01～2mm。表面裂纹分布的方向与工件的形状无关，但却与裂纹深度有关。当裂纹的深度较小时(仅为百分之几毫米)，工件表面上形成细小的网状裂纹；当裂纹深度较大，如接近1mm或更大时，则不一定呈网状分布。

④ 剥离裂纹(或表面剥落)：表面淬火的工件，淬硬层剥落，化学热处理后，沿扩散层出现的表面剥落均属于剥离裂纹。一般情况下裂纹潜伏在平行于工件表面的皮下。严重时，造成表层剥落。

1.2　无损检测基础知识

1.2.1　无损检测的定义与分类

所谓无损检测，是以不损坏被检测对象的结构完整性和使用性为前提，运用物理和化学方面的技术，对被检测对象进行宏观缺陷、几何特性、化学成分、组织结构和力学性能的测量和检定，借以评价被检测对象的质量等级和安全程度。

无损检测的英译文是Non－destructive testing。我们习惯上将无损检测称之为NDT，正是它的英文名称的字头缩写。

无损检测包括探伤和测量两个内容。探伤是指对被检测对象进行宏观缺陷的检测，包括缺陷的类型、形状、大小、位置和分布等；测量是对被检测对象进行几何特性、化学成分、组织结构和力学性能变化的检测，例如厚度测量、成分测定、组织状态与应力分布测定等。

在无损检测技术发展过程中出现过三个名称:无损探伤(Non - destructive inspection)、无损检测(Non - destructive testing)和无损评价(Non - destructive evaluation)。无损探伤是早期阶段的名称,其含义是探测和发现缺陷;无损检测是当前阶段的名称,其内涵不仅仅是探测缺陷,还包括探测试件的一些其他信息,例如结构、性质、状态等;无损评价是即将进入或正在进入的新的发展阶段,其内涵不仅要求发现缺陷,探测试件的结构、性质、状态,还要求获取更全面、更准确的综合信息,如缺陷的形状、尺寸、位置、取向、缺陷部位的组织、残余应力等,结合成像技术、计算机数据分析和处理等技术,与材料力学、断裂力学等知识综合应用,对材料或产品的质量和性能给出全面、准确的评价。

无损检测技术在各行各业中应用得十分广泛,所使用的方法也多种多样。据不完全统计,目前已有的无损检测方法和手段不下70余种。在这众多的检测方法当中,应用最多的是:射线检测(RT)、超声检测(UT)、涡流检测(ET)、磁粉检测(MT)和渗透检测(PT)。我们将它们称之为五大常规检测。另外,目前应用比较广泛的还有目视检测(VT)、红外检测(TT)和声发射检测(AT)等。

1.2.2 无损检测的目的

应用无损检测技术的主要目的是保证产品质量。使用无损检测技术可以探测到肉眼无法看到的试件内部的缺陷;在对试件表面质量进行检验时,通过无损检测方法可以探测出许多肉眼很难看见的细小缺陷。由于无损检测技术对缺陷检测的应用范围广,灵敏度高,检测结果可靠,因此在冶金材料及其产品的质量检验中普遍采用。

应用无损检测技术的另外一个目的是改进制造工艺。在产品生产中,为了了解制造工艺是否适宜,必须事先进行工艺试验。在工艺试验中,经常对工艺试样进行无损检测,并根据检测结果改进制造工艺,最终确定理想的制造工艺。

应用无损检测技术还可以达到降低生产成本的目的。在产品制造过程中进行无损检测,往往被认为要增加检查费用,从而使生产成本增加。可是如果在生产过程中间的适当环节正确地进行无损检测,就可以防止以后的工序浪费,降低废品率,从而降低制造成本。

1.2.3 无损检测的应用特点

无损检测应用时,应掌握以下几方面的特点。

(1)正确选择无损检测方法

无损检测在应用中,由于检测方法本身有局限性,不能适用于所有产品和所有缺陷。为了提高检测结果的可靠性,必须在检测前,根据被检测对象的材质、形状、尺寸,预计可能产生什么种类、什么形状的缺陷,在什么部位、什么方向产生,通过以上种种情况分析,然后根据无损检测方法各自的特点选择最合适的检测方法。此外,选择无损检测方法时还应充分地认识到,检测的目的不是片面地追求产品的"高质量",而是在保证充分安全性的同时要保证产品的经济性。只有这样,无损检测方法的选择和应用才会是正确、合理的。

(2)正确选择无损检测时机

在进行无损检测时,必须根据无损检测的目的,正确选择无损检测实施的时机。例如,要检查热处理后是否发生再热裂纹,就应将无损检测实施的时机放在热处理之后进行。只有正确地选用实施无损检测的时机,才能顺利地完成检测,正确评价产品质量。

(3)综合应用各种无损检测方法

在无损检测应用中,必须认识到任何一种无损检测方法都不是万能的,每种无损检测方法都有它自己的优点,也有它的局限性。因此,在无损检测的应用中,如果可能,应尽可能多的同时采用几种方法,以便保证各种检测方法互相取长补短,从而取得更多的信息。另外,还应利用无损检测以外的其他信息,如有关材料和生产工艺的知识,综合起来进行判断。

(4)无损检测与破坏检测相配合

无损检测的最大特点是能在不损伤材料的前提下来进行检测,所以实施无损检测后,产品的检查率可以达到100%。但是,并不是所有需要测试的项目和指标都能进行无损检测,无损检测技术自身还有局限性。某些试验只能采用破坏性检测,因此,目前无损检测还不能完全代替破坏性检测。也就是说,对材料或产品的评价,必须把无损检测的结果与破坏性检测的结果互相对比和配合,才能做出准确的评定。

1.2.4　无损检测在国民经济中的地位

无损检测技术是一门在国民经济中占有重要位置的新兴技术。它的重要地位是由它的可靠性、安全性与经济性所决定的。

无损检测技术的可靠性指的是,它可以在不损坏工件使用性的情况下,对工件进行100%的检查。它不像破坏性取样检测那样,经过检测的样品已经丧失了完好性或使用性,而没有经过检测的工件仍然可能存在问题。

无损检测技术的安全性指的是,它能够把隐藏在材料与结构中的危害性缺陷或隐患检测出来,从而使被检对象安全运行。这正是无损检测技术产生与发展的基础。

无损检测技术的经济性指的是,它的使用可以在生产和运行中产生出巨大的经济效益。使用无损检测虽然本身需要投资和消耗,但如果从综合考虑无损检测能防止不合格品流入后续加工工序,从而可以节约能源、避免事故发生、降低维修费用等方面来说,其实是大大降低了生产和运营成本。

无损检测的重要性随着工业现代化进程而越来越突出,现代工业面临着“四高”——高温、高压、高应力、高速度,对工件和设备的要求越来越苛刻,如何解决好这一问题成为无损检测技术发展的重要课题。从某个角度讲,无损检测技术的发展状况反映着一个国家的工业水平。国际上,凡是工业发达的国家,就必然有发达的无损检测技术。美国为保持它在世界上科技方面的领先地位,在1979年的一次政府工作报告中提出要建立六个技术中心,其中之一就是无损检测技术中心。

1.3　无损检测人员的职责

无损检测应用的正确性和有效性,除了取决于所采用技术和设备的水平外,还取决于检测人员的技术能力和经验。无损检测人员所承担的责任要求他们具备相应的无损检测理论和实践知识,从而能够实施检测、编写工艺文件、对无损检测进行管理、监督或评价等。为此,国内外都采用共同的做法,即制定专门的规程,通过对检测人员的培训、考核,来评定检测人员是否能够胜任其职责,并颁发证书给予证明。

我国的国家标准 GB/T 9445—2015《无损检测人员资格鉴定与认证》等同采用国际标准化组织(ISO)发布的标准 ISO 9712:2012《无损检测人员资格鉴定与认证》,也将从事无损检测工作的人员分为三个等级。各级人员的职责分别如下。

1.3.1 无损检测 1 级人员的职责

1 级持证人员已证实具有在 2 级或 3 级人员监督下,按书面工艺卡实施 NDT 的能力。在证书所明确的能力范围内,经雇主授权后,1 级人员可按 NDT 工艺卡实施下列任务:

① 调整 NDT 设备;
② 执行检测;
③ 按书面验收条款记录和分类检测结果;
④ 报告结果。

1 级持证人员不应负责选择检测方法或技术,也不对检测结果进行解释。

1.3.2 无损检测 2 级人员的职责

2 级持证人员已证实具有按 NDT 工艺规程实施 NDT 的能力。在证书所明确的能力范围内,经雇主授权后,2 级人员可实施下列任务:

① 选择所用检测方法的检测技术;
② 限定检测方法的应用范围;
③ 根据实际工作条件,把 NDT 的法规、标准、规范和工艺规程转化为 NDT 工艺卡;
④ 调整和验证设备设置;
⑤ 实施和监督检测;
⑥ 按适用的标准、法规、规范或工艺规程解释和评价检测结果;
⑦ 实施和监督属于 2 级或低于 2 级的全部工作;
⑧ 为 2 级或低于 2 级的人员提供指导;
⑨ 报告 NDT 结果。

1.3.3 无损检测 3 级人员的职责

3 级持证人员已证实具有按其所认证的方法来实施和直接指挥 NDT 操作的能力。3 级人员的具体职责为:

① 按标准、法规和规范来评价和解释检测结果的能力;

② 相关材料、装配、加工和产品工艺等方面的足够实用知识,适合于选择 NDT 方法、确定 NDT 技术以及协助制定验收准则(在没有现成可用的情况);

③ 大致熟悉其他 NDT 方法。

(2)在证书所明确的能力范围内,经雇主授权后,3 级人员可:

① 对检测机构或考试中心及其员工负全部责任;
② 制定、编辑性和技术性审核以及确认 NDT 工艺卡和工艺规程;
③ 解释标准、法规、规范或工艺规程;
④ 确定适用的特殊检测方法、工艺规程和工艺卡;
⑤ 实施和监督各个等级的全部工作;
⑥ 为各个等级的 NDT 人员提供指导。

1.3.4　其他无损检测人员认证体系

另外，人员认证标准体系除了 ISO 9712(国内等同 GB/T 9445)外，还有美国 ASNT 的 SNT－TC－1A 体系、航空航天无损检测人员 EN4179/NAS 410 体系等。

1.4　超声波检测法简介

1.4.1　超声波的概念和特性

介质的一切质点是以弹性力互相联系着的。质点在介质中的振动，能激起周围质点的振动。振动在弹性介质内的传播过程称为波。

声波是一种能在气体、液体、固体中传播的弹性波。声波分为次声波、可闻声波和超声波。频率低于 20Hz、人耳听不到的声波是次声波；人耳能听到的声波是可闻声波，它的频率范围在 20Hz～20kHz 之间；频率超过 20kHz 的声波就是超声波。

超声波的波长 λ、频率 f 和传播速度 C 三者之间的关系是：

$$\lambda=\frac{C}{f} \tag{1-1}$$

(1)超声波的波型

超声波在介质中传播时，介质质点的振动方向与波的传播方向可以相同也可以不同，这就形成了不同类型的超声波。

① 介质中质点的振动方向与波的传播方向相同的波，称为纵波。纵波能在固体、液体、气体中传播。超声纵波在钢中的传播速度约为 5900m/s。

② 介质中质点的振动方向与波的传播方向相互垂直的波，称为横波。横波只能在固体中传播。超声横波在钢中的传播速度约为 3200m/s。

③ 介质表面质点的振动轨迹是椭圆形，其振幅随深度的增加而迅速衰减的波，称为表面波。表面波只在固体的表面传播。超声表面波在钢中的传播速度约为 2900m/s。

(2)超声波的反射与折射

当超声波从一种介质传播到另一介质时，在两介质的分界面上，一部分声波被反射回到原介质中，这部分称反射波；另一部分声波则透过分界面，在另一介质中继续传播，这部分称折射波。如图 1－4 所示为声波倾斜入射时，在界面上的反射和折射情况。

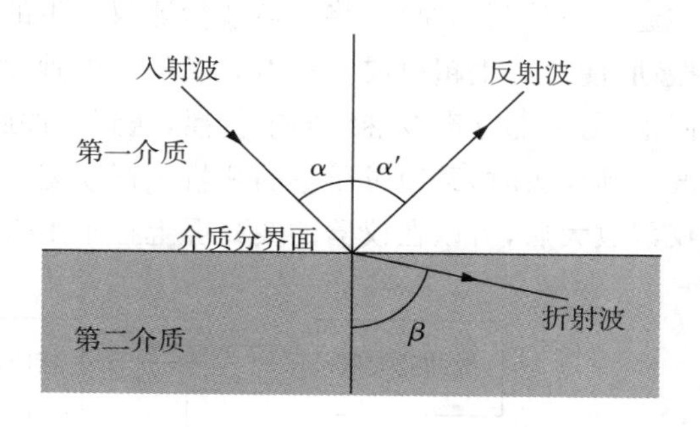

图 1－4　波的反射和折射

① 反射定律：当入射声波和反射声波的波型一样时，声波的入射角就等于反射角，即

$$\alpha=\alpha' \tag{1-2}$$

② 折射定律：声波入射角 α 的正弦与其折射角 β 的正弦之比，等于入射介质中的声波

波速 C_1 与折射介质中的声波波速 C_2 之比，即

$$\frac{\mathrm{Sin}\alpha}{\mathrm{Sin}\beta}=\frac{C_1}{C_2} \tag{1-3}$$

(3)超声波的波型转换

超声波倾斜入射到两介质的分界面时，除了产生与入射波同类型的反射波和折射波以外，还会产生与入射波不同类型的反射波和折射波，这种现象称为波型转换。

由于液体介质只能传播纵波，只有固体介质才能同时传播纵波和横波，所以波型转换只可能在固体中产生。

波型转换现象只发生在斜入射的场合。当超声纵波以大于等于第一临界角度 α_{I} 倾斜入射时，在被入射的介质中只存在折射横波，如在水－钢入射时 $\alpha_{\mathrm{I}}=14.5°$。当超声纵波以大于等于第二临界角度 α_{II} 倾斜入射时，在被入射的介质中只存在折射表面波，如在水－钢入射时 $\alpha_{\mathrm{II}}=27°$。在实际应用中，超声横波和表面波都是纵波在介质表面发生折射时经过波型转换而得到的。

(4)超声波的衰减

超声波在介质中传播时，会发生能量衰减。引起超声波能量损失的原因，是声波的扩散、散射和吸收。

扩散衰减：所谓扩散衰减就是随着传播距离的增加，波束截面愈来愈大，使单位面积上的声能减少。

散射衰减：所谓散射衰减就是声波在传播过程中，遇到声阻抗不同的界面产生反射、折射和波型转换而引起的超声能量损失。

吸收衰减：所谓吸收衰减就是声波在介质中传播时，由于介质质点之间的相对运动和摩擦，使部分超声波能量转换为热能，通过介质的热传导将热能向周围传播，导致超声波能量的损失。

1.4.2　超声波检测原理和方法

超声波检测的原理：将超声波检测仪产生的高频电脉冲加在探头上，激励探头中的压电晶片振动，使之产生超声波。超声波以一定的速度向工件中传播，遇到缺陷时，一部分声波被反射回来，另一部分声波继续向前传播，遇到工件底面后也反射回来。由缺陷及底面反射回来的声波达到探头时，又通过压电晶片将声振动变为电脉冲。发射波(T)、缺陷波(F)和底波(B)经过仪器放大后，可以在仪器的荧光屏上显示出来。超声波检测原理如图 1-5 所示。

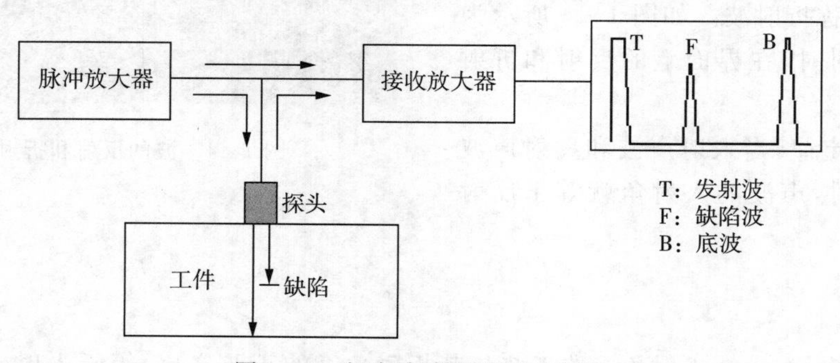

图 1-5　超声波检测原理示意图

超声波检测中，可以根据需要，采用不同的超声波波型进行探伤。

(1)纵波法

使用直探头发射纵波进行探伤的方法，称为纵波法。此法常将波束垂直入射至试件探测面，以不变的波型和方向透入试件，所以又称垂直入射法，如图 1－6 所示。垂直法主要用于铸造、锻压、轧材及其制品的探伤，该法对与探测面平行的缺陷检出效果最佳。

(2)横波法

将纵波通过楔块倾斜入射至试件探测面，利用波型转换得到横波进行探伤的方法，称为横波法。由于透入试件的横波束与探测面成锐角，所以又称斜射法，如图 1－7 所示。此法主要用于管材、焊缝的探伤。

(3)表面波法

使用表面波进行探伤的方法，称为表面波法。如图 1－8 所示。这种方法主要用于表面光滑的试件的探伤。

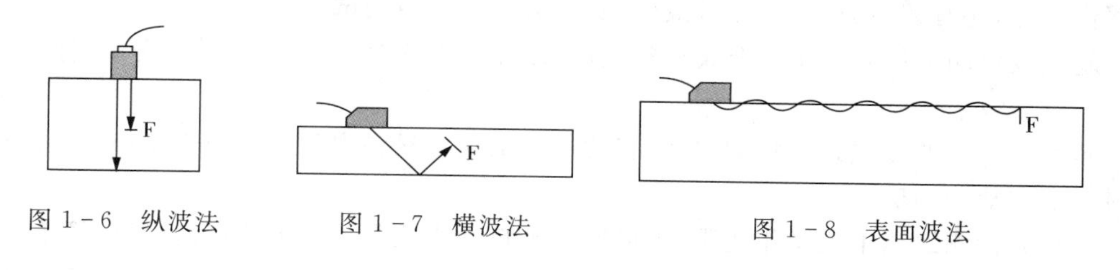

图 1－6　纵波法　　图 1－7　横波法　　图 1－8　表面波法

(4)板波法

板波是厚度与波长相近的在薄板中传播的波，根据质点振动方向不同可将板波分为 SH 波和 Lamb 波。在检测中常常说的板波只指 Lamb 波。板中的表面波是当板厚远大于波长时的极限情况。板波仅是导波的一种，在直径与波长相近的棒中还存在与板波相应的棒波。板波法主要应用于厚度小于 6mm 以下的板材检测。

1.4.3　超声波探头

在超声波检测中，超声波的产生和接收过程是通过探头来实现的。

在自然界中，某些晶体受到拉力或压力而产生变形时，会在晶体界面上出现电荷，而在电场的作用下，晶体会发生弹性形变。我们把这种现象称为晶体的压电效应。

超声波探头的核心元件是薄片状压电晶体，通常称为压电晶片。超声波探伤仪发射电路产生的高频电脉冲加于探头时，激励压电晶片发生高频振动，产生出超声波。压电晶片发生的超声波都是纵波。相反，当超声波传至探头而使晶片发生高频振动时，晶片便产生高频电振荡，送至探伤仪。可以看出，超声波探头正是利用压电晶片的压电效应来产生超声波和接收超声波的。

超声波检测中常用的探头主要有直探头、斜探头、表面波探头和板波探头等(如图 1－9 所示)。波束垂直于被探工件表面入射的探头称为直探头，它用来发射和接收纵波；利用透声楔块使声束倾斜于工件表面射入工件的探头称为斜探头。斜探头依入射角不同，可在工件中产生纵波、横波和表面波，也可以在薄板中产生板波。通常所说的斜探头系指横波斜探头。表面波探头和板波探头是斜探头的特例，它们与横波斜探头的结构完全相同，唯一的区别只是楔块入射角不同，由波型转换得到表面波或板波。

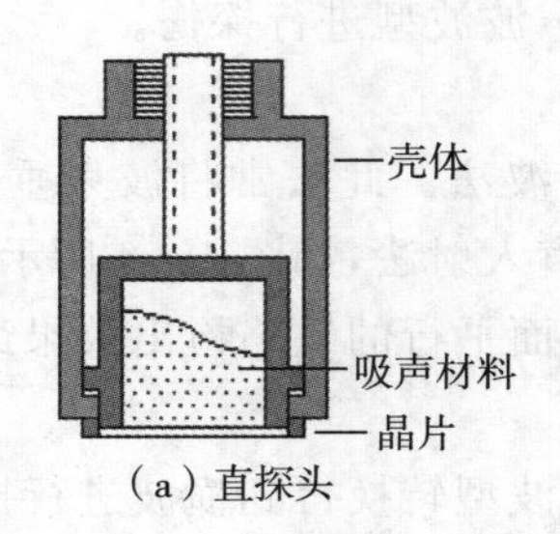

（a）直探头

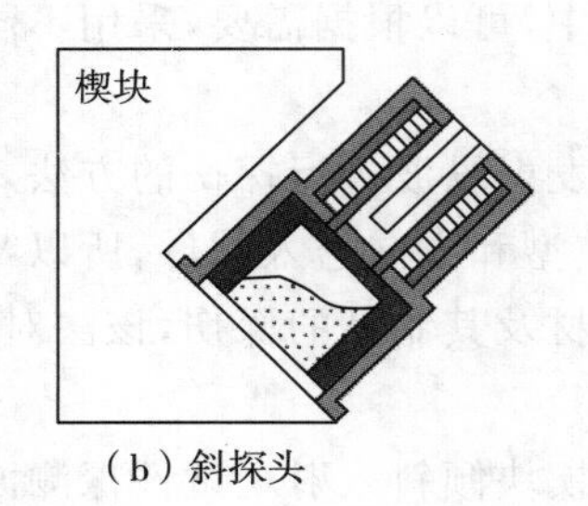

（b）斜探头

图 1-9　超声波探头

1.4.4　超声波检测的特点与应用范围

超声波检测是工业无损检测技术领域中应用最为广泛的检测技术之一，它被广泛地应用于锻件、铸件、容器、复合材料、各种构件焊缝的检测，以及板材、管材、棒材，坯材的探伤。除探伤之外，还有超声波测厚、测量液位、测定流量和应力测试等。

超声波检测不仅可以用于金属材料，也可以用于非金属材料，如塑料、陶瓷、橡胶、混凝土等。

超声波检测的方式方法种类较多，有的可以实现对材料内部缺陷的检测，有的可以实现对材料表面缺陷的检测。

超声波检测既能手工操作使用，也可以实现自动化检测。手工使用时，操作简单、方便；自动化检测时，超声波检测的检测灵敏度较高，能发现材料中较小的缺陷，还能实现对缺陷的定量和定位判断。

但是，在超声波检测中需要在探头与被检测工件之间使用耦合介质，以减小声波导入工件时的能量损失。由于耦合介质的使用，给超声波检测在高温、高速的检测带来困难。

1.5　涡流检测简介

1.5.1　电磁感应与趋肤效应

如果在线圈回路 1 的附近放置一载流线圈 2，当线圈 2 中的电流强度改变时，回路 1 中会产生电流，而且线圈 2 中的电流强度改变的速度越快，回路 1 中产生的电流就越大。分析这一现象得知，线圈回路 1 中产生电流时，通过其回路的磁通量发生了变化。由此得到结论：在一个闭合的导电回路中，当通过这回路所包围面积内的磁通量发生变化时，回路中就产生电流，这种电流称为感应电流。由于磁通量的变化而产生电流的现象称为电磁感应。

确定感应电流强度的是法拉第定律：当穿过闭合回路中的磁通量发生变化时，回路中产生的感应电动势与磁通量的时间变化率成正比，用公式表示为

$$\varepsilon=-\frac{\mathrm{d}\varphi}{\mathrm{d}t} \tag{1-4}$$

从法拉第定律知道，穿过闭合回路中的磁通量的变化率越大，回路中产生的感应电动势越大，生成的感应电流就越强。

如果将金属导体置于变化的磁场中，金属导体内也要产生感应电流。如图 1-10 所示，

当线圈中通有交变电流时，金属导体内的磁通量将发生变化。金属导体可看成是由很多圆筒状薄壳组成，由于穿过薄壳回路的磁通量在改变着，因而沿着回路就有感应电流产生。这种电流的流线在金属导体内自行闭合呈旋涡状，所以称为涡电流，简称涡流。

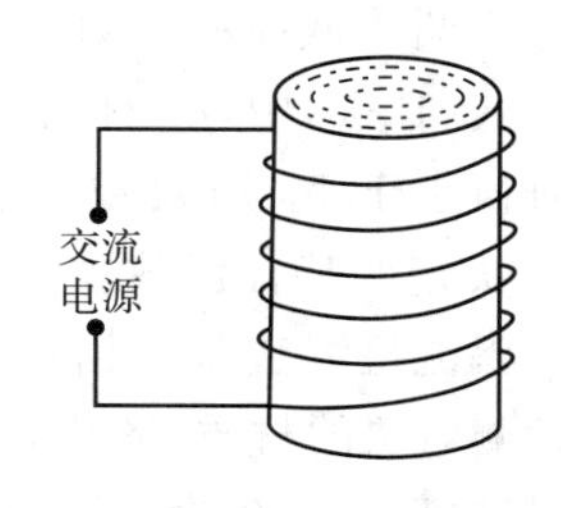

图 1-10　金属中的涡流

处于变化磁场中的导体，在磁场的作用下，导体中会形成涡流。涡流产生的焦耳热使电磁场的能量不断损耗，因此在导体内部的涡流是逐渐衰减的，表面的涡流强度大于深层的涡流强度。我们把这种电流随着深度的增加而衰减、明显地集中在导体表面的现象称为趋肤效应。

为了说明趋肤效应的程度，规定磁场强度和涡流密度的幅度降至表面值的 $1/e$（约 36.7%）处的深度，称作渗透深度，用字母 δ 表示，即

$$\delta=\frac{1}{\sqrt{\pi\mu\sigma f}} \tag{1-5}$$

式中，电导率 σ 的单位是 $1/\Omega\cdot m$（1/欧姆·米），磁导率 μ 的单位是 H/m（亨利/米），频率 f 的单位是 Hz（赫兹）。由式(1-5)可知，金属导体中磁场和涡流的渗透深度与金属的电导率 σ、磁导率 μ 及交变磁场的频率 f 成反比。

1.5.2　涡流检测原理和检测线圈的感应电压

涡流检测的原理就是电磁感应原理：当把被检金属工件置于一个通有交流电的线圈附近，线圈建立的交变磁场就会与导体发生电磁感应作用，在导体中感生出涡流；导体中的涡流也会产生自己的磁场，涡流磁场同样会与线圈发生电磁感应作用，进而在线圈上感生电压。一旦金属工件中出现不连续性缺陷或其他瑕疵（如电导率、磁导率、形状、尺寸等变化）时，涡流的流动就会发生畸变，涡流强度和分布的变化又引起了线圈感应电压的变化。通过测定线圈电压的变化，就可以判知导体的性质、状态及有无缺陷的情况。

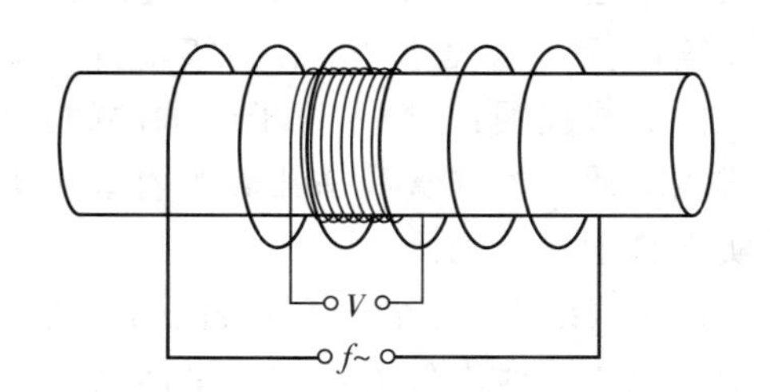

图 1-11　穿过式检测线圈中的金属圆棒

以如图 1-11 所示的穿过式检测线圈中的金属圆棒为例，图中检测线圈由激励绕组和测量绕组组成。激励绕组中通有频率为 f 的交流电流，产生一个交变磁场。测量绕组位于激励绕组的内部，直径为 D，匝数为 N。被检金属圆棒的直径是 d，放置于检测线圈之内，与检测线圈同轴。此时，测量绕组中产生的感应电压是

$$V=V_0(1-\eta+\eta\mu_r\mu_{eff}) \tag{1-6}$$

式中，V_0 是没有圆棒（即线圈空心）时的感应电压，而字母 η 称为检测线圈的填充系数，且有：

$$\eta=(\frac{d}{D})^2 \tag{1-7}$$

它等于圆棒截面积与测量绕组截面积之比，表示了圆棒填充线圈的程度。

式(1-6)中，μ_{eff}称为有效磁导率。有效磁导率 μ_{eff}是一个复数，由实部和虚部组成，其绝对值小于1。有效磁导率 μ_{eff}是一个由金属圆棒的电导率σ、磁导率μ、直径d及交流电频率f决定的特征函数。

涡流检测法是根据检测线圈感应电压推知被检测对象的材质、形状和有否缺陷等情况。因此，只要事先了解检测线圈感应电压受各种因素影响的变化规律，就能在检测中对获得的感应电压变化信号进行判别，从而推断出引起变化的原因。由(1-6)式描述的非铁磁性金属棒材($\mu_r=1$)的线圈的归一化感应电压如图1-12所示。

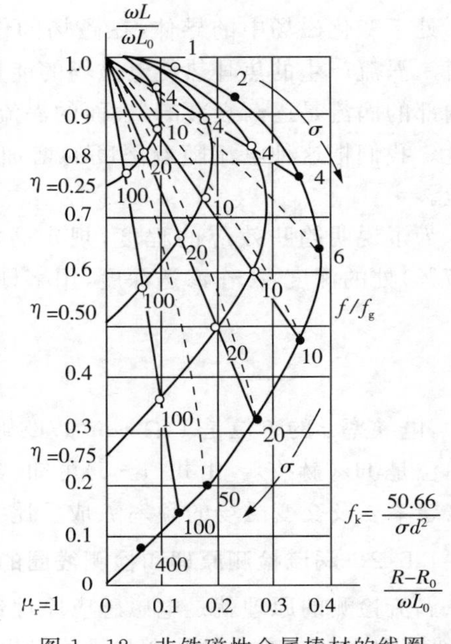

图1-12　非铁磁性金属棒材的线圈的归一化感应电压

1.5.3　涡流检测线圈及其应用

涡流检测线圈主要有两个功能：一是激励功能，即建立一个能在试件中感生出涡流的交变磁场；二是测量功能，即测量出带有试件质量信息的涡流磁场及其变化。涡流检测线圈一般由激励绕组和测量绕组组成，其中激励绕组实现检测线圈的激励功能，测量绕组实现检测线圈的测量功能。

(1)检测线圈的基本形式

穿过式线圈：能使试件在其中放入或穿过的线圈是穿过式线圈，如图1-13(a)所示。穿过式线圈适于检测能从线圈中通过的管材、棒材和各种球体等，可一次检测试件的整个圆周并连续进行，检测速度快，容易实现自动化探伤，特别适用于大批量冶金产品的检查。

内插式线圈：能插入管子或试件的孔内的线圈是内插式线圈，如图1-13(b)所示。内插式线圈适于厚壁管和钻孔等的内壁探伤以及在役设备中管道的检测。使用内插式线圈不易实现自动化检测。

探头式线圈：放置于试件表面的点式线圈是探头式线圈，也称放置式线圈，如图1-13(c)所示。探头式线圈较多地用于平面试件的扫描探伤以及管材、棒材的旋转扫描探伤，还能用于复杂形状零件的局部检测。探头式线圈的检测区域较小，但检测灵敏度高。

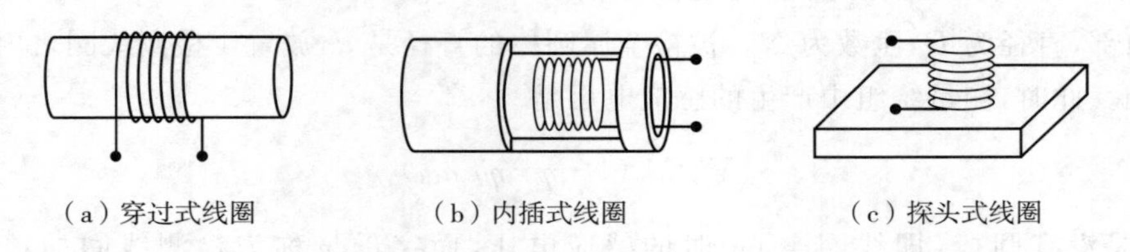

(a)穿过式线圈　(b)内插式线圈　(c)探头式线圈

图1-13　检测线圈的基本形式

(2)检测线圈的种类

绝对式线圈：测量绕组只是采用一个绕组进行工作的检测线圈称为绝对式线圈，如图

1 -14(a)所示。绝对式线圈用于涡流检测时的检测灵敏度较低，只能探测大的裂缝(如焊管焊缝的开裂)。绝对式线圈更多的是利用提离效应来测量涂层厚度和测量间距大小等。

差动式线圈：测量绕组是采用二个相距很近的相同绕组且反向连接的检测线圈称为差动式线圈，如图 1 - 14(b)所示。二个绕组对同一个试件的不同部位进行检测，当无缺陷时，两个绕组的合成感应电压为零；当出现缺陷致使两个绕组感应电压出现差异时，给出一个差值电压信号。差动式线圈可抑制试件尺寸和电导率等变化缓慢的信号，对提离间隙变化、工件传输时的抖动以及周围环境温度的影响的敏感性也较低，而对突然变化的缺陷信号有明显反应。差动式线圈在涡流检测中被广泛采用。差动式线圈对沿管材和棒材轴线方向上的长缺陷检测时，只在缺陷的两个端部才产生信号，而在缺陷的中央部位由于两个测量绕组都处于有缺陷部位上，信号被抵消，因此对在工件上的一条从头到尾的长裂纹用差动式线圈是无法探测出的。

他比式线圈：测量绕组是采用两个相同的绕组且反向连接、一个放在被测试件上、另一个放在标准试样上的检测线圈称为他比式线圈，如图 1 - 14(c)所示。他比式线圈的检出信号是两个试样存在的差异，当被测试件性能与标准试样不同时或被测试件有缺陷时，两个线圈给出一个差值电压信号。与绝对式线圈相同，他比式线圈会受工件材质、形状和尺寸变化的影响。但对管材和棒材轴线方向从头到尾深度和宽度相等的裂纹能够检测出来，因此将这种线圈与差动式线圈组合使用能弥补差动式线圈的不足。

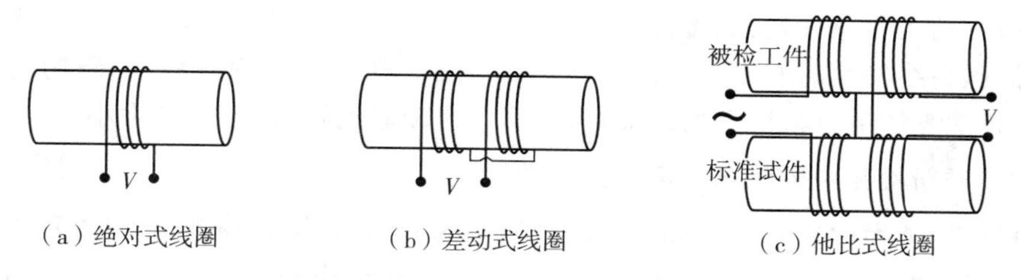

(a) 绝对式线圈　(b) 差动式线圈　(c) 他比式线圈

图 1 - 14　检测线圈的接线方式

1.5.4　涡流检测特点和应用范围

涡流检测利用的是被检测工件中感生的涡流，因此它只适用于导电材料；因为交变的涡流具有趋肤效应，所以涡流检测是一种表面和近表面的检测方法；由于涡流检测不需要耦合剂，无须与被检工件接触，所以检测速度快，容易实现自动化，还能实现高温下的检测。除此之外，涡流检测线圈可以绕制成各种形状，用于复杂形状工件的检查。

涡流检测除了用于探伤外，可以根据不同金属磁导率的差异按牌号分选合金(俗称分钢)，以及利用涡流的提离效应(即线圈感应电压随线圈到导体表面距离变化而变化)测量金属表面上非金属膜层厚度的大小。

1.6　磁粉检测和漏磁检测简介

磁粉检测和漏磁检测被统称为漏磁场检测。从物理本质上讲，它们属于同一种检测方法，都是通过漏磁场的检测，来发现材料中的缺陷。磁粉检测虽然是漏磁场检测方法的一种，但由于在实际中磁粉检测被广泛应用，所以人们往往把磁粉检测看成一个独立的探伤方法。

1.6.1　漏磁通与磁粉检测原理

当铁磁材料被磁化时，工件表面近表面的缺陷部位会出现磁力线逸出工件，然后又进入工件，这部分磁力线在工件表面形成了漏磁场（如图 1－15 所示）。

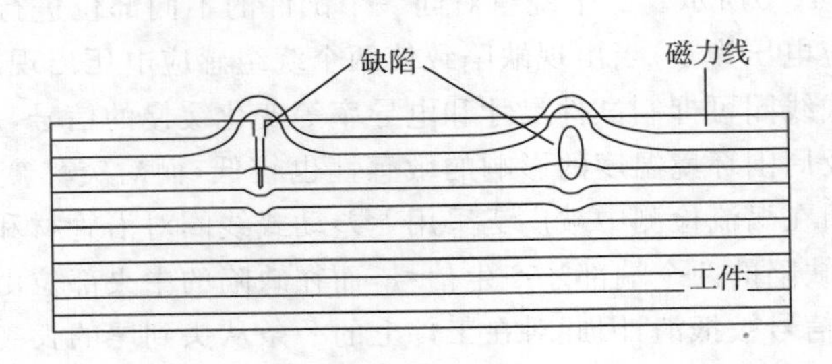

图 1－15　缺陷处的漏磁场

我们知道，空气的磁导率远远低于铁磁性材料的磁导率。如果在磁化了的铁磁性工件上存在着不连续性缺陷（如裂纹），则磁力线优先通过磁导率高的工件，这就迫使一部分磁力线从缺陷下面绕过，形成磁力线的压缩。但是，这部分工件可容纳的磁力线数目也是有限的，又由于同性磁力线相斥，所以，一部分磁力线从缺陷中穿过，另一部分磁力线遵从折射定理几乎从工件表面垂直地进入空气中去绕过缺陷又折回工件，形成了漏磁场。这就是漏磁场形成的原因。

磁粉检测的工作原理是：铁磁性工件被磁化后，由于不连续性缺陷的存在，使工件表面和近表面的磁力线发生畸变而产生漏磁场。如果在工件表面喷洒磁粉，漏磁场就会吸附磁粉，形成在合适光照下目视可见的磁痕，从而显示出缺陷的位置、形状和大小。

1.6.2　磁粉检测中磁化场强度和方向的选择

磁粉检测的能力取决于不连续性缺陷处漏磁场的强弱，漏磁场越强，吸附和聚集磁粉的能力越强，检测的灵敏度越高。而漏磁场的强弱又与探伤中施加的磁化场的大小以及与缺陷的方向等因素有关。

（1）磁化强度的选择

我们知道，铁磁性材料的磁导率随外加磁场的强度而变化，如果将它的变化曲线（$\mu-H$）与磁化曲线（$B-H$）画在一起，则磁导率与磁场强度的关系如图 1－16 所示。如前所述，工件中缺陷的存在会迫使一部分磁力线从缺陷下面或上面绕过，导致缺陷周围区域的磁力线更加密集，即磁通密度 B 增大。如果我们把磁化场强度选在 $\mu-H$ 曲线的上升区，例如图 1－16 中的 a、b 点处，则由于缺陷的存在会使缺陷周围区域的磁导率 μ 值上升，而这部分材料导磁能力的提高将允许更多的磁通，因此不利于磁力线向工件外的泄漏。如将磁场强度选在 $\mu-H$ 曲线上的 μ 值下降区，例如图 1－16 中的 c、d 点处，则由于缺陷存在会使缺陷周围区域的磁导率 μ 值下降，而这部分材料导磁能力的下降使材料容纳磁通的能力降低，磁力线不

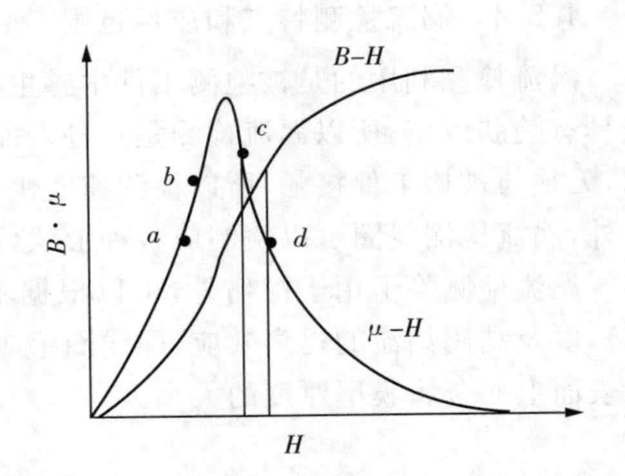

图 1－16　磁导率 μ 与磁场强度 H 的关系

能如原来那样紧密聚集在一起，一部分被挤出工件表面之外形成漏磁通。

由上分析可知，在磁粉检测中，磁化强度应选择在 $\mu-H$ 曲线上最大 μ 值的右侧位置，或 $B-H$ 曲线的靠近膝部处，所对应的磁场强度 H 值，这样才能产生最大的漏磁场强度。

(2)磁化方向的选择

在一定磁化强度条件下，要在缺陷处产生足够大的漏磁场，必须使磁化场的方向尽可能与缺陷方向垂直，这样才能使漏磁场最强，检测灵敏度达到最高。而角度越小，漏磁场越弱，当磁场方向与缺陷方向平行时，磁粉法不能发现缺陷。

因此，在实际检测中，要根据缺陷的可能取向来选择最佳磁化方向。由此便形成了各种不同的磁化方法。磁粉检测的磁化方法通常分为周向磁化、纵向磁化和复合磁化三种。

周向磁化是在工件中建立一个环绕工件的横向闭合磁场。这种方法主要用于发现与工件轴线平行的缺陷(纵向缺陷)。如图 1－17 中所示的通电法、穿棒法和支杆法都属于周向磁化方法。

纵向磁化是在工件中建立一个与轴线平行的磁场。这种方法主要用于发现与工件轴线垂直的缺陷(横向缺陷)。如图 1－17 中所示的线圈法、磁轭法和感应电流法都属于纵向磁化方法。

复合磁化是在工件中施加两个(或两个以上)不同方向的磁场，这样就能在工件上得到一个方向不断变化的合成磁场，可以发现工件上不同方向的缺陷。复合磁化方法主要有交叉磁轭法和直流磁轭与交流通电法等。

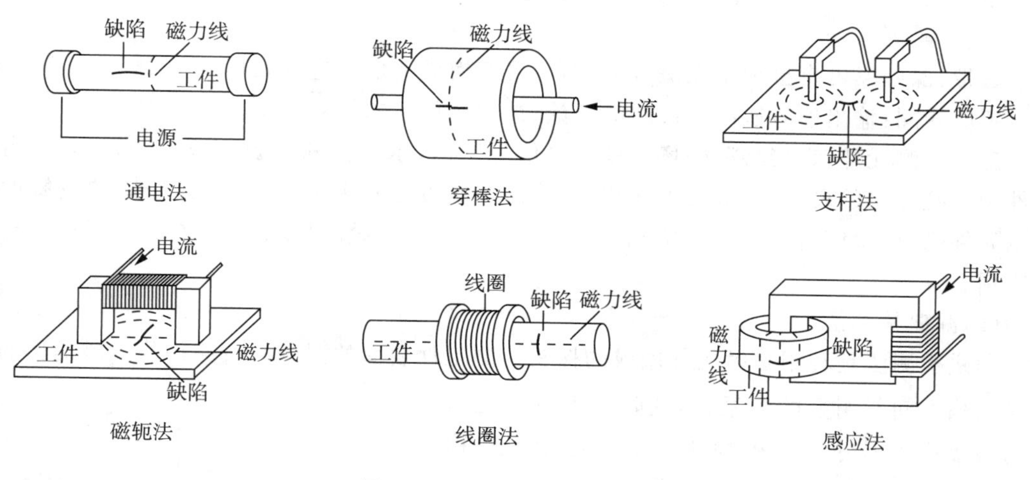

图 1－17 磁粉探伤磁化方法

1.6.3 磁粉种类及特点

磁粉的种类，按磁痕观察分为荧光磁粉和非荧光磁粉；按施加方式分为湿法磁粉和干法磁粉。

在紫外光下观察磁痕显示的磁粉称为荧光磁粉。荧光磁粉在紫外光照射下能发出黄绿色荧光，容易观察，探伤灵敏度高。荧光磁粉一般只适用于湿法。

在可见光下观察磁痕显示的磁粉称为非荧光磁粉。常用的有黑磁粉和红褐色磁粉，它们既适用于湿法，又适用于干法。湿法磁粉是将磁粉悬浮在油或水中制成磁悬液喷洒到工件表面，磁悬液的黏滞阻力小，有利于磁粉迅速向缺陷处移动，检验工件表面微小缺陷灵敏度高；干法磁粉是将磁粉在空气中吹成雾状喷洒到工件表面，适用于检测表面粗糙的大型工件（锻件、铸件、结构件等）。

1.6.4　磁粉检测的应用特点

磁粉检测法是通过对工件磁化而在缺陷处形成漏磁场，所以它们只适用于铁磁性材料；漏磁场是泄漏到工件和材料表面之外的磁场，材料内部深层缺陷虽然能够使工件中的磁场发生畸变，但很难使磁场泄漏到工件表面之外，所以磁粉检测法适用于检测铁磁性材料表面和近表面的缺陷；不连续性缺陷（如裂纹）越窄越深，产生的漏磁场越强，所以磁粉检测法对目视难以看出的微小裂纹有很高的检测灵敏度。

磁粉检测操作简单、方便，检测结果直观，所用设备成本低廉，但由于需要通过人眼观察磁痕，所以难于实现自动化检测。

1.6.5　漏磁检测简介

漏磁检测与磁粉检测的原理完全相同，不同的是，磁粉是通过磁粉的聚集来显示缺陷，而漏磁检测是通过线圈切割磁力线或磁敏元件检测漏磁场来实现缺陷检测的。

其基本原理是漏磁检测换能器将漏磁信号转换成电信号，再通过计算处理后来判定、显示和记录缺陷，因此漏磁检测可非常方便地实现自动化检测。

(1)漏磁场检测元件

用来检测漏磁场的元件种类很多，主要有磁带、感应线圈、磁敏检测元件（霍尔元件和磁敏二极管等）等。

磁带：漏磁场可直接记录在磁带上，然后再变换成电信号进行处理。

感应线圈：输出信号取决于线圈的匝数、被检测材料的相对速度。

磁敏检测元件：直接将漏磁场变换成电信号，有霍尔元件和磁敏二极管等。其中，霍尔元件中传感元件的尺寸（有效感磁面积）与感磁灵敏度是重要参数；磁敏二极管的灵敏度比霍尔元件高，但温度特性不如霍尔元件。霍尔元件目前已做成集成电路，在钢丝绳漏磁检测中应用。

(2)漏磁检测法

漏磁检测法是利用磁敏元件做成的探头检测工件表面的漏磁。所测得的漏磁信号的大小与缺陷之间有明显的关系，而缺陷宽度对漏磁信号的振幅影响较小。漏磁检测法主要适用于对称及旋转的工件，例如轴类、管材、棒材等。

图 1-18 是用磁轭法检查管材表面裂纹的示意图。使用磁轭法时，有两种检测方式：一种是磁轭探头不动，管材在旋转的同时作纵向运送；另一种是管材直线前进，磁轭和探头旋转（即旋转头检测方式）。

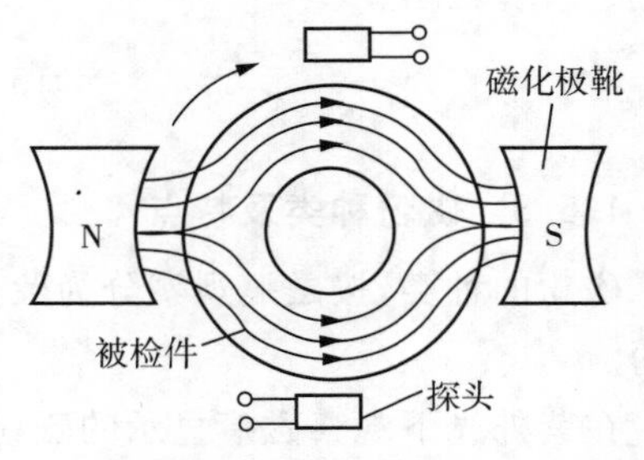

图 1-18　磁轭法检查管材表面裂纹示意图

用于探头的磁敏元件有磁敏二极管或霍尔元件外。

1.7　射线检测简介

1.7.1　X射线与γ射线检测原理

X射线和γ射线与无线电波、红外线、可见光、紫外线等属于同一范畴，都是电磁波，其区别只是在于波长不同以及产生的方法不同。X射线是靠来自X射线管中阴极上的电子高速撞击到阳极靶上而产生的。而γ射线是某些稳定元素被中子轰击后转变为不稳定的放射性同位素释放出来的。射线检测中常用的放射性同位素有Co^{60}、Cs^{137}、Ir^{192}等。

X射线和γ射线的波长很短，对钢铁材料的穿透能力很强。射线在穿透物体过程中会与物质发生相互作用，引起吸收和散射而使其强度减弱。射线通过的物体越厚，密度越大，衰减就越大。例如，入射强度为I_0的射线，通过厚度为T的物体后，强度依指数规律衰减为

$$I=I_0e^{-\mu T} \tag{1-8}$$

式中，μ称为射线的衰减系数，它是一个与射线能量、物质密度有关的物理量。对于同一能量的射线，通过不同物体时，其衰减系数不同。

如果被射线透照试件的局部存在缺陷，且构成缺陷的物质的衰减系数不同于试件，则该局部区域的透过射线强度就会与周围产生差异。把胶片放在适当位置使其在透过射线的作用下感光，经暗室处理后得到底片。底片上各点的黑化程度取决于射线照射量(射线强度×照射时间)。由于缺陷部位和完好部位的透射射线强度不同，底片上相应部位就会出现黑度差异。把底片放在观片灯光屏上借助透过光线观察，可以看到不同形状的影像，评片人员据此判断缺陷情况并评价试件质量。这就是射线检测照相法的原理，如图1-19所示。

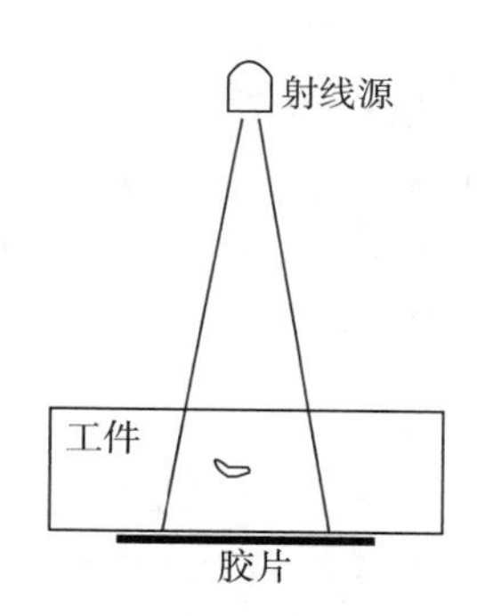

图1-19　射线检测照相法原理

1.7.2　射线照相胶片与射线检测灵敏度

X射线和γ射线均为不可见光线，但当它们投射到感光胶片上时，与可见光一样，会使片基上的感光乳剂层发生光化作用，析出金属银而构成潜像中心，经显影、定影后，胶片的感光处变黑。而在透照后射线强度较低处，胶片就较“白”些。这就是射线的照相作用。因为X射线和γ射线的照相作用比可见光要弱得多，所以射线胶片在片基的两面都涂有较厚感光乳剂层。

为了检查和定量评价射线底片影像质量，通常采用的工具是像质计(或称透度计)。如图1-20所示为一种金属丝型像质计，其金属丝的直径按照一定的规律变化。照相时将像质计放在工件上面，射线底片上的金属丝影像可以作为一种永久性的证据，表明射线透照检验是在适当条件下进行的。但像质计的指示数值并不等于被检工件中可以发现的自然缺陷的实际尺寸，因为后者就缺陷本身来说，是缺陷的几何形状、吸收系数和三维位置的综合函数。

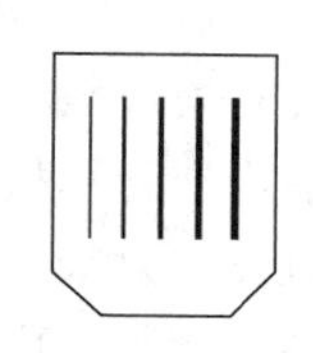
图1-20　金属丝型像质计

1.7.3　射线照相法的特点

射线照相法是指X射线或γ射线穿透试件，以胶片作为记录信息的器材的无损检测方法。该方法是最基本的、应用最广泛的一种射线检测方法。

射线检测主要用于铸件与焊缝的探伤，它适宜探测体积状缺陷，如夹杂、气孔等，或沿射线方向延伸的线状缺陷，如未焊透、裂纹。但对于与射线方向倾斜的缺陷，如未熔合、倾斜裂纹等，由于它们沿射线方向厚度较小，所以难以发现。它不能检出垂直照射方向的薄层缺陷，例如钢板的分层。

射线照相法用底片作为记录介质，可以直接得到缺陷的直观图像，且可以长期保存。通过观察底片能够比较准确地判断出缺陷的性质、数量、尺寸和位置。

射线照相法适用于几乎所有材料，在钢、钛、铜、铝等金属材料上使用均能得到良好的效果。它对试件的形状、表面粗糙度没有严格要求，材料晶粒度对其不产生影响。

射线照相法检测成本较高，检测速度不快。射线对人体有伤害，需要采取防护措施。

1.7.4　X射线实时成像检测

X射线实时成像是一种在射线透照的同时即可观察到所产生的图像的检测方法，其最重要的过程就是利用荧光屏将射线与光进行转换。射线源透过工件后，在荧光屏检测器上成像，通过电视摄像机摄像后，将图像直接显示或通过计算机处理后显示在电视监视屏上来评定工件内部质量。

快速、高效、动态、多方位和在线检测，是应用X射线实时成像的最大优点。实时成像用在对装配线上的工件进行快速检测以及采用遥控装置使检测者随意移动工件和随意观察工件的细节，无须拖延时间或浪费胶片。如图1-21所示为X射线图像增强器实时成像系统，它利用计算机技术，将电视图像转换成数字信号，进行数字图像存储和数字图像处理。

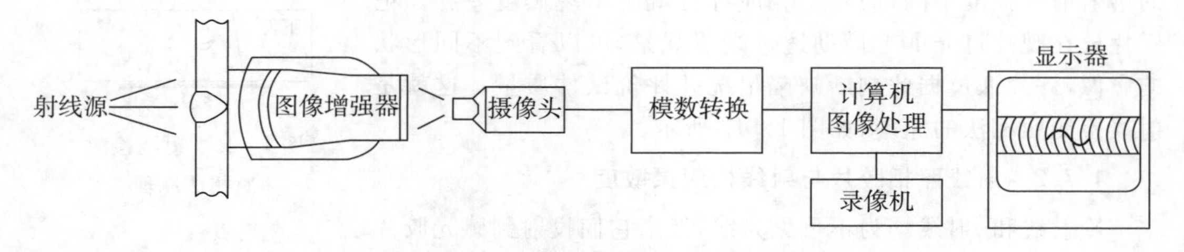

图1-21　X射线图像增强器实时成像系统

1.7.5　X射线数字成像技术

利用X射线数字成像(Digital Radiography，简称DR)技术检测时，射线透过被检测工件，衰减后的射线光子被数字平板探测器接收，由探测器上覆盖的晶体电路把X射线光子直接转换成数字化信号，数字信号经过放大和A/D转换，经过计算机处理，以数字图像的形式输出在计算机显示器上。数字成像检测与胶片照相的射线透照原理是一致的，均是由射线机发出射线透照被检测工件，衰减、吸收和散射的射线光子由成像器件接收，利用计算机软件控制数字成像器件，实现射线光子到数字信号再到图像的转换，最终在显示器上进行观察和缺陷处理。

X射线数字成像系统的组成一般包含：射线机、成像板(数字探测器)、计算机和电源及其他线缆配件组成，如图 1－22 所示。

通过射线机、成像面板组成的系统，配套工件机械转动以及控制和软件算法，将X射线扫描投影数据与重建数学及计算机技术结合，获得以层面信息为基础的影像的技术可实现射线计算机断层成像(Computed tomography，简称 CT)。这种检测技术在医学和工业上已经得到非常广泛的应用。

图 1－22　DR 检测系统的组成

1.7.6　X 射线计算机成像技术

X 射线计算机成像(Computed radiography，简称 CR)技术是一种模拟数字照相成像系统，将透过物体的 X 射线影像信息记录在由辉尽性荧光物质制成的存储荧光板(Storage phosphor plate，简称 SPP)上，这种存储荧光板又称影像板或成像板(Image plate，简称 IP)，即用 IP 板取代传统的 X 射线胶片来接受 X 射线照射，IP 板感光后在荧光物质中形成潜影，将带有潜影的 IP 板置入扫描读出器中用激光束进行精细扫描读取，再由计算机处理得到数字化图像，在计算机显示器上显示出灰阶图像。因此，CR 检测的成像要经过影像信息的记录、读取、处理和显示等步骤。

X 射线计算机成像装置包括影像采集部分(IP 板)、影像扫描部分(读出器或扫描仪)及影像后处理和记录部分(计算机、打印机和其他存储介质)。

1.8　渗透检测简介

1.8.1　毛细现象与渗透检测原理

当一种液体与固体接触时，如果液体分子间的内聚力大于液体与固体界面之间的附着力，液体就会呈现为球形。例如在玻璃板上放一滴水银，它总是收缩成椭球体，能够滚来滚去而不润湿玻璃，这种现象叫作不润湿现象。反之，如果液体分子间内聚力小于液体与固体界面之间的附着力，液体就会向外扩张，例如在清洁的玻璃板上放一滴水，它非但不收缩成球体，还会流淌形成一薄片，这种现象叫作润湿现象。

用一根细玻璃管，把它的一端插入装在玻璃容器里的水中，由于水能润湿玻璃管壁，所以可以看到水在玻璃管里上升，并呈凹面高出容器中的水面。管子越细，它里面的水面越高。如果把这根细玻璃管插入装在玻璃容器里的水银中，由于水银不润湿玻璃管壁，所以发生的现象正好相反，管里的水银面呈凸面，并且比容器里的水银面低一些。管子越细，它里面的水银面就越低。润湿液体在细管中呈凹面并且上升，不润湿液体在细管中呈凸面并且下降的现象，称为毛细现象(如图 1－23 所示)。能够发生毛细现象的管子叫作毛细管。

一个裸露在工件表面上的裂纹，恰像一个毛细管。如果在工件表面施涂含有染料的渗透液，在毛细管作用下，渗透液可以渗透进表面开口的缺陷中；然后去除工件表面多余的渗透液；再在工件表面施涂吸附介质——显像剂，同样在毛细管的作用下，显像剂将吸附缺陷

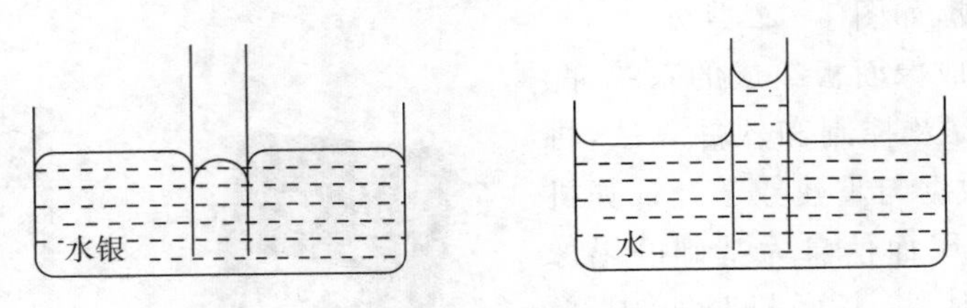

图 1－23　毛细现象

中的渗透液，使渗透液回渗到显像剂中，从而显现出缺陷的形貌和分布状况。这就是渗透检测的工作原理。

1.8.2　渗透检测的基本过程

如图 1－24 所示，渗透法探伤大致可分为四个步骤进行：

① 将渗透液涂于工件表面，或者把工件浸入渗透液中，使渗透液靠毛细管作用渗入缺陷内，如图 1－24(a)所示。这一步称为渗透。

② 待缺陷内部充满渗透液后，用水或洗涤剂清除附在工件表面上的渗透液，如图 1－24(b)所示。这一步称为清洗。

③ 待工件表面干燥后，将白色粉末显像剂薄薄地撒在试样表面上，这时就会如图 1－24(c)所示那样，显像剂将残留在缺陷内部的渗透液吸附出来，在表面上形成与缺陷形状大致相符的图形。这一步称为显像。

④ 在一定的光线下观察显像剂上的显示痕迹，从而探测出缺陷的形貌和分布状况，如图 1－24(d)所示。这一步称为观察。

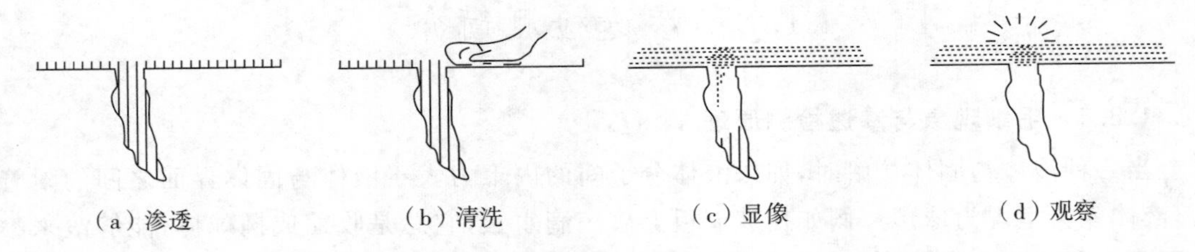

图 1－24　渗透检测基本过程

1.8.3　渗透检测的种类

渗透检测方法分为荧光渗透法和着色渗透法两种。两种探伤方法的原理和操作过程基本相同，只是渗透液和显像方法不一样。荧光渗透液中含有荧光物质，只有在波长约为 3600 Å 的紫外灯照射下，缺陷图像才能被激发出黄绿色荧光来，观察缺陷图像需要在暗室内紫外灯下进行。着色渗透液中含有红色染料，缺陷显示为红色，在白光或日光下即可观察缺陷图像。

1.8.4　渗透检测的应用特点和范围

渗透检测法适合检查各种金属和非金属材料的表面开口缺陷，无法检查材料的表面下和内部缺陷。渗透检测法较难用于多孔材料的检验。

渗透检测的检测灵敏度很高，很容易发现深 0.02 mm、宽 0.001 mm 的表面裂纹，这样小的缺陷用目视检查是难于发现的。

1.9 目视检测简介

现代工业的快速发展,对产品的质量和结构的安全性及使用的可靠性提出了更高的要求。无损检测技术具有不损伤工件、灵敏度高、可靠性好等优点,因此它被广泛应用于各个行业。目视检测作为一种常用的无损检测方法广泛应用于航天、航空、船舶、兵器、钢铁、石油及化工等工业领域的重要部件检测中。随着计算机图像识别技术的进步,智能识别的视觉检测系统也已在工业上得到应用。

1.9.1 目视检测的定义

人类的视觉功能是一种本能,目视检测可以说是人类与生俱来的最为古老的检测方法,从广义上说凡是人们用视觉进行的检查都称为目视检查。现代工业中的目视检测是指观察和评价物品质量(如容器、金属结构和加工用材料、零件和部件的正确装配、表面缺陷、表面状态或清洁度等)的一种无损检测方法,它需要用人的眼睛或借助于光学仪器对工业产品的表面作观察或测量。目视检测限制在电磁谱的可见光范围之内。

目视检测虽然本身就是一种检测方法,但它同时又是其他无损检测方法不可缺少的环节。例如,磁粉和渗透检测要求目视观测和评估所检测到的显示,射线检测需要目视来评定检测结果,超声波检测需要目视对示波屏上的波形进行评估,等等。

目视检测起着重要的作用,在某些情况下是评估过程正确和结果合格的唯一方法。目视检测可以单独进行或在其他检测(包括其他无损检测)前进行。

1.9.2 目视检测的应用

目视检测是一种表面检测方法,其应用范围广泛。它不但能检测工件的几何尺寸、结构完整性、形状等,而且还能检测暴露或可接近的不透明物体表面(例如一个成品钢工件的表面)和透明物体内部(例如玻璃物体的内部)的缺陷及其他细节。所有的目视检测,其利用眼睛的原理是相似的。人们有时也借助光学系统,将看到的信息传递给大脑,然后由大脑参考以往经验做出判断。

由于受到人眼分辨能力和仪器设备分辨率的限制,目视检测有时也不能完全发现表面上非常细微的缺陷,在观察过程中加之受到表面照度、颜色的影响,因此容易发生漏检现象。

(1)初加工检测

初加工检测是对加工中的原材料、车间制造的加工过程进行的目视检测。初加工检测不仅要确保原材料符合规范,同时还要检测加工条件,例如在金属工业中,熔炉环境、桶衬和锭模条件等都需要检测。另外,在制造过程中,还需要对熔融情况、熔渣覆盖、金属流情况、紊乱、喷溅等进行监测。监测和解释加工信息的目视检测人员只有掌握基本的工业知识,才能够迅速发现偏差情况。其他方面,如对铸型起模、铸锭、连续铸造或铸造条件,对均热炉和轧制条件以及对轧制问题的观察等都需要利用目视检测。

(2)二次加工和精加工检测

二次加工,如铸模的检测和监测,工件的锻造、挤压和拉拔,制造中的切割和接合、焊接成形、软焊、铜焊,卷边铆接和挤压成形等金属加工中均需要进行目视检测。

精加工,如最后整形、倾斜、热处理、电镀、油漆和装配等,也需要目视检测。

其他制造工业，如塑料、复合材料、电子、食品和纺织等工业的二次加工和精加工过程中，也需要使用目视检测方法。

(3)在役检测

目视检测是在役检测的一个重要组成部分，可以结合其他无损检测方法，对疲劳裂纹、蠕变失效、腐蚀、侵蚀、磨蚀、机械损坏、磨损、变形等在役工件的缺陷进行检测。一个未经反复训练的目视检测人员，由于不具有对相似外观的机制损坏进行正确区分的能力，因此往往会作出不正确的判断。而受过认真培训，且具有丰富经验的目视检测人员通过检测活动能够获取大量有用信息，并通过这些信息来决定是否还需要利用其他检测方法来确认当前存在的问题。

1.9.3 目视检测的条件

目视检测必须在清洁、舒适、有适当照明条件的环境下进行。检测人员应正确地接近检测工件，并注意人身安全。被检测工件需要进行清洁，并注意做好对其防护。使用的检测仪器需要正确校准，并了解其操作方法。检测的过程需要程序化，检测人员对所有相关规范要易于获得，任何观察结果都需要能清楚呈现。

1.9.4 目视检测的优点和局限性

目视检测的优点有：

① 原理简单，易于理解和掌握。

② 不受或很少受被检测工件的材质、结构、形状、位置和尺寸等因素的影响。

③ 无需复杂的检测设备和器材。

④ 检测结果直观、真实、可靠、重复性好，是其他检测方法的有力补充。

目视检测的局限性：

① 不能发现工件表面非常细微的缺陷。

② 观察过程中由于受到工件表面照度、颜色的影响，容易发生漏检。

③ 由于是人工检查，因此往往受检测人员的检测时长及工作环境和强度等影响。

*1.10 电磁超声波检测技术简介

众所周知，传统的压电超声换能器是用压电晶体产生超声振动的，它必须经水或油等声耦合介质才能将超声传入被检测工件中去。声耦合介质的使用，给超声波检测的实施带来了许多麻烦和问题：

① 在检测表面粗糙、特别是带氧化皮的工件时，由于声耦合困难，需增加一道表面清理工序。

② 在自动水浸探伤中，作为声耦合介质的水会产生很多干扰杂波，给调试带来困难，检测信噪比较低。

③ 由于声耦合介质在工件高速运动时难以稳定耦合，所以高速的压电超声波检测很难实现。

④ 在高温下，作为声耦合介质的水会汽化，油会燃烧，所以高温下的压电超声波检测也很难实现。

压电超声波在许多应用领域都遇到了难以克服的困难，检测的客观需要呼唤着能出现新的无需耦合介质的超声波检测方法。电磁超声波技术正是在这种需求下应运而生的。

1.10.1 电磁超声波的激发机理

电磁超声波探伤技术与传统的压电超声波探伤技术的区别仅在于产生超声波的方式不同。超声波是由超声换能器产生的。电磁超声换能器从外表看来是由通入高频电流的线圈及外磁场组成，但从本质上讲，连工件本身也属于换能器的一个不可缺少的组成部分，超声波直接在工件中产生。正因为这样，电磁超声不需要耦合介质。电磁超声的换能原理有：洛仑兹力、磁致伸缩力和磁性力。在常用情况下，前两个力占主导地位，后一个力可忽略不计。现将前两个力介绍如下。

(1)洛仑兹力

当把高频电流加到靠近金属表面的线圈上时，在金属表面的趋肤层内将会感应出相应频率的涡流来。若同时在金属表面上加上一个磁场，那么涡流在磁场作用下就会产生一个与涡流频率相同的力，即洛仑兹力，它在工件内传播就形成了声波。由于此效应的可逆性，反射回来的声波在外磁场作用下也会产生涡流。涡流磁场使线圈端电压发生的变化，作为信号被检测出来，便可像压电超声探伤技术那样判断缺陷的存在与否及大小、位置等。

(2)磁致伸缩力

众所周知，铁磁性材料是由许多自发磁化的磁畴组成，如图 1-25 所示。图中箭头表示每个磁畴的磁化方向。在无外磁场作用时，这些磁畴的自发磁化方向杂乱无章地分布着(如图 1-25(a)所示)，各磁畴磁性相互抵消，因而宏观上表现为磁中性。但当外磁场作用后，磁畴产生壁移和旋转，最后顺外磁场方向整齐地排列起来(如图 1-25(b)所示)。在这些磁畴运动中，会伴随着宏观形变，这就是所谓的磁致伸缩效应。磁致伸缩效应也是可逆的。磁致伸缩分为线磁致伸缩和体磁致伸缩，前者表现为试样的线性尺寸改变而形状不变，后者则表现为体积改变而形状不变。线磁致伸缩是一般铁磁性材料都具有的特性，而体磁致伸缩是只有少数铁磁性材料才具备的特征。线磁致伸缩力与外加磁场大小有关，这可由图1-26看出。图中实线表示磁致伸缩产生的超声波振幅随磁场的变化情况，虚线表示洛仑兹力产生的超声波振幅随磁场的变化情况。由图可以看出，洛仑兹力超声波振幅随外磁场强度 H 单调增加；而磁致伸缩超声波振幅与外磁场不呈单调函数关系，它有两个峰值出现。当外磁场强度达到某一特定数值时，磁致伸缩超声波振幅出现最大值。在此处由磁致伸缩力产生的超声波幅度比洛仑兹力产生的要大得多。

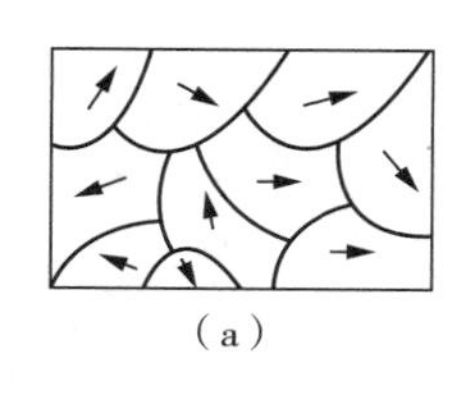

(a) (b)

图 1-25 铁磁材料中的磁畴

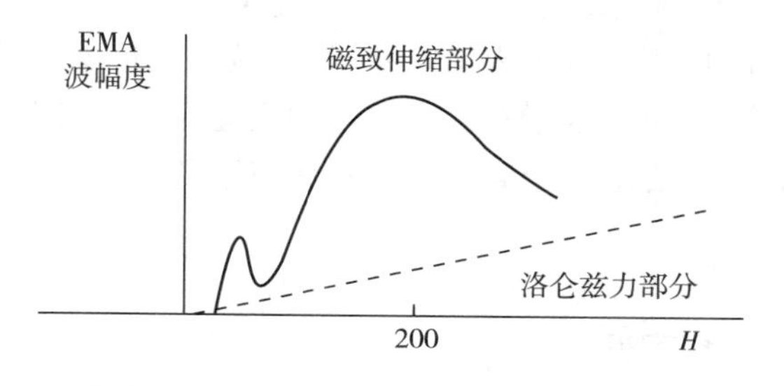

图 1-26 超声波幅度与外磁场强度的关系

1.10.2 电磁超声波换能器

前文已提及，电磁超声波换能器的组成部分有三个：高频线圈、外加磁场、工件本身。

图 1-27 是一种激发横波的电磁超声波换能器示意图。图中置于磁铁 N 极和 S 极之下的高频线圈中通电方向相反，所以它们在试样中感应出的涡流也相反。根据右手定则我们可以判断出产生的洛伦兹力 F 的方向都平行于工件表面。在洛伦兹力的作用下，工件表面趋肤层内的质点产生切向位移，向试样内传播而形成横波。如果将高频线圈不是置于两个磁极之下，而是置于两个磁极之间，那么很容易判断出会使表面趋肤层内的质点产生与传播方向平行的振动而形成纵波。

如果将高频线圈制成如图 1-28 所示那样的蛇形，相邻两部分绕组的电流方向相反，并使彼此间距等于 λ/2(半波长)，那么就会产生沿工件表面传播的表面波。如改变激励电流频率，那么表面波束就会向试样内偏斜，由此可以激发出 Lamb 波。如果使高频电流方向平行于外磁场来摆放线圈，在铁磁性材料中会借助于磁致伸缩效应产生出 SH 波。由此可见，用电磁超声波技术可以很方便地激发出各种波型来。

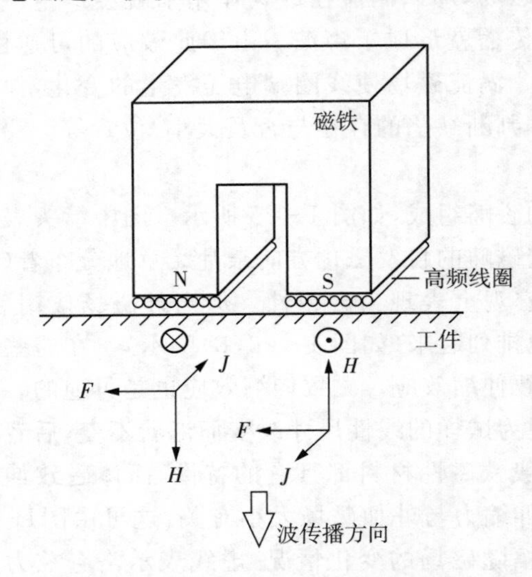

图 1-27　横波电磁超声波换能器

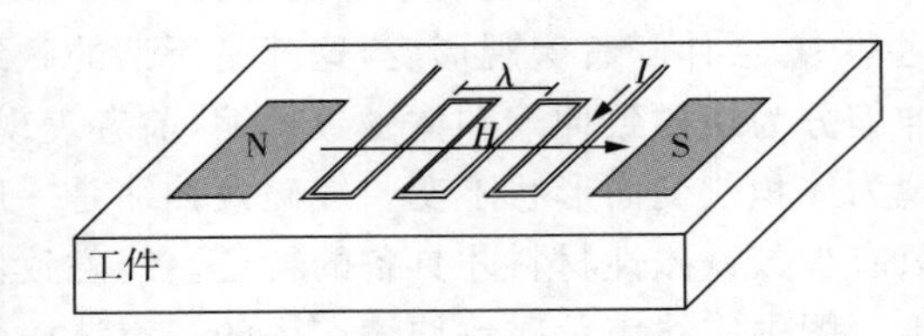

图 1-28　表面波电磁超声波换能器

1.10.3　电磁超声的应用特点

由于电磁超声波不需要声耦合介质，因此在很多领域都有压电超声波所无法取代的优势。概括起来电磁超声波与压电超声波相比较，具有如下三方面的优势：

① 更适合于表面粗糙(特别是带氧化皮)工件的检测。

② 更适合于在生产线上的高速自动化检测。

③ 更适合于高温条件和状态下的检测。

复习题

1-1　简述炼钢和炼铁的原理。

1-2　无损检测的目的是什么？

1-3　无损检测的意义是什么？

1-4　简述无损检测检测 1 级、2 级、3 级人员的职责各是什么？

1-5　国内外人员认证主要标准体系都有哪些？

1-6　常用的无损检测方法都有哪些？

1-7　简述超声波检测原理。

1-8　DR和CR技术的检测原理及区别是什么？

1-9　简述渗透检测原理。

1-10　简述涡流检测原理。

1-11　目视检测的应用有哪些？

1-12　简述电磁超声波检测原理及优点和缺点。

1-13　超声波和射线检测内部缺陷的优点分别有哪些？

第二章　磁粉检测概论

2.1　磁粉检测的发展概况和现状

2.1.1　磁粉检测的发展概况

磁粉检测是利用磁现象来检测工件中缺陷的一种方法。磁现象比电现象发现得更早，远在春秋战国时期，我国劳动人民就发现了磁石吸铁现象，后来还根据磁现象发明了指南针，并成为世界上最早将指南针应用于航海的国家。17 世纪法国著名物理学家对磁力作了定量研究。19 世纪初期，丹麦科学家奥斯特发现了电流周围存在着磁场。与此同时，法国科学家毕奥和萨伐尔以及安培，对电流周围磁场的分布进行了系统的研究，得出了一般规律。生长于英国的法拉第首创了磁力线的概念。这些伟大的科学家在磁学史上树立起光辉的里程碑，也给磁粉检测技术的创立奠定了基础。

磁粉检测的设想首先是美国人霍克于 1922 年提出的。他在切削钢件的时候，发现铁末聚集在工件上的裂纹区域。于是，他提出可利用磁铁吸引铁屑这一原理进行探伤的想法。但是，在 1922 年至 1929 年的七年间，他并没有将设想付诸实施，其原因是受到当时磁化技术的限制以及缺乏合格的磁粉。

1928 年，Forest 为解决油井钻杆断裂问题，研制了周向磁化技术，使用尺寸形状受控并具有磁性的磁粉进行检测，得到了可靠的检测结果。于是，Forest 和 Doane 两人开办了一个技术公司，并在 1934 年将其改为磁粉检测设备和材料的磁通公司(Magnaflux)，因此大大促进了磁粉检测技术的应用和发展。在此期间，由他们研制的可以演示磁粉检测技术的固定式磁粉检测装置终于问世。

磁粉检测技术很早就被用于航空、航海、汽车和铁路部门，20 世纪 30 年代，固定式、移动式磁化设备和便携式磁轭相继出现，湿法技术也得到应用，同时还解决了检测中的退磁问题。

值得一提的是，苏联航空材料研究院的学者瑞加德罗毕生致力于磁粉检测的研究和发展，为之做出了卓越的贡献。20 世纪 50 年代初期，他系统地研究了各种因素对探伤灵敏度的影响，在大量试验基础上制订了充磁规范，该规范在世界上具有广泛的影响，被许多国家采用和认可，我国各工业部门的磁粉检测规范也大都以此为依据。他首创的鉴定磁粉质量的方法——磁性称量法和酒精沉淀法，我国也一直沿用至今。

另外，复合磁化技术被认为是当代磁粉检测的新成就，在国内外已普遍地用于汽车、机车等工件的探伤，有效地提高了其检验速度。

中华人民共和国成立之前，我国仅有几台从美国进口的蓄电池式直流磁粉检测机，用于航空工件的维修检查。中华人民共和国成立后，磁粉检测技术在航空、兵器、汽车制造等机械工业部门均得到应用。20 世纪 80 年代，随着改革开放的不断深入，通过引进吸收和再创新，我国的磁粉检测技术获得快速发展，迅速缩短了与先进国家之间的差距。我国学者对缺陷和激励磁场间相互作用所产生的漏磁场分布特性、磁粉在漏磁场中的受力分析等理论问题进行了深入研究，获得了大量成果。断裂力学在无损检测领域的应用，为制订更合理的磁粉检测验收标准提供了依据。我国首创的一种磁粉检测法——橡胶铸型法不仅为定量检测内孔壁早期疲劳裂纹闯出了一条新路，而且还成为记录磁粉检测结果最好的方法。从设备和材料来说，国产各种形式的磁粉检测机已成系列，而且普遍地采用了可控硅技术和其他先进电子技术；半自动探伤装置早已应用于汽车、铁道、兵器等部门；光电扫描荧光磁粉全自动探伤装置也已经研制成功；探伤用磁粉，特别是荧光磁粉质量正日益提高，品种不断增加。磁粉检测人员的技术培训和资格鉴定工作也取得了很大成绩。

20 世纪 90 年代，我国工业检测的标准化工作取得了重要进展，磁粉检测技术标准化体系基本形成。

2000 年以来，随着数字化技术的发展，磁粉检测技术开始进入半自动化、自动化和图像化时代。特别是近些年来，随着大数据技术的出现和计算机运算能力的增加，磁粉检测的智能识别检测技术也有了新的突破。

2.1.2　磁粉检测的现状

国外对磁粉检测设备的研制非常重视，磁粉检测设备的发展从固定式、移动式到便携式，从手动设备到半自动、自动和专用设备，从单向磁化到多向复合磁化，且已经系列化和商业化。随着电子和计算机技术的发展，其磁粉检测设备趋向小型化并实现电流连续可调，同时智能化设备大量涌现。例如，通过控制系统可预设磁化规范和工艺参数，同时通过视觉自动识别技术，实现了磁粉检测观察的智能化，检测结果通过图像就能判定，自动实现合格品和废品的判定和分选，提高了检测的可靠性。

我国近年来磁粉检测技术发展很快，磁粉检测设备实现了系列化和商业化，已经达到了国外同等设备的水平，如充电便携式磁粉探伤机、带照明录像等功能设备的出现，大大提高了磁粉检测的便利性和可追溯性。磁粉检测应用于各行各业，自动化设备在钢铁行业的管材、棒材和坯料等原材料检测中也得到大量的应用，同时通过视觉识别技术进行缺陷的智能判定也有一定的实验性应用。随着我国从制造大国向制造强国的转变，无损检测工作又有了更高的目标要求，磁粉检测也得到了更多的重视，磁粉检测方法越来越多，其应用领域也逐步拓展。冶金无损检测人员技术资格鉴定工作大大提高了无损检测人员的检测能力，促进了行业检测水平的进一步提高。

2.2　磁粉检测及其他漏磁场检测

2.2.1　磁粉检测

铁磁材料或工件磁化后，在其表面和近表面的缺陷引起磁场畸变，形成漏磁场。漏磁场会吸附撒在工件表面上磁粉或浇在工件上的磁悬液，使磁粉粒子附在缺陷区域，从而显示出缺陷的位置、形状和大小(如见图 2－1 所示)，这种利用漏磁场原理进行无损检测方法就是磁粉检测。

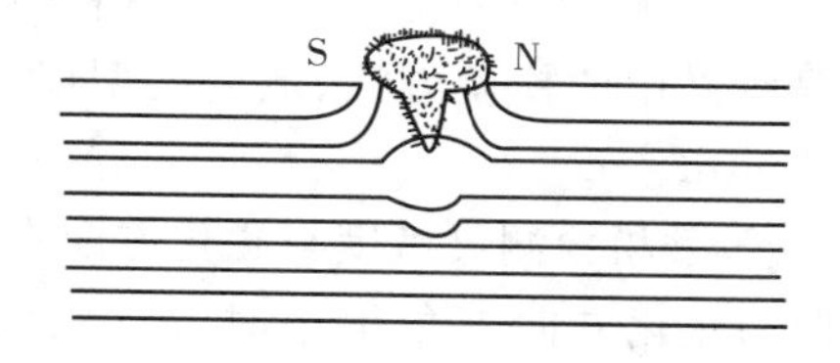

图 2－1　磁粉检测

磁粉检测不能用来检查工件中埋藏于工件内部较深的内部缺陷，因为磁场虽然在缺陷处会发生畸变，但不会逸出工件表面，因此埋藏一定深度的缺陷无法形成漏磁场，或形成的漏磁场很弱，不能吸附磁粉粒子，也就检测不出来缺陷。图 2－2 所示为缺陷埋藏较深的情况。所以磁粉检测虽然是检查铁磁材料表面和近表面缺陷的方法，但无法检测工件内部缺陷。

磁场方向与缺陷垂直时，漏磁场最强，检出缺陷的能力最高；而磁场方向与裂纹类缺陷平行，则漏磁场很弱，缺陷也就无法被检出。如图 2－3 所示，缺陷平行于磁场方向，工件表面几乎没有漏磁场。缺陷与磁场之间的角度由垂直逐渐倾斜成锐角，而最终变为与缺陷平行，即夹角等于零时，漏磁场降至最小。

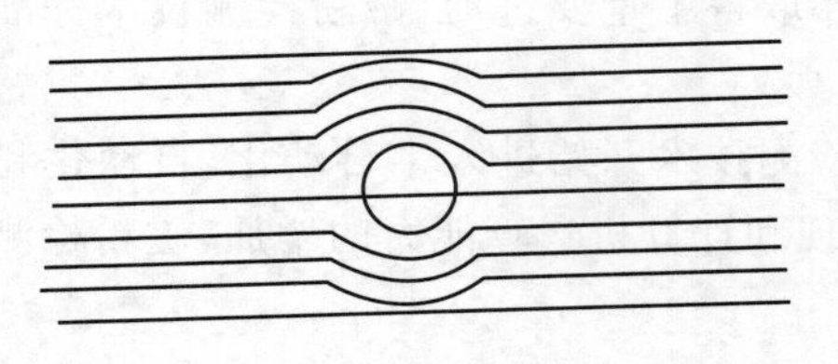

图 2－2　缺陷位于工件内部

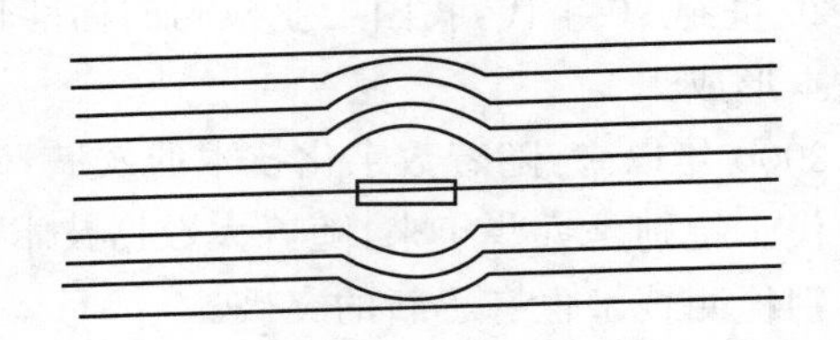

图 2－3　缺陷与磁场方向平行

根据施加磁粉的方式，磁粉检测可分为干法检测和湿法检测。干法检测是直接将干磁粉撒在工件表面；湿法检测是将磁粉弥散在液体介质中，然后再将其喷洒在工件表面。

(1)磁粉检测的特点

磁粉检测是检测铁磁金属材料表面及近表面缺陷的一种无损检测方法，是几大常规无损检测方法之一。由于它显示缺陷直观、灵敏度高、检测速度快且成本低廉，因此被广泛地应用于机械、冶金、航空、航天、石油、化工、造船和铁路等行业的产品质量检验中。

磁粉检测的主要优点：

① 可发现裂纹、夹杂、发纹、白点、折叠、冷隔和疏松等缺陷，能直观地显示出缺陷的形状、位置、大小和严重程度，可大致确定缺陷的性质(如裂纹、夹杂、气孔等)。

② 对工件表面极其细小的缺陷也能检测出来，具有很高的检测灵敏度，磁粉在缺陷上聚集而形成的磁痕，具有放大作用，即使发纹缺陷宽度很小，也能通过磁粉检测出来；但太宽的缺陷会使得检测灵敏度下降，甚至不能吸附磁粉。

③ 只要磁化方法合适，检测几乎不受零件大小和几何形状的限制，综合采用多种磁化方法，能检测到工件的各个部位和各个方向的缺陷。

④ 与其他方法相比，磁粉检测工艺比较简单，检测速度也较快，相对检测费用也比较低。

磁粉检测的主要缺点有：

① 磁粉检测只能用来检测碳钢、合金结构钢和电工钢等铁磁性材料，不能检测铝、镁、铜、钛及其合金，也不能检测奥氏体钢材料和奥氏体不锈钢焊条焊接的焊缝等非铁磁性材料。但马氏体不锈钢和沉淀硬化不锈钢具有磁性，可以使用磁粉检测。

② 磁粉检测只能用来检测材料表面及近表面缺陷，而不能检查埋藏很深的内部缺陷。根据所采用的检验方法、电流类型以及缺陷特性，可探测皮下缺陷的埋藏深度一般不超过 1～2 mm。

③ 磁粉检测灵敏度与磁化方向有很大关系，如果缺陷方向与磁化方向平行，或者缺陷方向与磁化方向夹角很小时，缺陷就很难被发现，例如分层与工件表面构成的角度小于 20°，就难以发现缺陷；对于表面浅的划伤与锻造皱纹也很难被发现。

④ 如果工件表面有覆盖层、油漆等，将对磁粉检测灵敏度起不良影响；覆盖层越厚，检测效果影响越大。

⑤ 如果是大的工件则需要更大的电流进行磁化，且会有较大剩磁产生，还要进行退磁。

磁粉检测的基础是缺陷处的漏磁场与磁粉的相互作用。它利用了钢铁制品表面和近表面缺陷（如裂纹、夹渣、发纹等）磁导率与钢铁材料磁导率的差异，当这些材料被磁化后，其不连续处的磁场将发生畸变，造成部分磁通泄漏，使工件表面产生了漏磁场，从而吸引磁粉形成缺陷处的磁粉堆积磁痕，在适当的光照条件下，便显现出缺陷的位置和形状。对这些磁粉的堆积加以观察和解释，就实现了磁粉检测。

磁粉检测有三个必要步骤：

① 被检验的工件必须得到磁化。

② 必须在磁化的工件上施加合适的磁粉。

③ 对任何磁粉的堆积必须加以观察和解释。

(2)磁粉检测的应用范围

磁粉检测可用于板材、型材、管材、锻造毛坯等原材料和半成品的检测，也可用于锻钢件、焊接件、铸钢件在加工制造过程的工序间检测和最终检测，还可用于桥梁、火车、轮船和海工平台等的维修和大修，以及用于重要设备和机械、压力容器、石油贮罐的定期检查等。

*2.2.2 其他漏磁场检测

除磁粉检测外，还有利用检测元件探测漏磁场的方法，如漏磁检测等。检测元件有磁带、霍尔元件、磁敏效应元件、磁敏二极管、磁通门等。漏磁检测就是利用这些元件制成的漏磁探伤设备（包括磁化电源、探头、扫描装置、信号处理装置、标记装置和记录装置等）检测工件表面的漏磁。根据检测元件不同，漏磁检测可分为以下三种方法：

① 录磁成像法。用磁带记录漏磁，通过回放磁头变成电讯号，再用录磁成像设备得到复现后的缺陷图像。本方法现在已经很少使用。

② 磁电转换元件法。通过霍尔元件、磁敏二极管等磁电转换元件检测漏磁场。

③ 电磁感应法。将探测线圈移近漏磁场，只要使线圈与工件做相对移动，就能检测出缺陷。

以上三种漏磁检测方法均属电信号检测，可实现全自动化，但它们只适用于几何形状比较规则的原材料。例如圆钢、钢管、方钢等，常用后两种方法进行检测。漏磁检测由于效率高，不需要人工判断，因此在钢铁冶金行业中大量使用。漏磁检测的检测灵敏度低于磁粉检测。

漏磁检测所测得的漏磁信号的大小与缺陷之间有明显的关系，而缺陷宽度对漏磁信号的振幅影响较小。漏磁检测主要用于对称及旋转的工件，例如轴类、管材、棒材等，这些产品容易实现自动化检测。目前用于长途运输管道的爬行器储罐底板的漏磁检测设备已在特种行业得到广泛应用。

2.3 几种常用表面缺陷检测方法的比较

超声检测和射线检测以检查内部缺陷为主；磁粉检测、漏磁检测、渗透检测和涡流检测则用于检测工件表面或表层的缺陷。各种检测方法均有自身的优点和缺点，在使用时可以互相补充。我们应该充分掌握各种检测方法，同时能根据工件的材料、状态和检测要求，选择合适的检测方法。对于钢铁零部件材料，磁粉检测的灵敏度和检测成本均具有很大优势；

对于工业生产管材和棒材，由于漏磁检测和涡流检测能实现自动化检测，因此它在这些工件的检测中得到更广泛的应用。几种表面检测方法对比见表 2-1 所列。

表 2-1　几种表面检测方法的比较

	磁粉检测	漏磁检测	渗透检测	涡流检测
方法原理	磁力作用	磁力作用	毛细作用	电磁感应作用
能检测出缺陷	表面及近表面缺陷	表面及近表面缺陷	表面开口缺陷	表面及近表面缺陷
缺陷的表现形式	磁粉附着	漏磁场检测	渗透液的渗出	检测线圈电压和相位变化
显示材料	磁粉	记录仪、电压表、示波器或计算机显示器	渗透液和显像液	记录仪、电压表、示波器或计算机显示器
适用材质	铁磁性材料	铁磁性材料	任何非多孔材料	导电材料
主要检验对象	锻钢件、压延件、铸钢件、焊缝、管材、棒材、型材和机加工件等	管材、棒材、坯料等	铸件、焊缝及锻件、压延件、管材、棒材、板材等	管材、线材，使用中的零件等
主要检测缺陷	裂纹、发纹、白点、折叠、夹杂物	裂纹、发纹、白点、折叠、夹杂物	裂纹、疏松、针孔、夹杂物	裂纹、材质变化、厚度测量
缺陷显示	直观	不直观	直观	不直观
检测速度	一般	快	较慢	快
应用	探伤	探伤	探伤	探伤、材质分选、测厚
污染	轻	无	较重	无
灵敏度	高	一般	高	一般
被检工件表面要求	一般	一般	高	高
检测人员要求	一般	低	高	低

另外，随着计算机和成像技术的发展，红外、视觉自动识别检测方法也在各个行业得到应用。

复习题

2-1　简述磁粉检测的原理。

2-2　磁粉检测的优点和局限性有哪些？其适用范围是什么？

2-3　简述磁粉检测和漏磁检测的区别。

2-4　常用的表面无损检测方法有哪几种？其优点和局限性各有哪些？

第三章　磁粉检测基础知识

3.1　磁现象和磁场

3.1.1　磁的基本现象

磁铁能够吸引铁屑等磁性材料的性质叫作磁性，具有磁性的物体叫做磁体，磁体分为永磁体、电磁体和超导磁体等。

磁体各部分的磁性强弱不同，如果将磁铁棒或磁针投入铁屑中再取出来，可发现靠近两端的地方吸引的铁屑特别多（如图 3-1 所示），即磁性特别强，这磁性特别强的区域称为磁极。

如果将磁铁棒或磁铁的中心支撑或悬挂起来，并使之能在水平面内自由转动，则磁铁棒的两极总是分别指向地理的南北方向，我们称指北的一端为北极（N），指南的一端为南极（S）。如果用另一磁铁去接近悬挂起来的磁铁，则可发现同性磁极互相排斥，异性磁极互相吸引。由此可以推知，整个地球也是一个大的磁铁，这个大磁铁的两极和地球的地理上的两极并不一致，而是稍微偏开一点，地磁的南极在地理的北极附近，地磁的北极在地理的南极附近。

当把一块条形磁铁陆续地切割成无数小块时，可发现每一小块总是有两个磁极（如图 3-2所示）。由此可知，磁铁的极性是不能单独存在的。换句话说，一个单独的孤立的磁极实际上是不存在的，磁棒的每个 N 极必须有对应的 S 极。长磁棒有时可能获得两个以上的磁极，而一个钢环在磁化时却可以没有磁极。

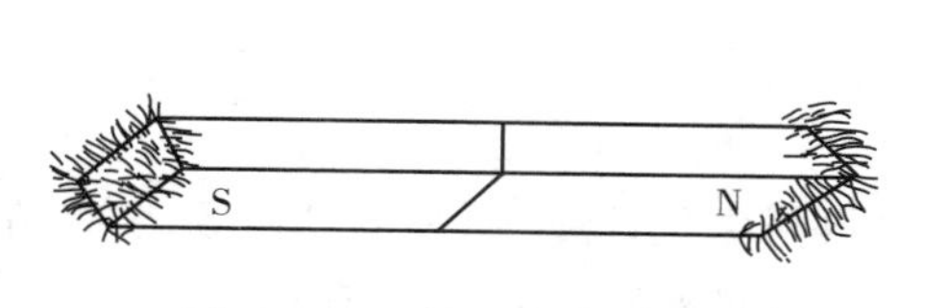

图 3-1　条形磁铁吸引铁屑

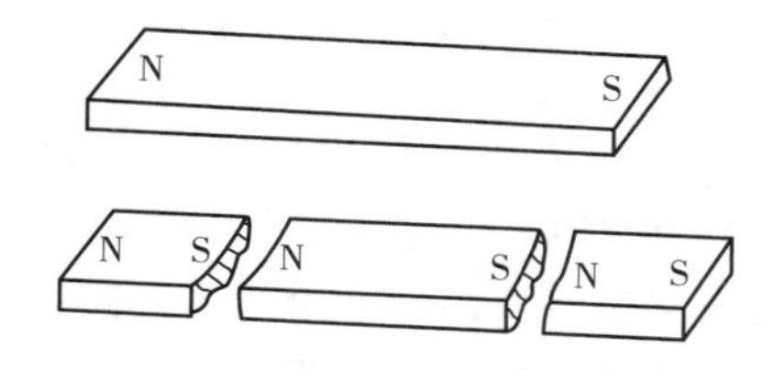

图 3-2　折断条形磁铁形成的磁极

3.1.2　磁场

磁极间互相排斥及互相吸引的力量称为磁力。法国物理学家库伦最早对两个磁体间的作用力进行了定量研究，获得了磁性定律：两个磁极间的磁力与两个磁极强度的乘积成正比，而与它们之间的距离的平方成反比。磁力为斥力还是吸力取决于两个磁极的极性。

磁铁不但对铁块有吸引力，一块磁铁对另一块磁铁也有作用力，而且磁铁对铁块或其他磁铁施以作用力时，用不着彼此直接接触，这是由于磁体附近存在着磁场。凡是磁力可以到达的空间，称为磁场。磁场中各点的强度值相等，而方向互相平行时称为均匀磁场。

磁场虽然看不见，为了形象地表示磁场的强弱、方向和分布的情况，在磁场内画出若干条假想的连续曲线。这些曲线不会中断，它以连续回路的方式，自行穿过某个路径，曲线的疏密程度代表磁场的强弱，线上任意一点的切线代表它的方向，这些假想的曲线就叫磁力线。磁力线上每点的切线方向都与该点的磁场方向一致。单位面积上的磁力线的数目与磁场大小成正比，因此，磁力线的疏密程度反映着磁场各点的强弱。在磁场强度大的地方，磁力线就密；在磁场强度小的地方，磁力线就稀。条形磁铁及条形磁铁间的磁力线如图 3－3 所示。

磁力线具有以下特性：

① 磁力线从磁铁的 N 极开始而终止于 S 极，或者进入邻近磁铁的 S 极。放在磁场里的磁针将顺着磁力线的方向停下来。

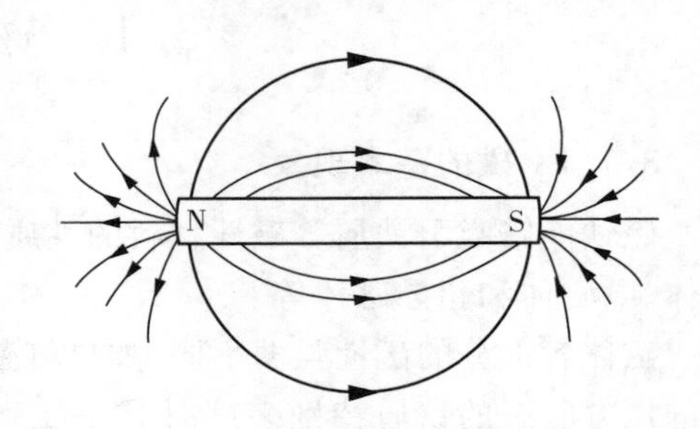

图 3－3　条形磁铁的磁力线

② 由于磁场内某一点只可能有一个磁场方向，所以磁力线是一些互不相交的曲线。

③ 同性磁极间（例如 N 与 N 或 S 与 S）磁力线有互相排挤的倾向，这是同性磁极相斥的原因。

④ 异性磁极间磁力线有缩短长度的倾向，这是异性磁极相吸的原因。

3.1.3　磁场的物理量

（1）磁场强度

在磁场里任意一点，放一个单位磁极（N 极），作用于该单位磁极的磁场大小叫作该点的磁场大小，磁力的方向叫作磁场方向。磁力大小和方向的总称叫作磁场强度，或者说，单位正磁极所受的力叫做磁场强度。

将一个磁针放在磁场内，静止时，磁针 N 极所指的方向就是磁场方向。

磁场强度用符号 H 表示。在 SI 单位制（国际单位制）中磁场强度 H 的单位是 A/m（安培/米）；在工程上，磁场强度单位用 Oe（奥斯特）表示。其换算关系为

$$1\ \mathrm{A/m}=4\pi\times10^{-3}\ \mathrm{Oe}=0.0125\ \mathrm{Oe}$$

1 A/m 等于 1 根通以 1 A 电流的直长导线在相距 $1/2\pi$m 处产生的磁场强度。

（2）磁感应强度与磁通量

将原来不具有磁性的物体放入磁场内，物体得到磁化，除了原来的外磁场之外，在磁化状态的物体还产生自己的附加磁场，这两个磁场叠加起来的总磁场，用磁感应强度这样一个物理量来表示，其符号为 B。

磁感应强度和磁场强度一样，也是一个矢量，而且也同样地可以用磁力线表示，这种线也称为磁感应线。磁感应线上每一点的切线方向代表该点磁感应强度的方向。磁感应强度值的大小等于穿过垂直磁力线的单位面积上的磁感应线的根数，所以，磁感应强度又称磁通密度。

磁感应强度和截面积的乘积叫作磁通量，或称磁通。通过一给定面积的磁感应线总数，称为通过该面积的磁通量，用 Φ 表示。如图 3－4 所示，在磁场中设想一个面积 S，它与磁感应强度 B 垂直。根据磁通量的定义，通过 S 的磁通量为

$$\Phi=BS \tag{3-1}$$

或者说，磁感应强度（磁通密度）为单位面积的磁通量，即

$$B=\frac{\Phi}{S} \tag{3-2}$$

磁通量的 SI 单位制单位是韦（伯），符号是 Wb，在工程上用 Mx（麦克斯韦）表示，其换算关系为

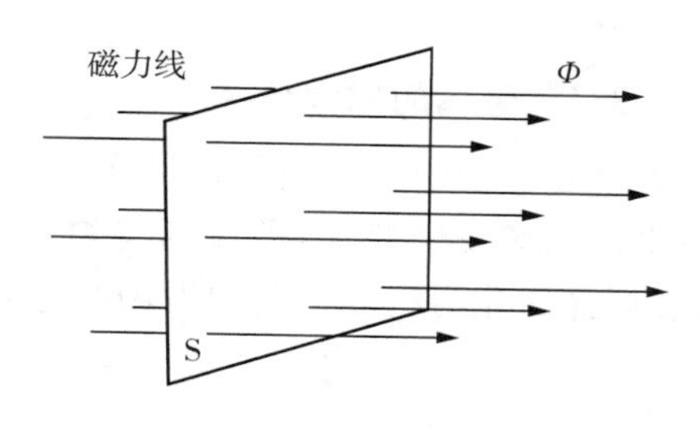

图 3-4　磁通密度与磁通量

$$1\ \mathrm{Wb}=10^8\ \mathrm{Mx}$$

磁感应强度的法定单位为韦/米²，符号为 $\mathrm{Wb/m^2}$，国际单位制单位为特（斯拉），符号为 T。每平方米面积上通过一条磁感应线代表 1 $\mathrm{Wb/m^2}$ 的磁感应强度，一条磁感应线就是 1 Wb。在工程上，磁感应强度的单位还用 G 或 Gs（高斯）表示，其换算关系为

$$1\ \mathrm{Wb/m^2}=1\ \mathrm{T}=10^3\ \mathrm{mT}$$

$$1\ \mathrm{T}=10^4\ \mathrm{Gs}$$

(3)磁导率 μ

不同金属材料在相同磁场中的磁感应强度 B 值是不一样的。为了反映这种变化，用磁感应强度 B 与磁场强度 H 的比值表示材料被磁化的难易程度，称为磁导率。即磁导率表示材料被磁化的难易程度，因为各种材料的导磁能力是不同的，所以，磁导率便反映了各种材料导磁能力的强弱。磁导率的符号用 μ 表示，即

$$\mu=\frac{B}{H} \tag{3-3}$$

磁导率 μ 又称为绝对磁导率，在国际单位制中，磁导率的单位是 H/m（亨利/米）。

在真空中，磁导率是一个不变的恒定数值，称为真空磁导率，用符号 μ_0 表示，在国际单位制中，真空磁导率为

$$\mu_0=4\pi\times10^{-7}\ \mathrm{H/m}$$

为了比较各种材料的导磁能力，我们将一种材料的磁导率和真空磁导率的比值，叫作该材料的相对磁导率，用 μ_r 表示，即

$$\mu_r=\frac{\mu}{\mu_0}\quad 或\quad \mu=\mu_r\mu_0 \tag{3-4}$$

相对磁导率 μ_r 为一个没有单位的纯数。对于真空来说，其 $\mu_r=1$。由于空气的导磁性能与真空相似，所以通常将空气的 μ_r 值也看成等于 1。

3.2　铁磁性金属的导磁特性

磁粉检测应用的对象是铁磁性金属。在磁粉检测中，铁磁性金属经外磁场的磁化在缺陷处产生漏磁场。因此，详尽地了解铁磁性金属的导磁特性，对于理解磁粉检测的原理和应

用是十分重要的。

3.3.1　金属的磁性分类

如果在磁场中放入一种金属,可以发现,这种金属将产生一个附加磁场,使金属所占空间原来的磁场发生变化,即磁场将增强或减小。设原来的磁场强度为 H_0,磁感应强度为 B_0,金属经磁化后得到的附加磁场的感应强度为 B',总磁场的磁感应强度 B 为

$$B=B_0+B' \tag{3-5}$$

实验证明,金属中产生的附加磁场可以与原磁场的方向相同,也可以相反。与原磁场相同方向的金属叫顺磁金属(或称顺磁质),如铝、锰、钨、铂等都是顺磁物质,顺磁质的相对磁导率 $\mu_r>1$。与原磁场方向相反的金属叫抗磁金属(或称抗磁质),如金、银、铜等都是抗磁物质,抗磁质的相对磁导率 $\mu_r<1$。顺磁物质和抗磁物质在外磁场中所引起的附加磁场是很小的,在磁化时的磁导率与真空中的磁导率接近,其 μ_r 近似为1,对外基本上不显示磁性,故把它们统称为非铁磁性金属(或称非磁质)。但另外有一类金属所引起的附加磁场 B' 却比原来的磁场大很多,是原来的几百倍到数千倍,这一类金属叫作铁磁性金属(或称铁磁质)。铁磁质的相对磁导率 μ_r 很大,其数量级为 $10^2\sim10^3$,甚至 10^6 以上,所以铁磁性金属属于强磁性物质,一般黑色金属(钢铁)和它们的许多合金都属于这一类物质,但奥氏体不锈钢除外。

3.3.2　磁场强度与磁感应强度的关系

磁场强度 H、磁感应强度 B 与磁导率 μ 的关系可用下式表示:

$$H=\frac{B}{\mu} \tag{3-6}$$

在真空中:

$$H=\frac{B}{\mu_0} \quad 或者 \quad B=\mu_0 H \tag{3-7}$$

上式说明了,在真空中,如果存在着磁场强度 H,由于磁感应,会出现 $\mu_0 H$ 的磁感应强度。换句话说,真空中如果有磁感应强度 B,则存在着 B/μ_0 的磁场强度。由此可见,用磁场强度 H 和磁感应强度 B 这两个磁的物理量表示磁场的概念,在原则上都是可以的,但不应当混用,应当充分理解 B 和 H 的物理意义以及它们之间的关系。

【例3-1】 已知某处的地磁场强度为40 A/m,求该处的磁感应强度。

解: 设空气的相对磁导率 $\mu_r=1$,则

$$\mu=\mu_0\mu_r=\mu_0=4\pi\times10^{-7}(\text{H/m})$$

$$B=\mu H=4\pi\times10^{-7}\times40=0.5\times10^{-4}(\text{T})$$

*3.3.3　磁极化强度

为了衡量物质的磁化程度,采用了磁极化强度这个物理量,物质的磁化程度愈高,磁极化强度愈大。

假设一条形磁铁的长度为 l，截面积为 S（如图 3－5 所示），两端的磁极强度为 $\pm m$，那么，磁极化强度 B_i 定义为单位面积上的磁极强度，即

$$B_i = \frac{m}{S} \quad (3-8)$$

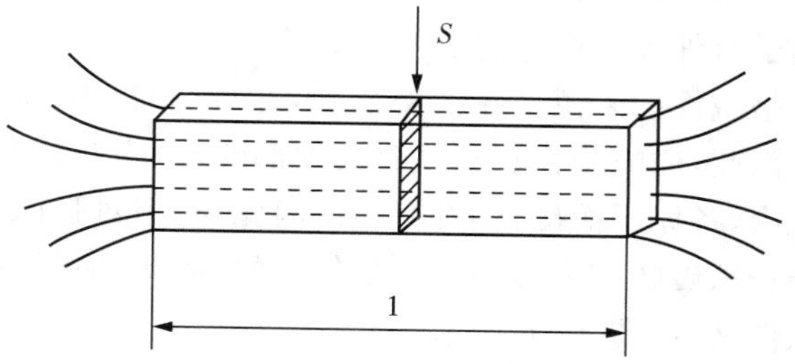

图 3－5 条形磁铁

磁极化强度的法定单位名称也为特（斯拉），符号为 T 或 Wb/m^2。磁粉检测常用物理量的单位见表 3－1 所列。

表 3－1 磁粉检测常用物理量的计量单位

物理量		SI 单位制			CGS 单位制		
名称	代号	名称	代号		名称	代号	
			中文	符号		中文	符号
磁场强度	H	安(培)每米	安/米	A/m	奥特斯	奥	Oe
磁通量	Φ	韦(伯)	韦	Wb	麦克斯韦	麦	Mx
磁感应强度	B	特(斯拉)	特	T	高斯	高	G,Gs

上述常用物理量的计量单位换算如下：

① 磁场强度的单位换算

$$1\ \text{A/m} = 4\pi \times 10^{-3}\ \text{Oe}$$

$$1\ \text{Oe} = \frac{1}{4\pi} \times 10^{3}\ \text{A/m}$$

② 磁通量的单位换算

$$1\ \text{Mx} = 10^{-8}\ \text{Wb}$$

$$1\ \text{Wb} = 10^{8}\ \text{Mx}$$

③ 磁感应强度的单位换算

$$1\ \text{Gs} = 10^{-4}\ \text{T}$$

$$1\ \text{T} = 10^{4}\ \text{Gs}$$

3.3.4 铁磁性金属磁化特性的原因——磁畴

在磁性的现代概念中，金属的铁磁特性是由内部分子电流决定的。任何物质都是由分子、原子组成，而分子或原子中任何一个电子都同时参与两种运动，即环绕原子核的运动和

电子本身的自旋，这两种运动都产生磁效应。把分子或原子看作一个整体，分子或原子中各个电子对外界所产生的磁效应的总和，可用一个等效的圆电流表示，统称为分子电流。分子电流是磁性的来源。在铁磁质中，在称为磁畴的很小范围内，分子电流的磁矩方向是相同的。因此，磁畴是存在于铁磁质内部的自发磁化的小区域，其体积约为 $10^{-8}\,m^3$。在这个小区域内，各原子的磁化方向一致，因此，有相对强的磁性。但是，在没有外加磁场的情况下，磁畴在铁磁物质内部的方向是任意的，因此，他们各自的磁性互相抵消，就整体说来，显示不出磁性来，如图 3－6 所示。

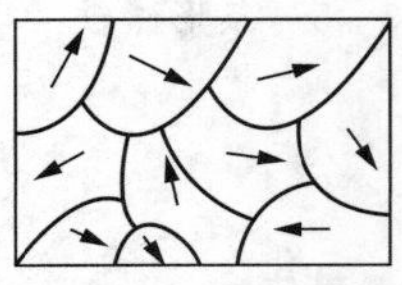

（a）未被磁化情况

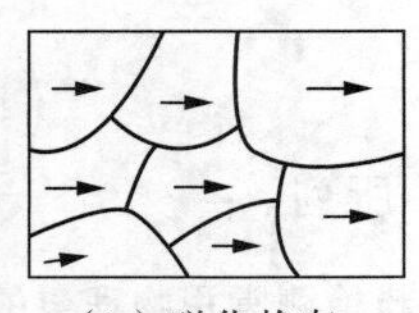
（b）磁化状态

（c）去掉外加磁场之后

图 3－6　铁磁性金属的磁畴方向

铁磁材料在未被磁化时，如图 3－6(a)所示，磁畴方向杂乱无序，对外不显磁性。当把铁磁材料放到外加磁场中去时，磁畴就会受到外磁场的作用，磁畴的边界会发生移动，并会向外磁场的方向转动，最后，全部磁畴都转向外磁场方向，如图 3－6(b)所示，这个现象就叫作磁化。铁磁性材料磁化之后，就变成了一块磁铁，显示出很强的磁性来。去掉外加磁场之后，磁畴出现局部转向，但仍保留一定的剩余磁性，如图 3－6(c)所示。

3.3.5　磁化曲线

(1)初始磁化曲线

将某种铁磁材料做成环形样品，绕上一定匝数的线圈，线圈经过换向开关 K 和可变电阻 R 接到直流电源上，其电路如图 3－7 所示，通过测量线圈中电流 I，算出材料内部的磁场强度 H 的值。用冲击检流计或磁通计测量此时穿过环形样品横截面的磁通量 Φ，从而算出磁感应强度 B 值。由此可得到该材料的 $B-H$ 曲线，如图 3－8 所示。铁磁材料的 $B-H$ 曲线也叫作磁化曲线，它反映了材料磁化程度随外磁场变化的规律。

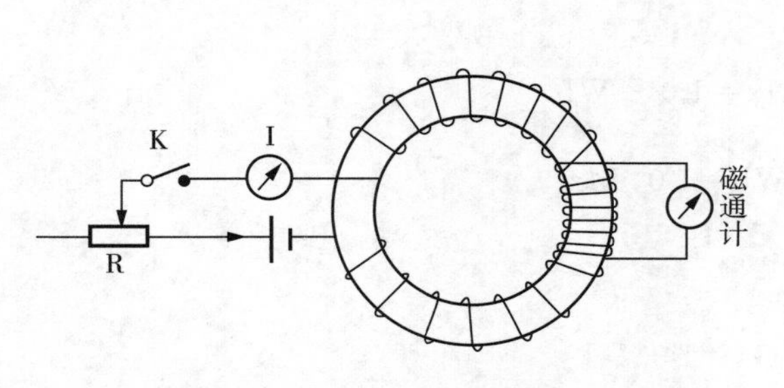

图 3－7　磁化曲线测量示意图

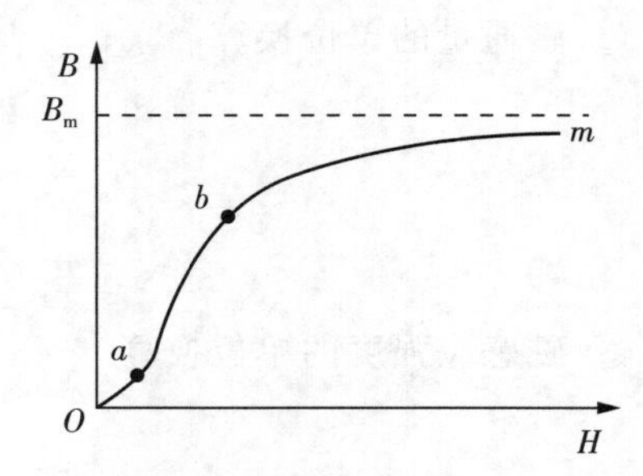

图 3－8　铁磁性材料的磁化曲线

各种铁磁材料的曲线都具有类似的形状。开始，外磁场 $H=0$，铁磁材料未被磁化，因此 $B=0$，在 $B-H$ 曲线上这一状态相应于坐标原点 O，当线圈中电流逐渐增加，因而 H 也增加时，初始阶段(Oa 段)B 增加得很慢；第二阶段(ab 段)B 增加得很快；第三阶段(bm 段)B 的增加缓慢下来；过了 m 点，当外磁场再增加时，B 基本不再增加，这个现象叫作铁磁材料的饱和。此时,铁磁材料的磁畴全部和外磁场方向一致,即使再增加外磁场,铁磁材料的附加磁场也不能再继续增加了。

由此可以看出,铁磁性材料的磁感应强度 B 是外磁场和铁磁性材料附加的磁场强度之和,实质上,就是铁磁性材料内部的合成磁场强度。

(2)磁导率曲线

$B-H$ 曲线上每一点的 B 与 H 之比是在该磁场值下材料的磁导率,因此,铁磁材料的磁导率 μ 不是常数,相对磁导率 μ_r 也不是常数,其 μ_r 随磁场的变化关系(μ_r-H 曲线)如图 3-9 所示。在开始,外磁场 $H=0$ 时,金属具有的相对磁导率 μ_i 叫作起始相对磁导率(简称起始磁导率);随着外磁场 H 增加,初始节段 μ_r 较缓变化,之后急剧增大,并达到最大值 μ_m,这个点称为最大相对磁导率(简称最大磁导率)。超过 μ_m,如果继续增加外磁场 H,μ_r 开始急剧下降,之后变成缓慢下降,进入近磁饱和区;在金属的饱和磁化节段,磁导率数值则基本不再发生大的改变,此时金属的相对磁导率 μ_r 趋近于1,近似过渡为非铁磁性金属。

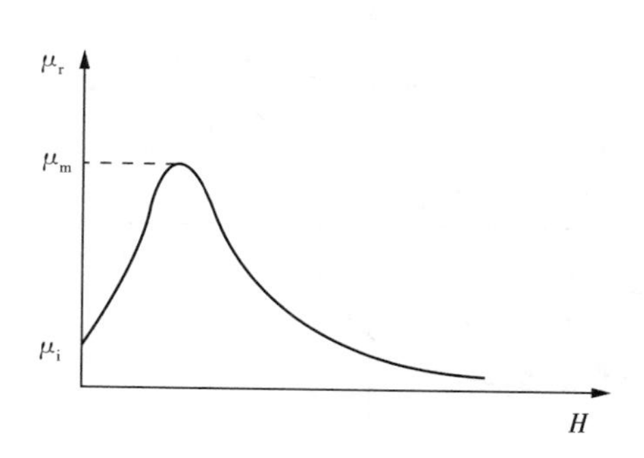

图 3-9　铁磁性材料的 μ_r-H 曲线

各种铁磁性金属的磁导率曲线具有类似的形状,但不同金属的初始磁导率和最大磁导率是不同的。现将常见铁磁性金属的初始相对磁导率和最大相对磁导率列于表 3-2中。

表 3-2　常见铁磁性材料的相对磁导率

材　料	初始相对磁导率	最大相对磁导率
铸铁		200～500
铸钢		500～2200
纯铁	200～300	6000～8000
硅钢		7000
碳钢	500	7000～10000
镍	110	600
钴	70	250

(3)磁滞回线

一块未被磁化的铁磁材料,逐步磁化,磁感应强度 B 由零增加到饱和点 m,这就是图 3-8中的曲线,称作起始磁化曲线。从 m 点开始减小励磁电流,即当 H 减小时,B 也相应减小,但并不沿着原来的曲线下降,当线圈中的电流减小到零,即 $H=0$ 时,B 并不为零,而是具有一定的数值 B_r。B_r 称作剩余磁感应强度,简称剩磁。为了使 B 减少至零,必须外加反向磁场 H_c。使 B 降到零所必须加的反向磁场 H_c 称为矫顽力。

如果反向磁场强度继续增加,材料就会呈现与原来方向相反的磁性,同样可达到饱和点 m',当 H 从负值回到零值时,材料具有反方向的剩磁 $-B_r$,磁场过零后再在正方向增加时,

曲线经过 H_c 回到 m 点，完成一个循环，如图 3－10 所示。由此可知，当外加磁场强度从正到负，并从负到正作周期性变化时，试样内的磁感应强度是按照一条对称于坐标原点的闭合曲线变化的，这条闭合曲线叫作材料的磁滞回线。

图 3－11 为 30CrMnSiA 钢、880℃ 油淬，300℃ 回火状态下测得的磁化曲线。

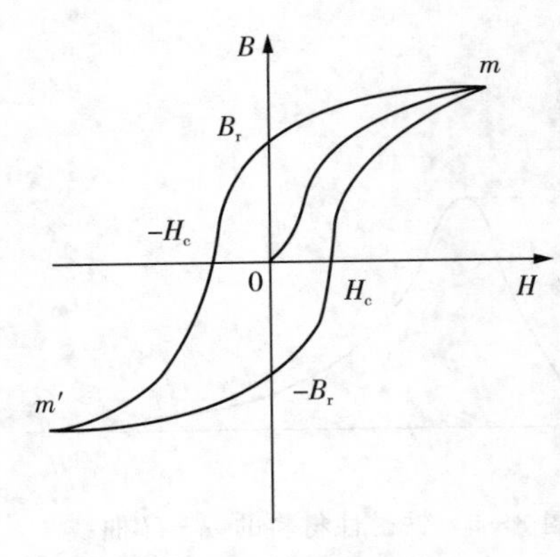

图 3－10　磁滞回线

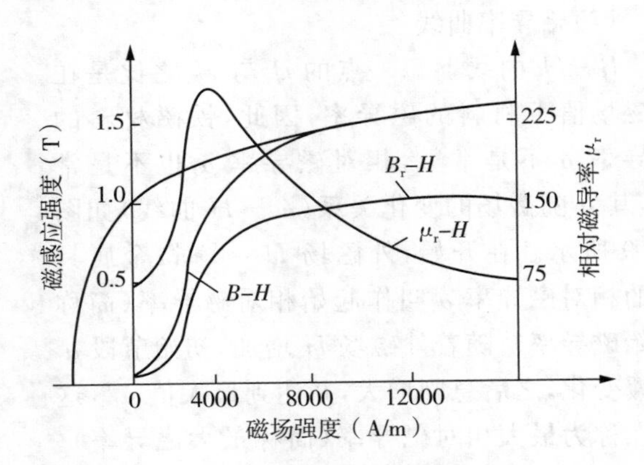

图 3－11　30CrMnSiA 钢的磁化曲线

根据上面的阐述，可将铁磁性材料的特点简单小结如下：

① 高导磁性。能够在外磁场中强烈地磁化，即能产生非常强的附加磁场。它的磁导率很高，相对磁导率可达数百、数千甚至数万。

② 磁饱和性。铁磁性材料由于磁化所产生的附加磁场，不会随外磁场的增加而无限地增加。当外磁场达到一定程度后，全部磁畴的方向都与外磁场的方向一致，附加磁场不再增加，呈现磁饱和。

③ 磁滞性。当外加磁场的方向发生变化时，磁感应强度的变化滞后于磁场强度的变化。当磁场强度减到零值时，铁磁性材料在磁化时所获得的磁性不能完全消失，还要保留一定的剩磁。

3.3.6　铁磁性材料的分类

铁磁性材料的种类很多，如果按材料的矫顽力大小分类，大致可分成硬磁材料（$H_c > 10^4$ A/m）、软磁材料（$H_c < 10^2$ A/m）和介于二者之间的半硬磁材料，三种材料的磁滞回线如图 3－12 所示。

（1）硬磁材料

硬磁材料的特点是磁滞回线肥大，具有高矫顽力、高剩磁、低磁导率，磁滞现象明显。若将硬磁材料在外磁场中充磁后，它能保留较强的磁性，且难以退磁，因此常用它制作永久磁铁。硬磁材料如铝镍钴、稀土钴、钕铁硼等都是很好的永磁材料，特别是具有高强磁性的钕铁硼永磁材料常被用来制造磁化装置。

（2）软磁材料

软磁材料的特点是磁滞回线狭长，具有低矫顽力、低剩磁、高磁导率，磁滞现象不明显。将软磁材料置于外磁场中，其磁化过程几乎与外磁场同步，即当有外磁场时它具有很强的导磁性，当外磁场撤销后，它的磁性也消失，因此它最适合用作电磁铁的铁芯。软磁材料如电工纯铁、硅钢、坡莫合金和软磁铁氧体等，可以用来制作磁化装置的磁轭。

(3)半硬磁材料

在磁粉检测中遇到的钢铁材料,如果其矫顽力介于软磁材料、硬磁材料之间,大多数都属于半硬磁材料。

工业上常见的钢铁材料范围很广,磁特性(如磁导率和剩磁等)差别较大,因此,在漏磁检测中,应该根据材料各自的磁性和检测要求来选取相应的磁化方法和退磁技术。

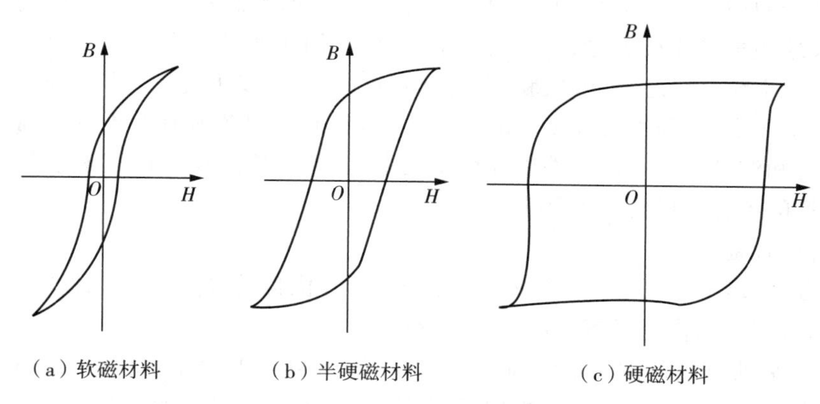

(a) 软磁材料　　(b) 半硬磁材料　　(c) 硬磁材料

图 3-12　不同材料的磁滞回线

*3.3.7　亚铁磁性物质

与铁磁性材料一样,当磁场不存在时,亚铁磁性物质仍旧会保持磁化不变;又像反铁磁性物质一样,相邻的电子自旋指向相反方向。这两种性质并不互相矛盾,在亚铁磁性物质内部,分别属于不同次晶格的不同原子,其磁矩的方向相反,数值大小不相等,所以,其物质的净磁矩不等于零,磁化强度不等于零,具有较微弱的铁磁性。

亚铁磁性物质是绝缘体,处于高频率时变磁场的亚铁磁性物质,由于感应出的涡电流很少,可以允许微波穿过,所以,可以作为像隔离器(Isolator)、循环器(Circulator)、回旋器(Gyrator)等微波器件的材料。

由于组成亚铁磁性物质的成分必须分别具有至少两种不同的磁矩,只有化合物或合金才会表现出亚铁磁性。常见的亚铁磁性物质有磁铁矿(Fe_3O_4)、铁氧体(Ferrite)等。

3.3.8　几种特殊合金材料

(1)透磁合金

透磁合金又称坡莫合金,是镍铁的磁合金,通常是指20%铁和80%镍的合金。透磁合金有高磁导率、低矫顽力、接近零的磁力控制以及明显的各向异性的磁阻效应。透磁合金的电阻率通常由于强度和所施加磁场方向的因素,变化范围在5%以内。透磁合金具有典型的等轴晶系晶体结构,其晶格常量约为0.355 nm,在临近80%镍集中的区域。坡莫合金是一种在较弱磁场下有较高的磁导率的铁镍合金。

(2)因瓦合金

1896年法国物理学家C. E. Guialme发现了一种奇妙的合金,这种合金在磁性温度即居里点附近热膨胀系数显著减少,出现所谓反常热膨胀现象(负反常),从而可以在室温附近很宽的温度范围内,获得很小的甚至接近零的膨胀系数,这种合金称为因瓦合金,又叫作低膨胀合金。

这种合金是由64%的铁和36%的镍组成，呈面心立方结构，其牌号为4J36，它的中文名字叫殷钢，英文名字叫因瓦合金(invar)，意思是体积不变又名不膨胀钢。

因瓦合金问世一百多年以来，因其膨胀系数低这一特征，应用领域迅速扩大。因瓦合金成为早期制造精密仪器仪表和标准钟的摆杆、摆轮及钟表游丝所不可缺少的材料；在20世纪20年代用因瓦合金代替铂用作于玻璃封接的引丝，大大降低了引丝的成本；到了五六十年代，因瓦合金的用途继续扩大，主要用于无线电电子管、恒温器中作控温用的热双金属片、长度标尺、大地测量基线尺等；到了八九十年代，广泛用于微波产品、液态气体储容器、彩电的阴罩钢带、架空输电线芯材、谐振腔、激光准直仪腔体、三步重复光刻相机基板等产品生产中。进入21世纪之后，随着航天技术的飞速发展，新的应用领域有航天遥感器、精密激光、光学测量系统和波导管中的结构件以及用于显微镜、天文望远镜中巨大透镜的支撑系统和需要安装透镜的各种各样科学仪器中。

(3)因科镍合金

因科镍合金(Inconel)是一种铬铁镍基合金，具有优良的高温抗氧化性能，反复加热冷却也不脆化，可用于制作高温下使用的工作原件。

1905年前后研制出的铜含量约为30%的蒙乃尔(Monel)合金，是较早的科镍合金。镍具有良好的力学、物理和化学性能，添加适宜的元素可提高它的抗氧化性、耐蚀性、高温强度和改善某些物理性能。科镍合金可作为电子管用材料、精密合金(磁性合金、精密电阻合金、电热合金等)、镍基高温合金以及镍基耐蚀合金和形状记忆合金等。在能源开发、化工、电子、航海、航空和航天等部门中，科镍合金都有广泛用途。

3.3.9 影响金属磁性的因素

磁粉检测的对象是铁磁性金属，除奥氏体不锈钢外，大部分钢铁材料都属于铁磁性金属。不同的铁磁性金属的磁性是不一样的，有的磁性很强，容易被磁化，有的磁性较弱，需要较强的磁场才能使其磁化。即使同一种金属，在不同的外部环境和条件下，表现出来的磁性也不相同。不论内因还是外因引起的金属磁性的差异，都会对漏磁检测产生影响。

(1)材料成分的影响

钢分为碳素钢和合金钢两大类。在碳素钢中，对磁特性影响最大的是碳的含量。一般来说，低碳钢接近于软磁材料，随着含碳量的增加，钢的磁性逐渐变“硬”。合金钢中的合金元素也与碳素钢中的碳相似，随着合金元素种类和含量的增加，钢的磁导率(包括初始磁导率和最大磁导率)减小，矫顽力增大，磁滞回线也逐渐变得肥大。但合金元素对钢的磁特性影响情况更复杂一些，如加入锰、铬、镍、钼等金属元素时会使材料的磁性变硬，而加入硅元素时又可能使磁性变“软”(如硅钢)。

(2)组织结构的影响

① 晶体结构与大小的影响：钢的晶体结构与铁的晶体结构有关。面心立方的γ铁是非磁性体，不能被磁化；体心立方的α铁是铁磁体，可以被磁化。但α铁具有不同状态，也就具有不同的磁性。在晶格处于平衡状态时，材料表现为软磁性，即高磁导率、低矫顽力和低剩磁。随着晶格内碳原子数的增加和晶格歪扭程度的增加，磁导率将降低，矫顽力上升，即磁性变硬。另外，晶体大小也会影响磁性，一般晶粒增大时磁性向软的方向变化。

*② 热处理工艺的影响：不同的热处理工艺对材料的磁特性影响很大。一般来说，退火热处理和正火热处理对材料的磁性影响不太大，而淬火后再回火的热处理对材料的磁性影

响不仅大且有差异。淬火后随着回火温度的增高，材料的最大磁导率、饱和磁感应强度增大，矫顽力下降，磁滞回线变狭窄，即材料的磁性也变软。其主要原因是热处理改变了材料的组织结构。在各种金相组织中，铁素体和珠光体磁化性能较好，易于磁化，而渗碳体和马氏体则较差。

*③ 加工工艺的影响：钢铁材料的冷加工会将使材料的各向异性变大，因此，冷拔、冷轧和冷挤压等工艺将造成在加工方向与非加工方向上的磁性差异。此外，经过冷加工后的材料的表面将硬化，随着表面硬度的增加，材料的磁性会减弱，即磁性变硬。这些都应在漏磁检测时给予注意。

(3)工件形状的影响

钢铁材料形状对磁性有很大影响，主要是退磁因子和退磁场的作用引起的，这将在本书第 3.5 节中说明。在磁粉检测中，这种影响不能忽略。

(4)温度的影响

随着温度的升高，铁磁性金属的磁性逐步降低，在达到某一定温度时，铁磁性将完全消失而呈现出顺磁性。金属的磁性随温度升高而降低的原因是，随着温度升高，铁磁材料中的分子热运动会破坏磁畴的有规则排列，使铁磁材料的磁性削弱。超过某一临界温度后，磁畴将全部瓦解，铁磁材料的磁性也就全部消失，实现了材料的退磁。这一临界温度称为居里温度或居里点。常见铁磁材料的居里温度见表 3－3 所列。从居里点以上的高温冷却下来后，只要没有外磁场的影响，材料仍然处于退磁状态。

表 3－3　部分铁磁材料的居里温度

铁磁材料	居里温度(℃)
铁	768
镍	365
钴	1150
硫化铁	320
四氧化三铁	575
三氧化二铁	620

3.3　金属的导电特性

在磁粉检测中，有时采用交变磁场对被检铁磁工件进行磁化。此时，工件中会感生电流。因此，了解金属的导电特性对理解交流磁粉检测的原理和应用是十分重要的。

3.3.1　金属中的电流

当金属受到外加电压(即电场)的作用时，金属中的自由电子将相对于晶体点阵做宏观的移动。电子的这种有规则的移动就形成电流。

电流的强弱用电流强度 I 来描述。单位时间内通过导体任一横截面的电荷量，叫作电流强度。如果在一段时间 t 内，通过导体某一横截面的电量是 q，那么电流强度就是

$$I=\frac{q}{t} \tag{3-9}$$

电流强度的单位是 A。

如果金属中通过任一截面的电流强度 I 不随时间而改变，这种电流称为稳恒电流或直流电。反之，如果电流的强度和方向随时间作周期性变化，这种电流就称为交变电流，简称交流电。

金属中电流的强度与施加在金属上的电压 U 大小有关，电压越高电流强度 I 越强。这就是众所周知的欧姆定律，它的数学表达式是

$$I=\frac{U}{R} \tag{3-10}$$

电压的单位是 V。式中 R 是表示金属阻碍电流流动的物理量，称为电阻，电阻的单位是 Ω。欧姆定律不仅适用于直流电路，也适用于交流电路。

当电流在金属导体中流动时，导体不同部位上的电流强度可能不一样，形成一定的电流分布。在交变磁场中，由于趋肤效应，金属导体中电流沿横截面有一定的分布，这时使用电流密度的概念细致描述电流强弱的分布情况往往更为方便。电流密度 J 等于通过某点单位垂直截面的电流强度，即

$$J=\lim_{\Delta S\to 0}\frac{\Delta I}{\Delta S}=\frac{\mathrm{d}I}{\mathrm{d}S} \tag{3-11}$$

电流密度的单位是 $\mathrm{A/m^2}$。

3.3.2 金属的电阻及其导电性能描述

电流在金属导体中流动时，由于与晶体点阵的碰撞，自由电子定向运动的速度受到限制。金属导体阻碍电荷在其体内流动的作用用电阻来描述。

金属电阻的大小与金属体的材料和几何形状有关。实验表明，横截面为 S、长度为 l 的一段金属的电阻为

$$R=\rho\frac{l}{S} \tag{3-12}$$

式中，ρ 是一个与金属材料有关的物理量，称为材料的电阻率，数值上等于用这种材料制成的长、宽、厚各为单位长度的立方体的电阻。电阻率的单位是 Ω · m。电阻率的倒数

$$\sigma=\frac{1}{\rho} \tag{3-13}$$

称为电导率。电导率的单位是 1/Ω · m。

电导率 σ 是描述金属导电性能的物理量，金属的 σ 值越大，导电性能越好。金属的电导率只与金属的种类(即材质)有关，与金属的长短、形状、大小无关。常见钢铁材料的电阻率和电导率参见表 3-4 所列。为了方便，经常用 IACS 国际退火铜标准表示电导率大小，标准退火铜的电导率为 100% IACS。

表 3-4　常见钢铁材料电阻率和电导率(20℃)

钢　种	电阻率(μΩ·cm)	电导率(%IACS)
工业纯铁	9	19
普碳钢	13～19	9～13
低合金钢	20～43	4～9
高合金钢	42～84	2～4

电流流过具有电阻的金属导体时，导体会发热而发生能量损耗。这是因为电子在导体内流动时，其运动能量通过它和晶格的碰撞，不断地传给金属导体的晶格，使晶格的热运动加剧而温度升高，从而以热能(焦耳热)的形式散布出来。

在交流磁粉检测中，被检测工件会由于电流的流动引起发热。而温度的改变又会引起金属导磁特性的变化。电流的热效应是交流磁粉检测需要避免的一种负效应。

3.3.3　影响金属导电性能的因素

(1)温度的影响

当金属及合金的温度升高时，由于晶体点阵振动加剧和自由电子的无序热运动增强，从而使它们相碰撞的机会增多，所以电阻率随温度的升高而增大，通常用温度系数 α 来描述金属导体的这种性质：

$$\rho=\rho_0(1+\alpha t) \tag{3-14}$$

式中：ρ——t℃时的电阻率；ρ_0——0℃时的电阻率；α——材料的温度系数，单位是 1/℃。

不同材料的温度系数 α 不同。铁磁性金属的电阻温度系数都比较大，而且随温度变化而变化。一般在居里温度以下时，α 随温度升高而增大；而在居里温度以上时，α 则急剧下降。

(2)合金成分的影响

金属材料的电阻率除了受温度影响外，还与金属的合金成分有关。纯金属具有规则的晶格结构，因此，电阻率 ρ 较小。当金属中掺入其他元素形成合金时，会导致金属晶格的排列发生畸变，造成电流流过时电子与晶格碰撞次数增加，电阻率增加。

(3)加工工艺的影响

金属在冷加工后，强度和硬度增加，导电性能下降，其原因是加工使晶体排列结构发生变形而导致电阻率升高。金属材料经过冷加工后，材料内部含有残余应力，同样会使金属的导电性能发生变化。举例来说，如果金属中存在单向拉应力，则由于拉伸应力使原子的间距变化，而使电阻率增加；如果金属中存在三向压应力，则金属晶体点阵的振幅减小，电荷流过时与晶体点阵碰撞概率减少，电阻率降低。

(4)热处理工艺的影响

金属经过不同的热处理，内部结构会发生相应的变化。一般来说，经过冷热剧变的热处理会使晶格点阵产生形变，金属的电阻率随之增大。但是，金属在冷加工后的退火处理，可以使变形的晶格结构得到一定恢复，金属电阻率从而下降。

3.4 电流的磁场

1820 年,丹麦科学家奥斯特通过实验证明:电流周围同磁体周围一样也存在着磁场,这种现象称为电流的磁效应。

3.4.1 通电圆柱导体的磁场

当电流流过直长圆柱导体时,磁场是以导体中心为圆心的同心圆形状,如图 3-13 所示。在半径相等的同心圆上,磁场强度是相等的。实验表明,磁场的方向与电流的方向有关,当导体中的电流方向改变时,磁场的方向也随之改变,其间的关系可用右手定则确定:用右手握住导体,使拇指指向电流方向,其余四指卷曲的方向就是磁场的方向,如图 3-14 所示。实验还表明,通电直长圆柱导体周围各点处磁场强度的大小与导体中的电流强度 I 成正比,而与该点至导体中心的距离 r 成反比,即

$$H=\frac{I}{2\pi r} \tag{3-15}$$

式中:H——磁场强度(A/m);I——电流强度(A);r——距导体中心距离(m)。

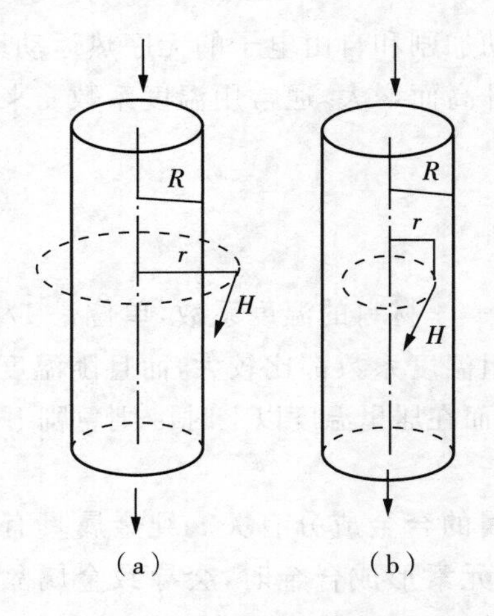

图 3-13 通电圆柱导体的磁场

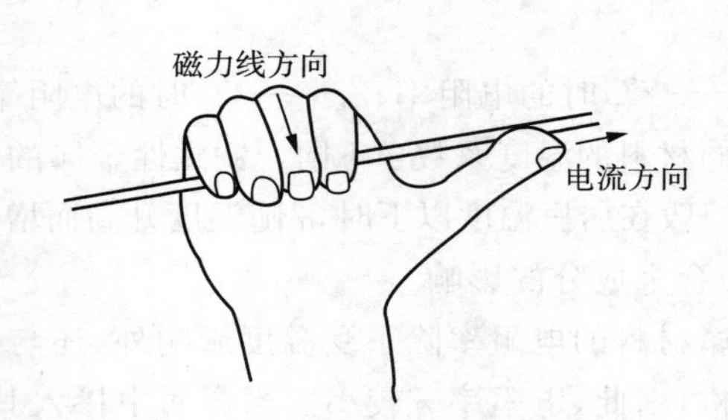

图 3-14 通电直长圆柱导体右手定则

上式适用于导体表面或导体之外的磁场近似计算,如果导体半径为 R,则表面磁场强度为

$$H=\frac{I}{2\pi R} \tag{3-16}$$

导体内部,即 $r<R$ 处的磁场强度,可近似地用下式计算:

$$H=\frac{Ir}{2\pi R^2} \tag{3-17}$$

可见,圆柱导体内的 H 与 r 成正比,圆柱导体外的 H 与 r 成反比。

【例 3-2】 一圆形导体直径 200 mm，通以 5000 A 的直流电，求与导体中心轴相距 50 mm、100 mm、400 mm 及 1000 mm 点的磁场强度，并用图示法表示出导体内外磁场强度的变化。

解：① 与导体轴相距 50 mm 的点在导体之内：

$$H_1=\frac{Ir}{2\pi R^2}=\frac{5000\times0.05}{2\times3.14\times0.1^2}=4000(\text{A/m})=50(\text{Oe})$$

② 与导体轴相距 100 mm 的点在导体的表面上：

$$H_2=\frac{I}{2\pi R}=\frac{5000}{2\times3.14\times0.1}=8000(\text{A/m})=100(\text{Oe})$$

③ 与导体轴相距 400 mm 的点在导体之外：

$$H_3=\frac{I}{2\pi r}=\frac{5000}{2\times3.14\times0.4}=2000(\text{A/m})=25(\text{Oe})$$

④ 与导体轴相距 1000 mm 的点在导体之外：

$$H_4=\frac{I}{2\pi r}=\frac{5000}{2\times3.14\times1}=800(\text{A/m})=10(\text{Oe})$$

导体内外磁场强度的变化如图 3-15所示。

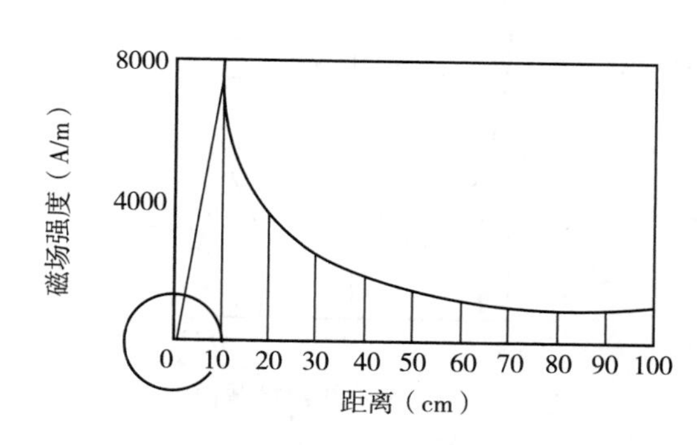

图 3-15　磁场强度分布

3.4.2　通电螺管线圈的磁场

在螺管线圈中通以电流时，产生的磁场是与线圈轴平行的纵向磁场，其方向可以用螺管线圈的右手定则来确定：用右手握住线圈，使四指指向电流方向，与四指垂直的拇指所指方向就是螺管线圈内部的磁场方向，如图 3-16 所示。

通电螺管线圈所产生的磁场图形如图 3-17 所示。

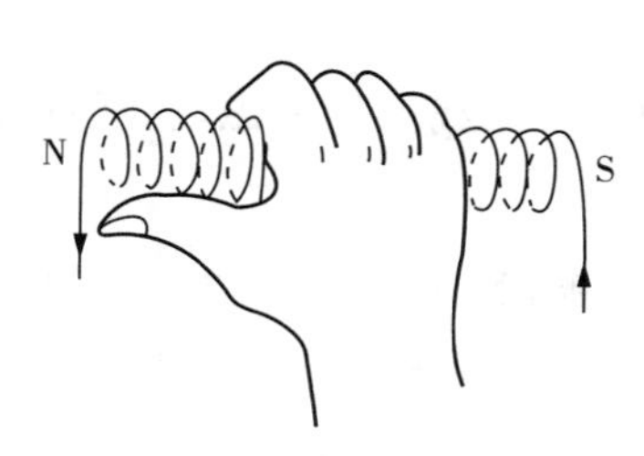

图 3-16　螺管线圈右手定则

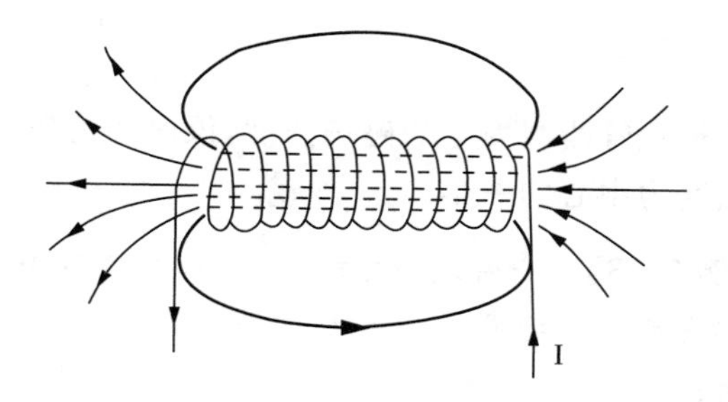

图 3-17　通电螺管线圈的磁场

在图 3-18 中，通电螺管线圈中心的磁场强度可用下式计算：

$$H=\frac{NI}{L}\cos\alpha=\frac{NI}{\sqrt{L^2+D^2}} \quad (3-18)$$

式中：H——磁场强度(A/m)；N——螺管线圈匝数；I——电流(A)；L——线圈长度(m)；D——螺管线圈直径(m)；α——线圈对角线与轴线的夹角。

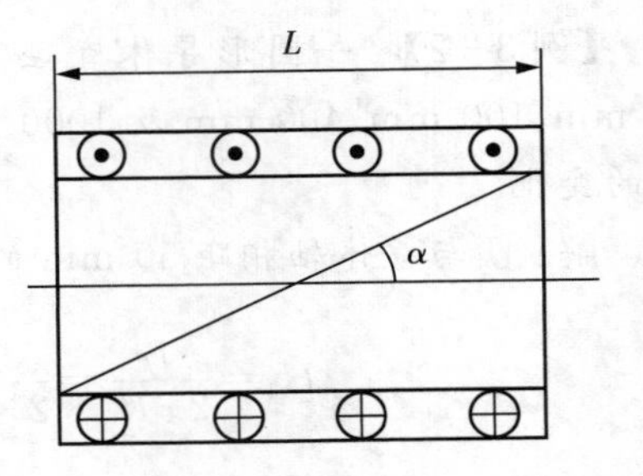

图 3-18　通电螺管线圈

在有限长螺管线圈的横截面上，靠近线圈内壁处的磁场较中心强(如图 3-19 所示)。而在螺管线圈的中心轴线上，中心最强，端头较弱，端头磁场约为中心磁场的 50%～60%(如图 3-20 所示)。

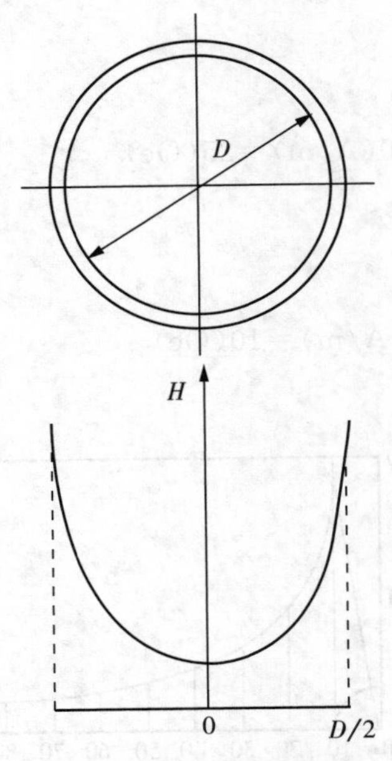

图 3-19　螺管线圈横截面的磁场分布示意图

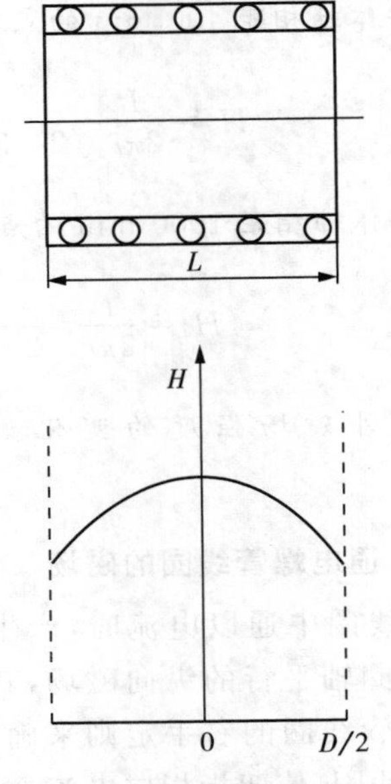

图 3-20　螺管线圈中心轴线上的磁场分布示意图

当螺管线圈绕得很密，其长度又比直径大得多时，$\alpha\approx0$；于是

$$H=\frac{NI}{L} \quad (3-19)$$

上式为长螺管线圈内部的磁场强度，该磁场为较均匀的平行于线圈轴的磁场。线圈两端的磁场强度为中心的一半。

【例 3-3】　一密绕通电螺管线圈，总匝数 $W=2000$ 匝，长 50 cm，通以 1 A 电流时，求线圈中央部分磁场强度。

解：

$$H=\frac{NI}{L}=\frac{2000\times1}{0.5}=4000(\text{A/m})=50(\text{Oe})$$

3.4.3　螺线环的磁场

在环状试样上，缠绕通电电缆，称作螺线环（如图 3-21 所示），所产生的磁场沿着环的圆周方向。磁场大小可近似地用下式计算：

$$H=\frac{NI}{2\pi R}\quad 或\quad H=\frac{NI}{L}\qquad (3-20)$$

式中：H——磁场强度（A/m）；N——电缆匝数；I——电流（A）；R——圆环的平均半径（m）；L——圆环的平均长度（m）。

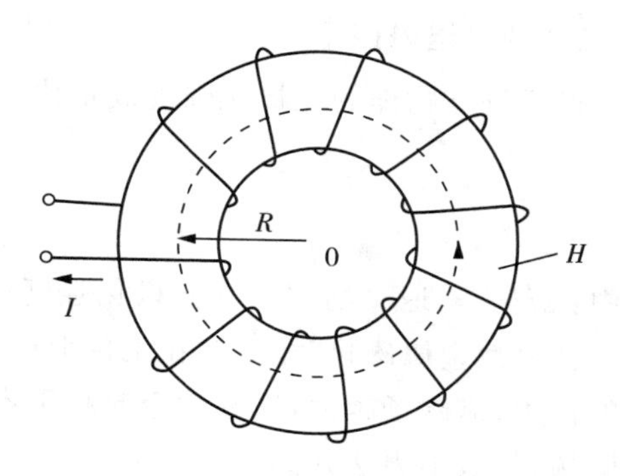

图 3-21　螺线环

下面将不同单位制的磁场强度计算公式小结一下，列于表 3-5 中。

表 3-5　不同单位制的磁场强度计算公式

物理量及单位	磁场强度（A/m）、电流（安）、长度（m）	磁场强度（Oe）、电流（A）、长度（cm）
通电圆柱形导体表面（如图 3-13(a)所示）	$H=\frac{I}{2\pi R}$	$H=\frac{0.2I}{R}$
通电圆柱形导体内部（如图 3-13(b)所示）	$H=\frac{Ir}{2\pi R^2}$	$H=\frac{0.2Ir}{R^2}$
螺管线圈中心（如图 3-20 所示）	$H=\frac{NI}{L}\cos\alpha$	$H=\frac{0.4\pi NI}{l}\cos\alpha$
螺线环（如图 3-21 所示）	$H=\frac{NI}{2\pi R}$	$H=\frac{0.2NI}{R}$

3.5　退磁场与退磁因子

3.5.1　退磁场

将截面积相同、长度不相同的几根圆钢棒，放在相同的外磁场中磁化，然后分别测量钢棒中部表面磁场强度值，发现它们是各不相同的。所以出现这种现象，是因为圆钢棒在磁场 H_0 中磁化时，在它的端头出现了磁极，这些磁极形成了磁场 ΔH，其方向与外磁场 H_0 相反，因而减弱了外磁场对物体的磁化作用，所以称为退磁场。图 3-22 为退磁场示意图。

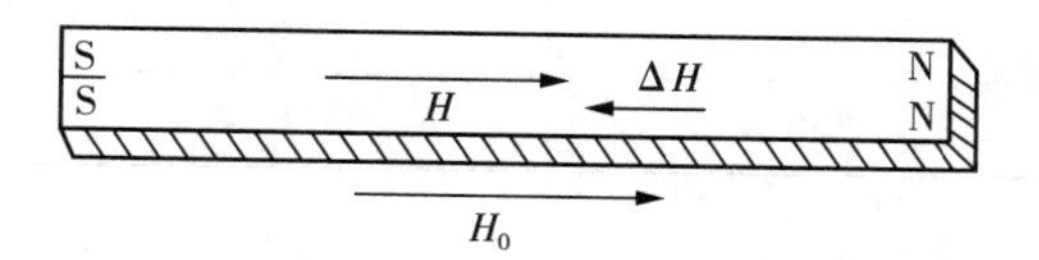

图 3-22　退磁场示意图

由此可见，处于外磁场中的钢棒，是在外磁场 H_0 和自身磁极产生的退磁场 ΔH 的合成磁场中被磁化的，即

$$H=H_0-\Delta H\qquad (3-21)$$

3.5.2　退磁因子

退磁场与物体的磁极化强度成正比，即

$$\Delta H = N\frac{J}{\mu_0} \tag{3-22}$$

式中：ΔH——退磁场；J——磁极化强度；μ_0——真空磁导率；N——退磁因子。

铁磁性金属磁化时，只要在工件上产生磁极，就会产生退磁场。退磁场总是起着阻碍磁化的作用，退磁场越大，铁磁性金属越不容易磁化。工件上的有效磁场 H，等于外磁场减去退磁场，其数学表达式为

$$H = H_0 - \Delta H = H_0 - N\frac{J}{\mu_0} = H_0 - \frac{N(B-\mu_0 H)}{\mu_0} = H_0 - \frac{N(\mu H - \mu_0 H)}{\mu_0} = H_0 - N\left(\frac{\mu}{\mu_0} - 1\right)H$$

所以

$$H = \frac{H_0}{1 + N\left(\frac{\mu}{\mu_0} - 1\right)} \tag{3-23}$$

式中，$\mu_0 = 4\pi \times 10^{-7}$ H/m。

退磁因子 N 主要与试件的形状有关。对于完整的闭合的环形试样，$N=0$；对于球体，$N=0.333$；对于长短轴比值等于 2 的椭圆体，$N=0.73$；对于圆钢棒，N 与钢棒的长度和直径的比值 L/D 成反比，并且 L/D 越小 N 越大，也就是说，N 随着 L/D 的增长而下降（见表 3-6 所列）。

表 3-6　退磁因子的大小与钢棒 L/D 比值的关系

L/D	N	L/D	N
0.0	1.0000	3.0	0.1087
0.2	0.7505	5.0	0.0558
0.4	0.5882	10.0	0.0203
0.6	0.4758	20.0	0.0067
0.8	0.3944	50.0	0.0014
1.0	0.3333	100.0	0.0004
1.5	0.2330	1000.0	0.0001
2.0	0.1735	∞	0.0000

退磁因子的大小由工件 L/D 决定。形状规则的圆柱形工件，其长径比直接采用钢棒的长度与直径相比。如果工件的断面为非圆形，则采用有效直径的方法进行计算。所谓有效直径，就是与非圆断面工件面积相当的圆柱的直径，其计算公式为

$$D_{\text{eff}} = 2\sqrt{\frac{S}{\pi}}$$

那么

$$L/D=\frac{L}{2\sqrt{\frac{S}{\pi}}}=\frac{L}{2}\sqrt{\frac{\pi}{S}} \tag{3-24}$$

【例 3-4】 一长度为 100 mm 的钢试样，截面为正方形，边长为 20 mm，求 L/D 的值。

解： 截面积 $S=20\times20=400(\mathrm{m}^2)$，$D=2\sqrt{\frac{S}{\pi}}=2\sqrt{\frac{20\times20}{\pi}}=\frac{40}{\pi}=22.6$ mm，$L/D=\frac{100}{22.6}=4.4$。

实际工作中常常不需要精确计算，可用 $\sqrt{S}$ 代替 D，即 $L/D=1/\sqrt{S}$，那么，上例中 $L/D=\frac{100}{\sqrt{20\times20}}=5$。

【例 3-5】 一圆钢棒长 0.2 m，直径 0.02 m，要使钢棒上的有效磁场强度达到 2400 A/m，求必要的外加磁场强度（从该钢的磁化曲线上查到，磁场强度为 2400 A/m 时，磁感应强度为 0.8 T）。

解： 因为，$L/D=0.2/0.02=10$，查表可知 $N=0.0203$，又

$$\mu=\frac{B}{H}=\frac{0.8}{2400}=0.00033(\mathrm{H/m})$$

$$\frac{\mu}{\mu_0}=\frac{0.00033}{4\pi\times10^{-7}}\approx2600$$

所以

$$H_0=H\left[1+N\left(\frac{\mu}{\mu_0}-1\right)\right]=2400[1+0.0203(2600-1)]\approx129023(\mathrm{A/m})$$

3.5.3　影响退磁场的因素

退磁场使工件上的有效磁场减小，影响工件的磁化效果。为了保证工件充分磁化，需要全面了解影响退磁场大小的因素，以便采取增大磁场强度或 L/D 值的方法，克服退磁场的影响。

① 退磁场大小与外加磁场强度有关。外加磁场强度愈大，工件磁化的愈好，产生的 N 极和 S 极磁场愈强，因而退磁场也愈大。

② 退磁场大小与工件退磁因子 N 有关。纵向磁化所需的磁场强度大小与工件的几何形状及 L/D 值有关。影响磁场强度的几何形状因素是退磁因子 N。工件 L/D 值越大，退磁因子 N 越小，退磁场越小。

③ 磁化相同直径的钢管和钢棒，钢管比钢棒产生的退磁场小。因为钢管的有效横截面积 S 小，所以有效直径 D_{eff} 小于外径 D_o，L/D_{eff} 就大，故钢管比钢棒的退磁场小。这一结论对周向磁化也适用。

④ 磁化同一工件，交流电比直流电产生的退磁场小。因为交流电有趋肤效应，比直流电渗入深度浅，所以交流电在钢棒端头形成的磁极磁性小，故交流电比直流电磁化同一工件时的退磁场小。

3.6 磁场的合成

3.6.1 磁粉检测的磁场

在磁粉检测中，通常用两种不同方向的磁场进行磁化，即常说的周向磁场和纵向磁场。

周向磁场是在被检工件中产生一种与工件轴向垂直的圆周方向的磁场，这种磁场一般通过工件直接轴向通电（或芯棒通电）产生，磁场方向遵循通电导体右手螺旋法则，是以导体为中心的同心圆，磁力线沿着与工件轴向垂直的圆周方向闭合。该方向磁化磁场方向，与轴向缺陷垂直，所以轴向缺陷检测灵敏度最高。

纵向磁场是与工件轴向一致或平行的磁场，条形磁铁、U形磁铁以及螺管线圈产生的都是纵向磁场。这种磁场一般符合螺管线圈右手螺旋法则，磁力线沿着工件轴线经两端从空气闭合。纵向磁场与周向缺陷垂直，所以周向缺陷检测灵敏度最高。

为了发现各个方向的缺陷，工件在检测时会同时进行周向磁化和纵向磁化。周向磁化一般无磁极产生，没有退磁场；纵向磁化一般都有磁极产生。

3.6.2 磁场的合成

磁场是一个既有方向也有大小的物理量，即矢量。磁场的合成遵循矢量加法规则，当两个和多个磁场同时磁化一个工件时，工件上不会存在多个方向的磁化，起作用的磁场将在工件上形成合成磁场，工件被合成磁场磁化。如两个磁场 $\boldsymbol{B}_1$ 和 $\boldsymbol{B}_2$，其合成磁场的磁感应强度 $\boldsymbol{B}$ 的数学表达式为

$$\boldsymbol{B}=\boldsymbol{B}_1+\boldsymbol{B}_2 \tag{3-25}$$

在合成磁场中，如果两个分磁场方向相同且完全在同一条直线上时，合成磁场大小为两个分磁场的代数和，方向与分磁场相同；如果两个分磁场方向相反且完全在同一条直线上时，合成磁场的大小是两个分磁场代数值差的绝对值，合成磁场的方向为较大磁场的方向。如果分磁场不在同一条直线上时，合成磁场的大小和方向遵循矢量合成法则。

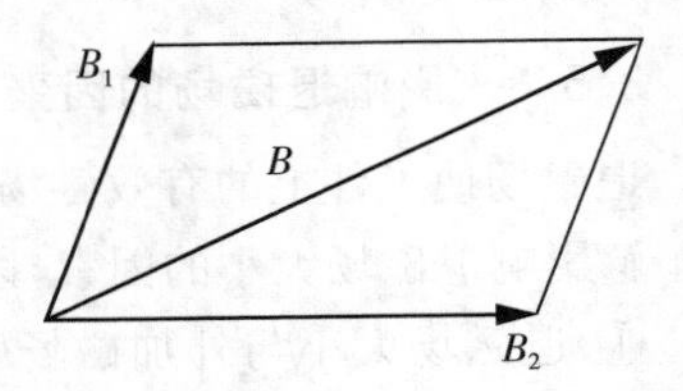

图 3-23　磁场的合成

矢量合成法则是计算有方向和大小的物理量的基本法则，一般采用作平行四边形的方式进行计算，以两个有方向的物理量为边做平行四边形，两个矢量合成的新矢量方向为过合成点的对角线，大小为该对角线长度。图3-23表示了两个不同方向上磁场合成的情况。

【例3-6】 一工件采用纵向磁化和周向磁化同时磁化进行磁粉检测，已知周向磁场 $B_1=2\text{T}$，纵向磁场 $B_2=3\text{T}$，如图3-24所示。求合成磁场的大小及方向。

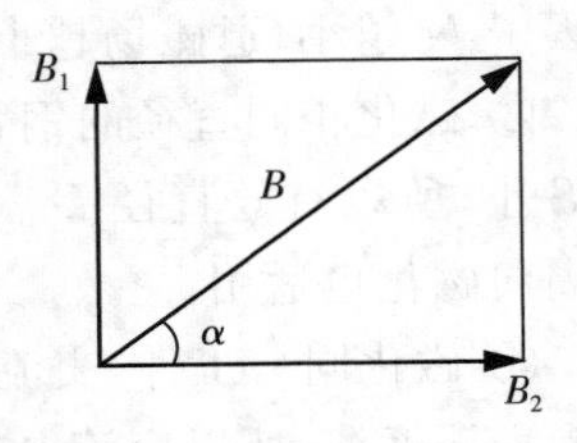

图 3-24　合成磁场

解： 因为 $\boldsymbol{B}=\boldsymbol{B}_1+\boldsymbol{B}_2$ 且周向磁化与纵向磁化夹角为 90°，所以合成磁场为

$$B=\sqrt{B_1^2+B_2^2}=\sqrt{2^2+3^2}=3.6(\text{T})$$

方向角度为

$$\alpha=\arctan 2/3=33.9^{\circ}$$

3.6.3 变化磁场的合成

在磁粉检测中，经常用到两个或多个不同方向的变化磁场同时对一个工件进行磁化，这时磁化的磁场是一个方向和大小都在随时间发生变化的合成磁场。如直流电产生的纵向磁场和交流电产生的周向磁场合成为摆动磁场；两个方向不同的交变磁场合成为旋转磁场。这些合成磁场的特点是各个分磁场的方向和数值在不断变化，它们在每个时刻都不相同。因此，合成磁场的方向和数值(模)在某一瞬间是确定的，在另一瞬间却发生了变化。但是，在一定时间内磁场变化的轨迹却是按照一定规律在多个方向变化。利用这种变化可以在一定时间内对试件实施多个方向的磁化，以达到发现不同方向缺陷的目的。

这种变化的合成磁场通常又称为多向磁场或组合磁场(复合磁场)。在通常情况下，变化磁场的合成主要有两种情况：一种是参与合成的磁场中，有一个是方向和大小都不变化的直流恒定磁场，而另外的磁场是与该磁场成一定角度的交流变化磁场，这时候合成磁场的轨迹是一个以恒定磁场方向为中轴的方向作上下摆动的螺旋形磁场。另一种磁场是参与合成的各个分磁场都是方向和大小随时间变化的交变磁场，这时的合成磁场轨迹则多是平面或空间的椭圆形旋转磁场或摆动磁场。常见的磁极式(磁轭交叉)平面旋转磁场和线圈式(线圈交叉)空间旋转磁场等则是它们的具体应用。这两种复合磁化在磁粉检测中都得到很好的应用。

*3.6.4 两种合成磁场的原理

(1)螺旋形摆动磁场

如上所述，一个直流恒定磁场和一个交流变化磁场成一定角度组合时，合成磁场随时间变化的轨迹是一个方向绕一固定轴线变化的螺旋形摆动磁场(如图 3-25 所示)。磁粉检测中常用的是一个直流纵向磁场和一个交流周向磁场同时对一个工件进行磁化，该合成磁场就是一个磁场方向随时间变化的摆动磁场。磁场合成时，若工件上的纵向磁场大小和方向不变而周向磁场大小和方向随时间变化，则二者合成了一个方向沿工件水平(纵向)磁场方向上下摆动的螺旋形磁场。其摆动幅度由两个分磁场的大小决定。若两个磁场最大值相等时，则摆动幅度为上下 $\pi/2$；若交流周向磁场大于直流纵向磁场时，摆动幅度将大于 $\pi/2$，反之则小于 $\pi/2$。但各瞬时的磁场强度是不相等的。

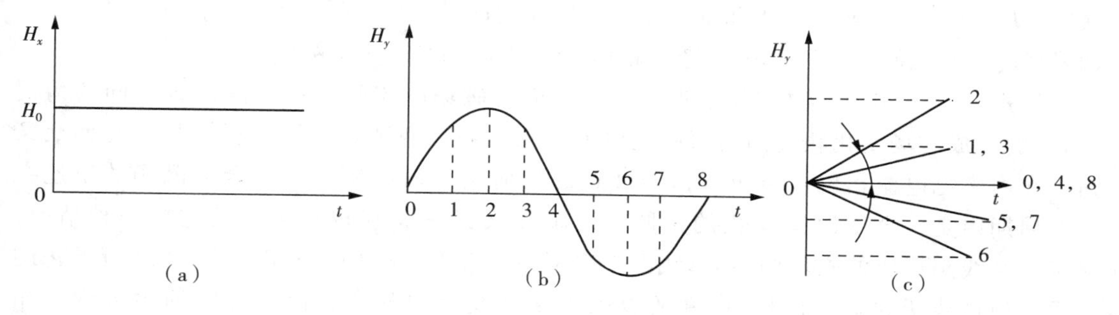

图 3-25 螺旋形摆动磁场

螺旋形摆动磁场可以用以下公式表示：

$$\boldsymbol{H}=\boldsymbol{H}_y+\boldsymbol{H}_x \tag{3-26}$$

磁场瞬间大小为

$$H=\sqrt{H_y^2+H_x^2}=\sqrt{H_{ym}^2\sin(\omega t+\varphi)+H_x^2} \tag{3-27}$$

磁场瞬间方向指向角为

$$\alpha=\arctan H_y/H_x \tag{3-28}$$

从上面可以看出，摆动磁场的大小(强度)是变化的，磁化方向则在一定的限定角度内。

(2)旋转磁场

旋转磁场是一种由两个以上不同方向变化的磁场合成的磁场，其方向随时间作转动变化。磁场方向转动的周期与磁化电流的频率有关。常见的旋转磁场有磁极式(磁轭十字交叉)和线圈式两种。它们都是由两个交变磁场复合成的。只不过一个是由两个磁轭磁极的磁场叠合表现，在磁极交叉处产生一个平面旋转磁场；另一个是由不同线圈内部的磁场叠合而成，在交叉线圈的空间产生旋转磁场。

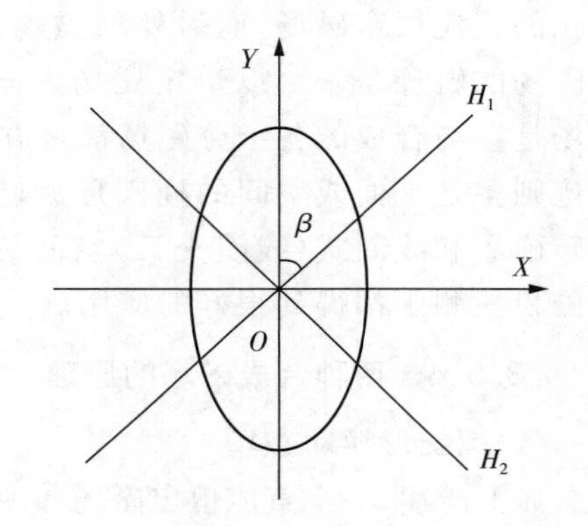

图 3-26　旋转磁场

旋转磁场的原理为：设有两个幅值相同、电流相位角差 α 角的交流电流产生的交变磁场在 O 点以 β 角相交叉(β 角为线圈或磁轭的空间几何交叉角)，如图 3-26 所示，由于分磁场的叠加，在 O 点处将产生一个方向随时间转动的椭圆形旋转磁场。在分磁场电流大小和线圈参数相同的情况下，椭圆形状由电流相位差和几何交叉角决定。

旋转磁场可以用椭圆方程来表示：

$$\left[\frac{H_x}{2KNI_m\sin\dfrac{\beta}{2}\cos\dfrac{\alpha}{2}}\right]^2+\left[\frac{H_y}{2KNI_m\cos\dfrac{\beta}{2}\sin\dfrac{\alpha}{2}}\right]^2=1 \tag{3-29}$$

式中：H_x、H_y——磁场在水平和垂直方向上的分量；α——产生两磁场的电流相位角；β——两磁场的空间几何交叉角；N——产生磁场的线圈匝数；K——比例系数。

从式(3-29)中可以看出，在两个参与合成的磁场电流强度和线圈匝数相同的情况下，影响合成磁场变化轨迹的是两磁化电流的相位差和两装置(磁轭或线圈)的几何交叉角。在两磁化电流相位差为 90°时，若装置的几何交叉角也为 90°，则合成磁场的轨迹在一个周期内是一个随时间变化的正圆。磁轭交叉式平面旋转磁场就是这样一种情况。对于交叉线圈形成的磁场则不同，线圈中多通以相差为 $2\pi/3$ 的三相电流，加之所磁化的对象是通过线圈的整体试件，试件的退磁因子在线圈中各个方向磁化时的表现均不相同，故线圈设计时多将空载磁场(未加试件时的磁场)设计为椭圆轨迹的磁场，且沿试件轴向为椭圆的短轴、径向为椭圆的长轴以满足测试要求。尽管如此,交叉线圈中的磁场还是难以做到在检测时工件上各方向检测灵敏度一致,这是使用交叉线圈磁化试件时特别要注意的。

3.7　磁路与磁感应线的折射

3.7.1　磁路和磁路定理

磁感应线所通过的闭合路径叫磁路,如图 3-27 所示。

铁磁材料磁化后,不仅能产生附加磁场,而且还能够把绝大部分磁感应线约束在一定的闭合路径上。

磁路可用电路来模拟。

设一密绕螺线环(如图 3-28 所示)的面积为 S,长度为 L,介质的磁导率为 μ,则环中的磁场强度为

$$H=\frac{NI}{L} \tag{3-29}$$

式中:N——线圈的匝数;I——每匝线圈中的电流。而磁通量为

$$\Phi=BS=\mu HS \tag{3-30}$$

将以上两式合并,得

$$\Phi=\frac{NI}{\frac{L}{\mu S}} \tag{3-31}$$

式(3-31)与电路的欧姆定律相似,其中 Φ 相当于电流;NI 称为磁动势,相当于电压;$L/\mu S$ 相当于电阻,称为磁阻,用 R_m 表示,磁阻随磁导率的增加而下降。

在磁通量恒定的情况下,磁感应强度与相应的截面积成反比,截面愈小,磁感应强度愈大,但不能超过饱和。

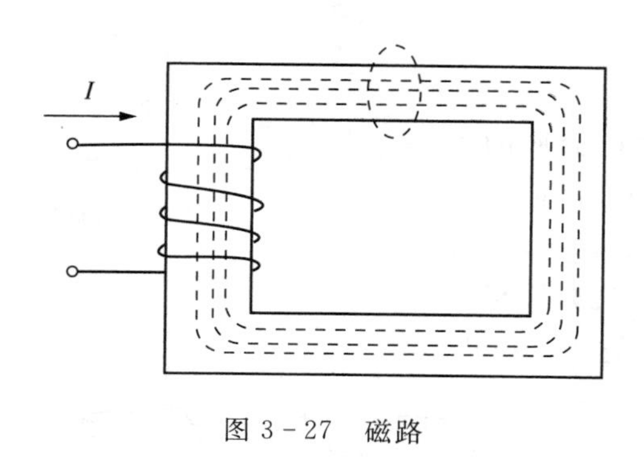

图 3-27　磁路

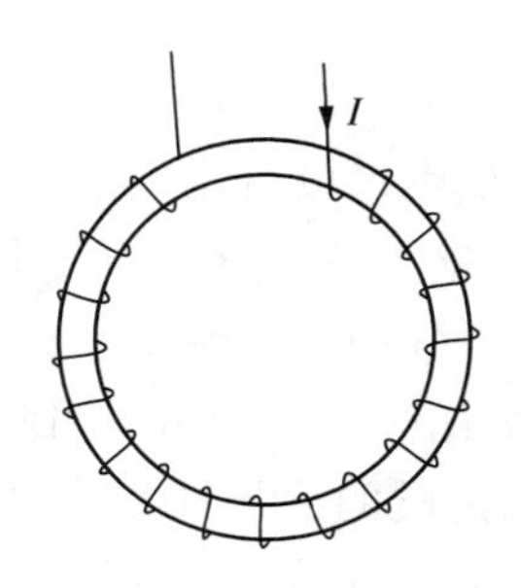

图 3-28　螺线环

3.7.2　磁感应线的折射

当磁通量从一种介质进入另一种介质时,它的量不变。但是,如果一种介质与另一种介

质的磁导率不同，那么，这两种介质中的磁感应强度便会显著不同。这说明在不同磁导率的两种材料的界面上磁感应线的方向会突变，这种突变称作磁感应线的折射，这种折射与光波或声波的折射极其相似，遵从折射定律，即

$$\frac{\tan\alpha_1}{\mu_1}=\frac{\tan\alpha_2}{\mu_2} \tag{3-32}$$

或

$$\frac{\tan\alpha_1}{\tan\alpha_2}=\frac{\mu_1}{\mu_2}=\frac{\mu_{r1}}{\mu_{r2}} \tag{3-33}$$

式中：α_1——磁感应线从第一种介质到第二种介质界面处与法线的夹角；α_2——磁感应线在第二种介质中与法线的夹角；$\mu_1(\mu_{r1})$——第一种介质的磁导率（相对磁导率）；$\mu_2(\mu_{r2})$——第二种介质的磁导率（相对磁导率）。图3－29表示了这种折射情况。

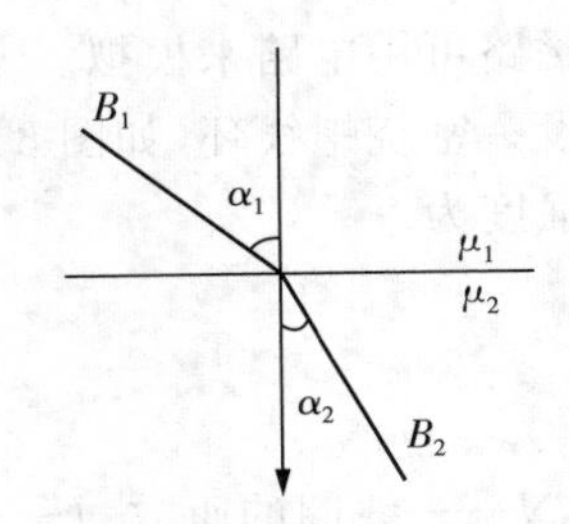

图 3－29　磁感应线的折射

当磁感应线由钢铁进入空气，或者由空气进入钢铁，那么在空气中磁感应线实际上是与界面垂直的。这是由于钢铁和空气的磁导率相差 $10^2\sim10^3$ 的数量级的缘故。

【例 3－7】　钢的相对磁导率 $\mu_r=3000$，在钢中，磁感应线的方向与分界面的法线成 88°角，如图 3－30 所示，求在空气中磁感应线与分界面法线所成的角度。

解：

$$\tan\alpha_2=\frac{\mu_2}{\mu_1}\tan\alpha_1=\frac{\mu_0}{3000\ \mu_0}\tan88^\circ$$

$$=\frac{28.6}{3000}=0.0095$$

$$\alpha_2\approx35'$$

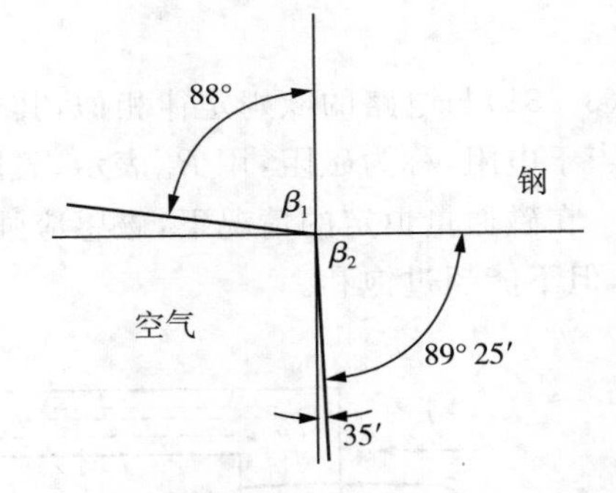

图 3－30　磁感应线在钢—空气界面的折射

从上例中可以看出，在空气与钢两种磁介质的分界面上，钢中的磁感应线几乎与界面平行，因而非常密集。空气中的磁感应线近似地与界面垂直，所以稀疏，如图 3－31 所示。因此，如果一种磁介质与另一种磁介质的磁导率显著不同，那么，这两种磁介质中的磁感应强度便会显著不同。

如果界面与一种介质中的磁感应强度垂直，则磁感应线将无折射地进入第二种介质，这时，磁感应强度不变。

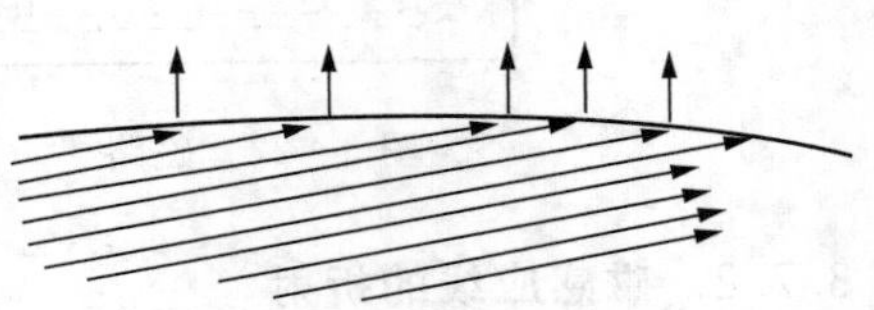
图 3－31　磁感应线由钢进入空气

3.8　钢材磁性

根据化学成分的不同，钢材分为碳素钢和合金钢。碳素钢是铁和碳的合金，其中含碳量小于0.25%的称为低碳钢，含碳量为0.25%～0.6%的称为中碳钢，含碳量大于0.6%的称为高碳钢；合金钢就是在碳素钢里加入各种合金元素的钢。

钢的主要成分是铁，因而具有铁磁性，但含碳0.1%、铬18%、镍8%的铬镍不锈钢，在室温下由于呈现奥氏体结构，因此不呈现铁磁性，不能够用磁粉法进行检查。另一种不锈钢是高铬钢，例如1Crl3，Cr17Ni2，室温下的主要成分为铁素体和马氏体，因而具有一定的铁磁性，能够进行磁粉检测。

铁碳合金的主要组织成分是铁素体、奥氏体和马氏体。

钢铁材料的晶格结构不同，磁特性便有所变化。面心立方晶格的材料是非磁性材料，而体心立方晶格的材料是铁磁性材料，即使是体心立方晶格结构，如果晶格发生变形，其磁性也将发生很大变化。例如，当合金成分进入晶格以及冷加工或热处理使晶格发生畸变时，都会改变磁性。

矫顽力与钢的硬度有着相对应的关系，即随着硬度的增大而增加。

下面列举影响钢材磁性的几个因素：

① 晶粒大小的影响。晶粒愈大，磁导率愈大，矫顽力愈小；相反，晶粒愈细，磁导率愈低，矫顽力愈大。

② 含碳量的影响。对碳钢来说，在热处理状态相近时，对磁性影响最大的合金成分是碳，随着含碳量的增加，矫顽力几乎成线性增加，最大相对磁导率则随着含碳量的增加而下降。表3-7列举了部分钢材的含碳量对其磁性的影响。

表3-7　含碳量对钢材磁性的影响

钢牌号	含碳量(%)	状态	矫顽力(A/m)	μ_r(最大)
40	0.4	正火	584	620
D—60	0.8	正火	640	522
T10A	1	正火	1040	439

③ 热处理的影响。钢材处于退火与正火状态时，其磁性差别不很大；而退火与淬火状态的差别却是较大的。一般说来，淬火可提高矫顽力和剩余磁感应强度；而淬火后随着回火温度的升高，矫顽力有所降低。

例如40钢，在正火状态下矫顽力为580 A/m，剩磁为1 T；在860°C水淬、460°C回火时矫顽力为720 A/m，剩磁为1.4 T；而在850°C水淬、300°C回火时矫顽力则为1520 A/m。

④ 合金元素的影响。由于合金元素的加入，材料的磁性被硬化，矫顽力增加。例如，同是正火状态的40钢和40Cr钢，矫顽力分别为584 A/m和1256 A/m。

⑤ 冷加工的影响。随着压缩变形率增加，矫顽力和剩余磁感应强度均增加。

3.9　漏磁场

3.9.1　漏磁场的形成

我们已经介绍了磁铁能够吸引铁制物体的磁现象，但是，只有在磁感应线离开或进入磁铁的地方，磁铁才能吸引其他的铁磁性物质。

如果一个环形磁铁的两极完全熔合，便没有磁感应线的离开或进入，不呈现磁极，因而也不会吸引磁粉；如果磁铁有气隙存在，则两端分别形成N极和S极，磁感应线由N极发出而进入S极，此时，若将磁粉撒在环上，两极处便会吸引磁粉；环形磁铁上有一个裂纹，裂纹的两侧面形成磁极，部分磁感应线在裂纹处由N极进入空气再折回S极，形成漏磁场，该处便会吸引磁粉。所谓漏磁场，即是在磁铁的缺陷处或磁路的截面变化处，磁感应线离开或进入表面时所形成的磁场。图3-32是一个环形磁铁表面有缺陷和无缺陷时的漏磁场情况。

漏磁场形成的原因，是由于空气的磁导率远远低于钢铁的磁导率。如果在磁化了的钢铁工件上存在着缺陷，则磁感应线优先通过磁导率高的工件，这就迫使一部分磁感应线从缺陷下面绕过，形成磁感应线的压缩。但是，这部分材料可容纳的磁感应线数目也是有限的，所以，一部分磁感应线就会逸出工件表面到空气中去。其中，一部分磁感应线继续其原来的路径，仍从缺陷中穿过，还有一部分磁感应线遵循折射定律几乎从钢材表面垂直地进入空气，绕过缺陷，折回工件，形成了漏磁场。以有裂纹缺陷的工件为例，假设磁化方向和裂纹方向垂直(如图3-33所示)，由于裂纹的物质是空气，与钢的磁导率相差很大，磁感应线将因磁阻的增加而产生折射。部分磁感应线从缺陷下部钢铁材料中通过，形成了磁感应线被“压缩”的现象。其中一部分磁感应线直接从工件缺陷中通过；另一部分磁感应线折射后从缺陷上方的空气中逸出，通过裂纹上面的空气层再进入钢铁中，形成漏磁场。而裂纹两端磁感应线进出的地方则形成了缺陷的漏磁极。

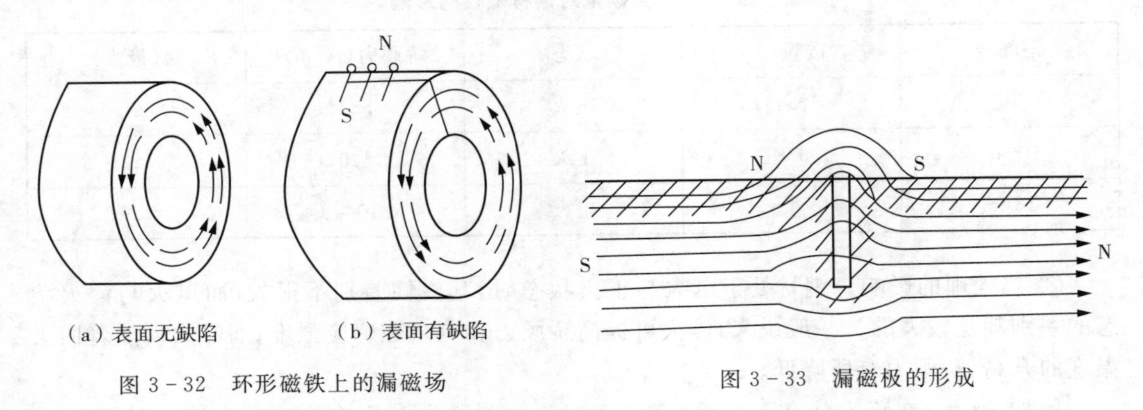

(a)表面无缺陷　　(b)表面有缺陷

图3-32　环形磁铁上的漏磁场

图3-33　漏磁极的形成

3.9.2　缺陷的漏磁场分布

缺陷的漏磁场密度可以分解为水平分量B_x和垂直分量B_y，水平分量与钢材表面平行，垂直分量与钢材表面垂直。假设一缺陷为矩形，则在矩形中心，漏磁场的水平分量有极大值，并左右对称，而垂直分量为通过中心点的曲线，其示意图如图3-34所示，其中图(a)为水平分量，图(b)为垂直分量。如果将两个分量合成，则出现如图(c)所示的漏磁通。

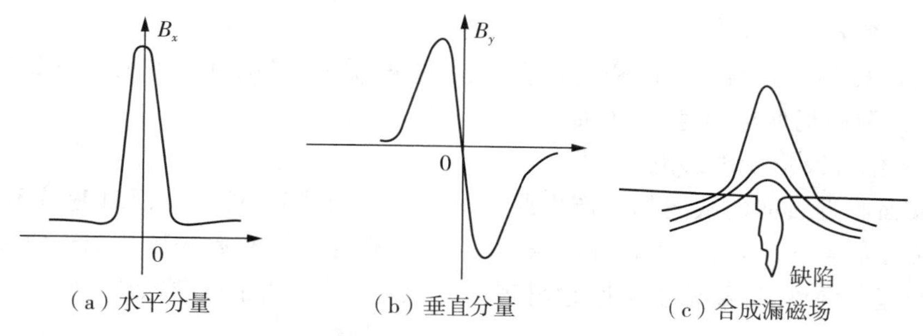

（a）水平分量　（b）垂直分量　（c）合成漏磁场

图 3－34 缺陷的漏磁场分布

缺陷处产生漏磁场是磁粉检测法的基础。但是，漏磁场是看不见的，还必须有显示或检测漏磁场的手段。磁粉检测，顾名思义是通过磁粉的集聚来显示漏磁场的。漏磁场对磁粉的吸引可看成是磁极的作用，如果有磁粉在磁极区通过，则将被磁化，也呈现 N 极和 S 极，并沿着磁感应线排列起来。当磁粉的两极与漏磁场的两极相互作用时，磁粉就会被吸引并加速移到缺陷上去，漏磁场磁力作用在磁粉微粒上，其方向指向磁感应线最大密度区，即指向缺陷处，如图 3－35 所示。

漏磁场的宽度要比缺陷的实际宽度大数倍至数十倍，所以磁痕能够将缺陷放大，使之容易观察出来。

磁粉除了受漏磁场的磁力作用之外，还受重力、液体介质的悬浮力、摩擦力、磁粉微粒间的静电力与磁力的作用，磁粉是在这些力的合力作用下，被吸引到缺陷处的，如图 3－36 所示。

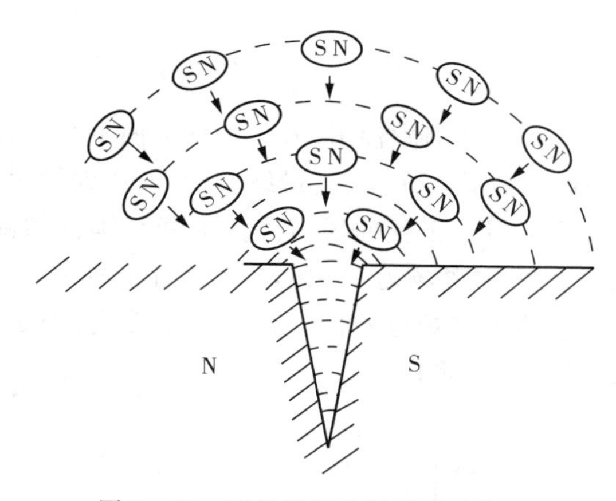

图 3－35 磁粉受漏磁场吸引示意图

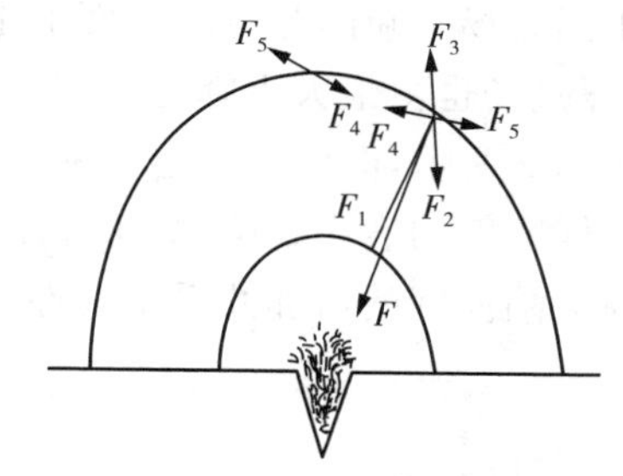

图 3－36 磁粉的受力分析

F_1—漏磁场磁力；F_2—重力；

F_3—液体介质的悬浮力；

F_4—磁力；F_5—静电力

3.9.3 影响漏磁场的因素

因为真实的缺陷具有复杂的几何形状，因此计算漏磁场是难以实现的。但是研究影响漏磁场的各种因素，进而了解影响检出灵敏度的各种因素，却是很有意义的。但是影响漏磁场的因素很多，测量结果又常常由于实验条件不同而有差异，这里只定性地讨论其一般的规律。

(1)外加磁化场的影响

缺陷的漏磁场大小与工件的磁化程度有关,一般说来,当钢材的磁感应强度达到饱和值的 80%左右,漏磁场便会迅速增加,如图 3－37 所示。

(2)缺陷位置及形状的影响

钢材表面和近表面的缺陷都会产生漏磁场。同样的缺陷,位于表面时漏磁场多,位于表皮下时漏磁场显著变小,若位于距表面很深的地方,则几乎没有漏磁场泄漏于空间。

缺陷的埋藏深度,即缺陷上端距钢材表面的距离对漏磁场的影响如图 3－38 所示。

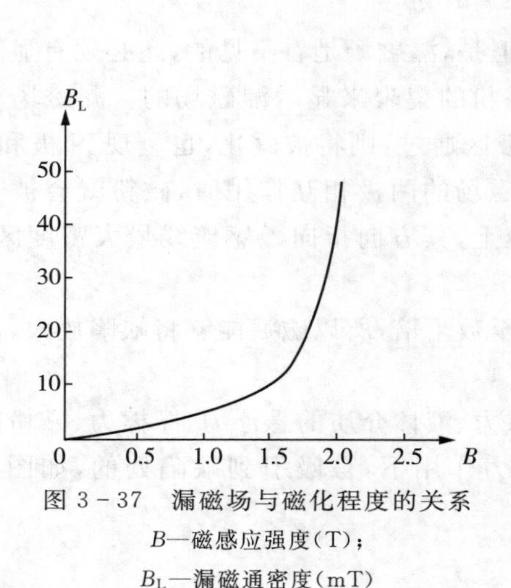

图 3－37　漏磁场与磁化程度的关系

B—磁感应强度(T);

B_L—漏磁通密度(mT)

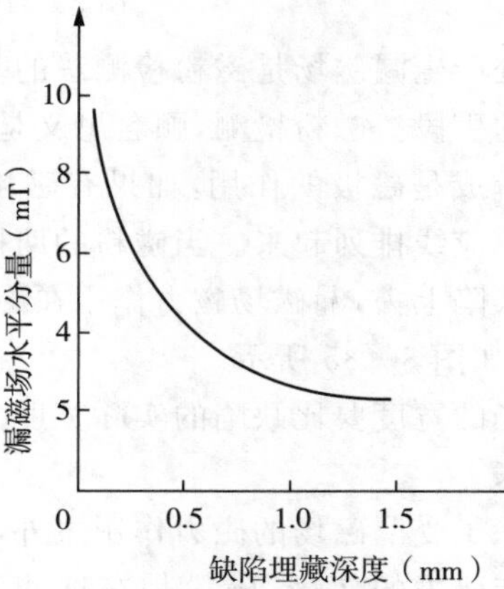

图 3－38　缺陷埋藏深度对漏磁场的影响

裂纹垂直于钢材表面,漏磁场最强,也最有利于缺陷的检出,若与钢材表面平行,则几乎不产生漏磁场。缺陷与钢材表面由垂直逐渐倾斜成某一角度,而最终变为平行,即倾角等于零时,漏磁场也由最大下降至零,其下降曲线颇类似于正弦曲线由最大值降至零值的部分。如图 3－39 所示,图中设缺陷与钢材表面垂直时的漏磁场为 100%,虚线为正弦曲线。

同样宽度的表面缺陷,如果深度不同,产生的漏磁场也不同。在一定范围内,漏磁场的增加与缺陷深度的增加几乎呈线性关系,如图 3－40 所示。

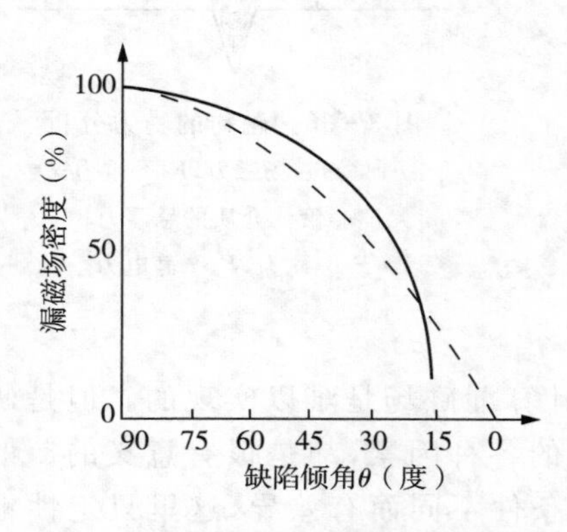

图 3－39　漏磁场与缺陷倾角的关系

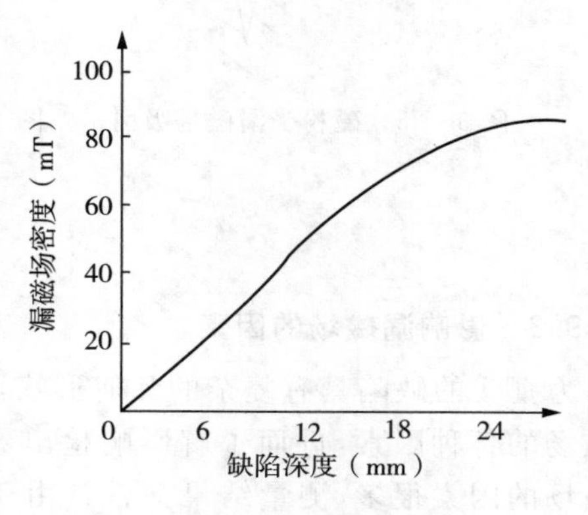

图 3－40　漏磁场与缺陷深度的关系

当缺陷的宽度很小时，漏磁场随着宽度的增加而增加；当宽度很大时，漏磁场反而要下降，如图 3－41 所示。

缺陷宽度较小时，只在缺陷中心有一条磁痕；宽度很大时，缺陷两侧各有一条磁痕。

缺陷深度与宽度之比是影响漏磁场的一个重要因素，这比单独考虑深度或宽度更有意义。缺陷的深宽比愈大，漏磁场愈大，缺陷愈容易发现。图 3－42 为采用剩磁法时深宽比不同的缺陷与检出所需磁场强度的关系。

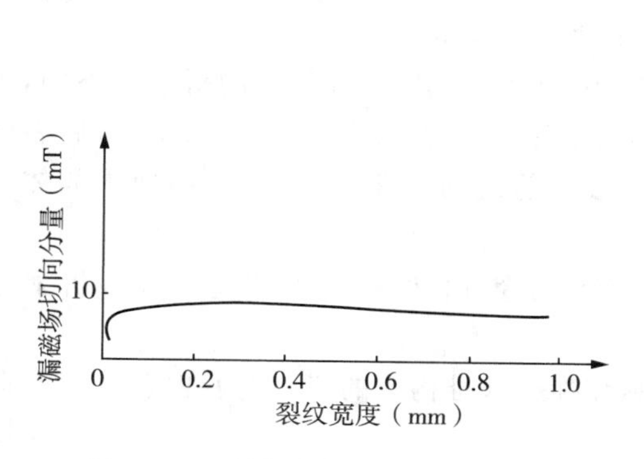

图 3－41 裂纹宽度对漏磁场的影响

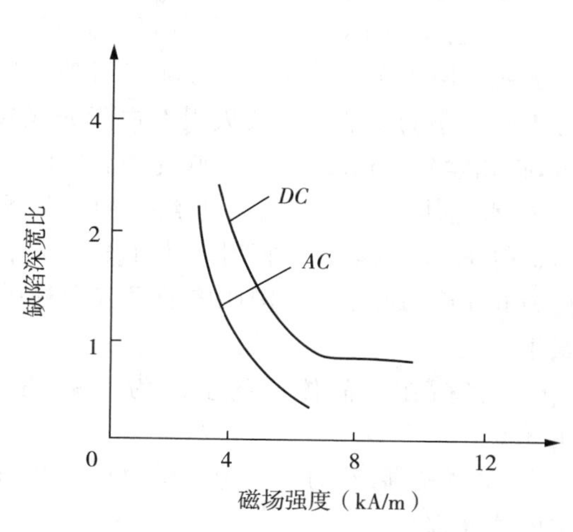

图 3－42 缺陷深宽比与检出所需磁场强度的关系

(3)钢材表面覆盖层的影响

工件表面的覆盖层也会导致漏磁场的下降，图 3－43为漆层厚度对漏磁场的影响。

(4)工件材料及状态的影响

钢材的磁化曲线是随合金成分、含碳量、加工状态及热处理状态而变化的，因此，材料的磁特性不同，缺陷的漏磁场也不同。

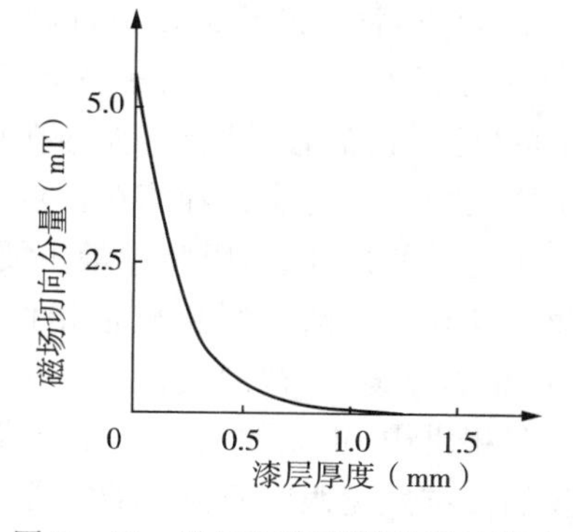

图 3－43 漆层厚度对漏磁场的影响

*3.10 人眼视力

目前的磁粉检测基本还是通过人的眼睛进行观察判断的，所以，人的视力好坏对检测结果有非常大的影响。

视力主要是指中心视力。中心视力是指视网膜黄斑中心凹的视觉敏锐度，即对物体的精细分辨力。通俗地讲，它是指人眼视物的能力。决定视力的主要因素是物体的大小和眼睛与物体的距离，当然物体的亮度、背景、对比度、颜色以及人的年龄、精神状态等都会对视力产生影响。

3.10.1 人眼解剖学与生理学特点及其图像形成

磁粉检测就是人眼对工件进行表面检测，因此了解人眼的构造非常重要。

(1)人眼的构造

人的眼睛相当于一个光学仪器，它的内部构造如图 3－44 所示。

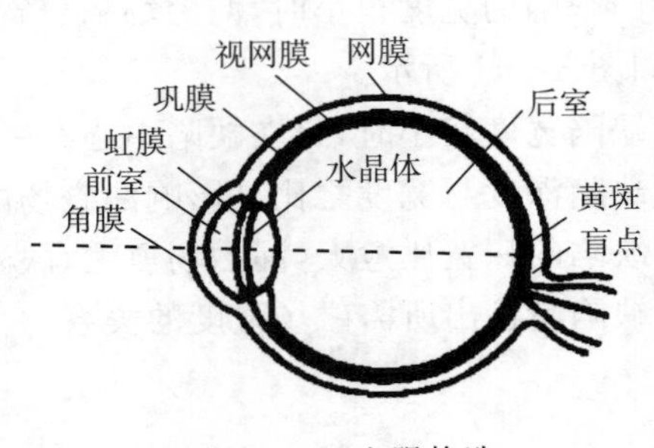

图 3-44 人眼构造

① 角膜:它是由角质构成的透明球面薄膜,厚度仅为 0.55 mm,折射率为 1.3771,外界光线进入人的眼睛首先要通过它。

② 前室:角膜后面的一部分空间,充满了折射率为 1.3374 的透明的水状液。

③ 虹膜:位于前室后面,中间有一个圆孔,称为瞳孔,它是一个能自动调节的可变光阑,能调节进入眼睛的光束口径,并可随光线的亮暗及时进行大小的调节。一般人眼在白天光线较强时,瞳孔缩到 2 mm 左右,夜晚光线较暗时,可放大到 8 mm 左右。

④ 水晶体:它是由多层薄膜组成的双凸透镜,中间硬,外层软,且各层的折射率不同,中心为折射率 1.42,最外层折射率为 1.373。自然状态下其前表面半径为 10.2 mm,后表面半径为 6 mm。水晶体周围肌肉的紧张和松弛可改变前表面的曲率半径,从而使水晶体焦距发生变化。

⑤ 后室:在水晶体后的空间为后室,里面充满了蛋白状液体,叫作玻璃液,折射率为 1.336。

⑥ 视网膜:后室的内壁为一层由视神经细胞和神经纤维构成的膜,称为视网膜,它是眼睛中的感光部分。

⑦ 黄斑:正对瞳孔的一部分视网膜,呈黄色,称为黄斑。黄斑上有不大的凹部,直径约为 0.25 mm,称为中心凹,是视网膜中感光最敏感的部分。

⑧ 盲点:神经纤维的出口,因其没有感光的细胞,所以不能产生视觉,称为盲点。用图 3-45 所示的视觉函数曲线做一个简单的实验便可知道盲点的存在。闭合右眼,用左眼注视图中的"○",前后移动图纸,大约在离眼 250 mm 处,只看到图中的圆形而不见"+"字,说明此位置上"+"字的像正好落在盲点上。

从光学的角度看,眼睛中最主要的三件东西是:水晶体、视网膜和瞳孔。眼睛和照相机很相似,对应起来看:人眼即照相机,水晶体即镜头,视网膜即底片。

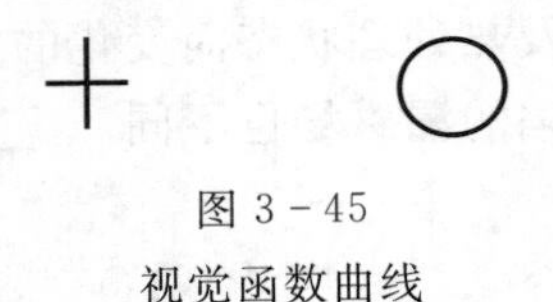
图 3-45 视觉函数曲线

照相机中,正立的人在底片上成倒立像,人眼也是成倒像,但我们没有感觉眼睛看到的物体是倒立的,这是神经系统内部作用的结果。

眼睛的视场很大,可达 150°,但是只有黄斑的中心凹处才能看清物体。眼珠可以自由转动,把黄斑中心凹和眼睛光学系统的连线称为视轴。视轴周围 6°～8°的范围内是清晰识别物体的地方。

(2)图像形成

① 眼睛的调节:观察某一物体时,物体经过眼睛在视网膜上形成一个清晰的像,视神经细胞受到光的刺激引起视觉,人们于是便能看清物体。眼睛能够清晰地看见不同距离的物体,这种能力称为调节。正常人的眼睛在完全松弛的情况下,能看清无限远的物体。在观察近距离的物体时,眼睛的水晶体肌肉收缩使水晶体前表面半径变小,后焦点前移,同样也能看清物体。实际上,人眼能看清的物体范围是有限的,这个范围称为调节范围。

正常人眼从无限远到 250 mm 之内，可以轻松地调节。把眼睛中水晶体肌肉在完全放松状态下所能看清的点称为明视远点；把眼睛中水晶体肌肉处于最紧张状态下所能看清的点称为明视近点。最适宜观察和阅读的距离为 250 mm，一般在这个距离上，人们长时间工作而不感到疲劳，这个距离称为明视距离。

正常人眼的明视远点是在无穷远处，而明视近点在 100 mm 左右。这个数值和人们的年龄有关。年龄越大，调节范围越小。表 3 - 8 列出了不同年龄段正常人眼的调节能力。

表 3 - 8　正常人眼在不同年龄段时的调节能力和范围

年龄/岁	明视近点/mm	明视远点/mm	年龄/岁	明视近点/mm	明视远点/mm
10	71	∞	40	222	∞
20	100	∞	50	400	∞
30	143	∞	60	2000	2000

② 眼睛的适应：人眼除了能看清不同距离的物体外，还能在不同亮暗条件下工作。

眼睛所能感受的光亮度变化的范围是很大的，可达到 10^{12} ：1。这是因为眼睛对不同的亮暗具有适应能力，可分为暗适应和亮适应两种。暗适应是指从亮处到暗处，瞳孔逐渐变大使进入眼睛的光亮逐渐增加，暗适应逐渐完成。此时，眼睛的敏感度大大提高。在暗处停留的时间越长，暗适应能力越好，对光的敏感度也越高。但是经过大约 50～60 min 后，敏感度到达极限值。人眼能感受到的最低照度值称为绝对暗阈值，约为 10^{-9} lx。它相当于蜡烛在 30 km 远处产生的照度，也就是说当忽略大气的吸收和散射时，眼睛能感受到 30 km 远处的烛光。

同样，当从暗处进入亮处时，也不能立即适应，要产生炫目现象。但亮适应的过程很快，一般几分钟即可完成。

③ 人眼的分辨率：眼睛具有分开很靠近的两相邻点的能力，这称为眼睛的分辨率。如果两物点相距太近，在视网膜上所成的两像点将落在同视神经细胞上，视神经将无法分辨两点而把两点看成一点。当我们用眼睛观察物体时，一般用两点间对人眼的张角（视角）来表示人眼的分辨率。

实验证明，在良好的照度条件下，人眼能分辨的最小视角为 1′。要使观察不太费劲，视角需 2′～4′。

眼睛的分辨率随被观察物体的亮度和对比度不同而不同。当对比度一定时，亮度越大则分辨率越高；当亮度一定时，对比度越大则分辨率越高。同时，照明光的光谱成分也是影响分辨率的一个重要因素。由于眼睛有较大的色差，单色光的分辨率要比白光高，并以 555 mm的黄光为最高。

3.10.2　人眼看清物体的条件

（1）视场

眼睛固定注视一点或借助光学仪器注视一点时所能看到的空间范围，称为视场。眼睛能看见的空间范围比视场大。但是，并不是视场内的物体我们都能看得很清楚，物体的像要落在视网膜上，并且要落在黄斑中央的中心凹处，才能看清物体，这是我们看清楚物体的第一条件。

(2)照度

瞳孔可以自动调节进入人眼中的光通量,光强的时候瞳孔缩小,光弱的时候瞳孔放大。瞳孔的调节范围一般在 2～8 mm 之间,调节的范围就光通量可能通过的面积来说,相差不过 16 倍,而光的亮度变化可以在 10 万倍左右。所以看清楚物体应该具有一定的照度,这是我们看清楚物体的第二个条件。

(3)视角

当我们观察细小的物体时由于受到眼睛分辨率的影响,前面讨论过人眼能分辨的最小视角为 1′,这就是看清楚物体的第三个条件:视角不能小于 1′。

物体的视角大小不仅与物体的大小有关,同时还与物体的位置有关。当一定大小的物体向人眼移动时,其视角是增大的,但不能超过人眼的明视近点。如果在近点处观察细小的物体,其视角仍小于 1′,则要借助放大镜或显微镜,将细小的物体放大后进行观察。

3.10.3　检测人员的视力检查

人眼的视觉功能,主要包括光觉、色觉和形觉。视觉的形成有赖于眼球光学系统的完整、视通道信息传递系统的健全,以及图像感知和分析系统的正常。

光觉是最基本的视觉,视网膜的感光细胞是感受光线的第一神经元,视网膜含有视锥和视杆两种感光细胞,视锥细胞主要集中于黄斑部,感受强光(明视觉)和色觉;视杆细胞主要分布在黄斑以外的周围视网膜,感受弱光(暗视觉)。

人眼对不同波段电磁波的感受,可分别产生红、橙、黄、绿、青、蓝、紫等不同颜色知觉,色觉就是指人眼辨别各种颜色的能力。

形觉包括视觉和视野,视野指眼球向正前方固定不动时所能见到的空间范围,一般是指中央视力。

磁粉检测人员的视力检查主要是对近视力、远视力和色盲的检查。

(1)远视力检查和近视力检查

正常人眼的视力都差不多,但当出现远视、近视或散光等非正常情况时,视力会明显下降。

① 远视力检查

国际上通用的视标是如图 3-46(a)所示的兰道(Landolt)环,我国使用的是如图 3-46(b)所示的 E 形视标。测试时一般采用白底黑标,照度范围为 200～700 lx,远视力检查距离为 5 m,视力表与被检眼视线垂直,1.0 行视标与被检眼等高。这样,视标道宽或开口宽度 Δ 约为 l.46 mm,视角正好对应 1′,即视力 1.0。我国现在通用的视力表共有 12 行,能看清楚第一行(10′视角者)视力为 0.1,看清楚第二行视力者视力为 0.2,如此类推,第十行的视角为 1,对应视力为 1.0(一般正常视觉应能看清这一行),第十一行的视力为 1.2,第十二行的视力为 1.5。近视力检查距离为不小于 30 cm,其他与远视力检查相同。

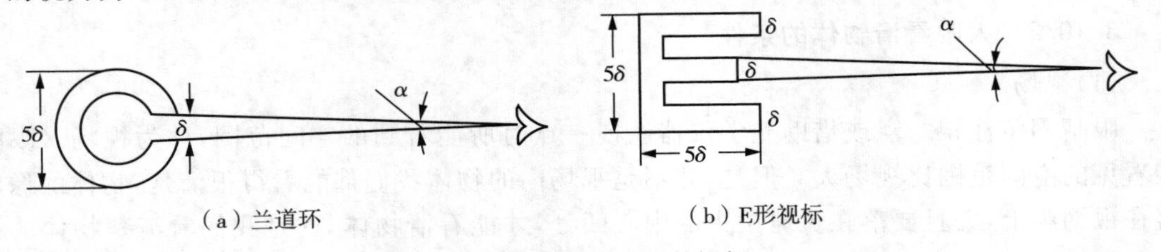

(a) 兰道环　　(b) E形视标

图 3-46　视力表上用的视标

② 近视力检查

检查应保证申请人无论是否经过矫正，一只或两只眼睛的近视力应能读出少 Jaeger 1 或 Times New Roman 4.5 号字或同样大小的字符(高为 1.6 mm)。这种测试应每年进行一次。

(2)色盲检查

色觉是人眼视觉的主要组成部分。色彩的感受与反应是一个充满无穷奥秘的复杂系统。辨色过程中任何环节出了毛病，人眼辨别颜色的能力就会发生障碍，对之称其为色觉障碍。色觉障碍包括色盲和色弱等。

① 全色盲

不能识别颜色的色觉异常称为全色盲。所以全色盲者对外界的视觉要依赖杆状细胞，这种人对周围的事物没有色彩感，看周围只是个明暗的世界，在人群中全色盲者非常少见。

② 红绿色盲

不能识别红绿颜色的色觉异常叫红绿色盲。具有红绿色盲的人只能识别蓝色和黄色，对接近蓝色的蓝绿色或接近黄色的黄绿色以及橙色，则只有蓝色和黄色的感觉。而对接近绿色的蓝绿色、黄绿色或接近红的橙色(如果绿和红的量相当时)，这时只感觉明暗而毫无色彩。

在红绿色盲者当中，能识别绿色，不能识别红色的叫红色盲(即红绿色盲第一型)；相反，能识别红色而不能识别绿色的叫绿色盲(即红绿色盲第二型)。

③ 蓝黄色盲

与红绿色盲相反，这种色盲患者对红绿色产生色觉，而对蓝黄色不能产生色觉，这种色盲异常叫蓝黄色盲。这种色盲者比较少。

④ 色弱

色弱主要是辨色功能低下，比色盲的表现程度轻，分红色弱、绿色弱等。在照明亮度很高的情况下，颜色视觉正常者与色弱者没有多大差别。当看远方的颜色或识别低色彩的颜色，且观察时间又短时，则会产生差别。色弱表现出的异常是分辨不清，特别是其对比效果的影响更大。用土黄色、黄色与红色相配合，色弱者就会看到一系列绿色；相反，用土黄色、黄色和绿色相配，色弱者就会看到一系列红色。

色盲检查通常用数字辨色卡、集合图案辨色卡或动物图案辨色卡进行检查。在明亮的弥散光(日光不可直接照到图面上)展开检查图，被检查者双眼与图的距离为 60～80 cm，也可以参照具体情况酌情予以增加或缩短，但不能低于 50 cm 或超过 100 cm，也不得使用有色眼镜。任选一组读出图形，愈快愈好，一般在 3 s 可得到答案，最长不超过 10 s；色觉障碍者辨认困难，会读错或不能读出，可按照色盲表现确认属于色觉异常。

(3)夜盲和昼盲

夜盲是指在暗环境下或夜晚视力很差或完全看不见东西。造成夜盲的根本原因是视网膜杆状细胞严重受损。昼盲是指在明亮的环境下视力下降。造成昼盲的根本原因是视网膜视锥细胞严重受损。

3.10.4　磁粉检测时与视力相关的注意事项

根据视力相关理论，磁粉检测时与视图相关的注意事项有：

① 必须有适当的照度，并达到一定水平，同时观察距离和视角也要满足检测要求。

② 检测人员明暗区切换需要一定的适应时间。

③ 随着年龄增加,照度和敏感区切换适应时间需要适当增加。

复习题

3-1　简述磁性、磁体、磁极、磁力和磁场的概念。

3-2　磁力线有哪些特点?

3-3　什么是磁场强度、磁通量和磁感应强度? 它分别用什么符号表示? 在SI单位制(国际单位制)和CGS单位制(单位制绝对)中的单位分别是什么? 如何换算?

3-4　什么是磁导率? 在磁粉检测中,常用到哪些磁导率? 其物理意义是什么?

3-5　铁磁性材料、顺磁性材料和抗磁性材料的区别是什么?

3-6　简述铁磁材料的磁化曲线、磁滞回线的特点和剩余磁感应强度、矫顽力、最大磁导率的物理意义。

3-7　影响铁磁材料磁性的主要因素有哪些?

3-8　用磁畴的概念简要论述铁磁性物质的磁化过程。

3-9　磁性材料是怎样进行分类的? 各种磁性材料有什么特点?

3-10　通电导体和通电螺管线圈产生的磁场特点是什么?

3-11　什么是居里点? 居里点对铁磁材料磁性有何影响?

3-12　什么是退磁场? 影响退磁场大小的因素有哪些? 如何计算工件的长径比?

3-13　磁极化强度是如何定义的? 其物理意义是什么?

3-14　如何确定组合磁场的大小和方向?

3-15　什么是磁路定理? 影响磁路的因素有哪些? 写出磁路定理的数学表达式。

3-16　磁力线通过不同物质的界面时,将会发生什么现象?

3-17　简述工件上有缺陷的地方漏磁场形成原因。

3-18　影响漏磁场的因素有哪些? 它们是如何影响漏磁场的?

3-19　简述磁粉检测原理。

3-20　磁粉检测与视力相关的注意事项有哪些?

第四章　磁化方法与磁化规范

4.1　磁化电流

在磁粉检测中，磁场是通过电流产生的，常用不同类型的电流对工件进行磁化。为了在工件上形成磁化磁场而采用的电流，称为磁化电流。磁粉检测中常用的磁化电流类型有交流电流、整流电流、直流电流及冲击电流等。

4.1.1　交流电流

交流电流的大小与方向均随时间作周期变化，其产生的磁场也是交变磁场。交流电流具有趋肤效应，表面产生的磁场较强，可以提高工件表面缺陷的检测灵敏度，且工件磁化后也容易退磁。

正弦交流电（如图 4－1 所示）是指随时间按照正弦规律变化的电流，用符号 AC 表示。正弦交流电流的大小和方向变化具有一定的周期（T），而每秒钟电流变化的次数即为频率（f），频率和周期互为倒数。正弦交流电流在任一瞬间的数值称为瞬时值，最大的瞬时值叫峰值（I_m）。在实际应用中，交流电流是采用有效值进行计量的。所谓有效值，是用交流电与直流电在热效应方面相比较的方法来确定。当交流电通过电阻在一个周期内所产生的热量和直流电通过同一电阻在相同时间内产生的热量相等时，这样的直流电流的值就为该交流电流的有效值（I）。正弦交流电的有效值 I 和峰值 I_m 的换算关系如下：

$$I=\frac{1}{\sqrt{2}}I_m\approx 0.707I_m \qquad (4-1)$$

交流电在半周期内，各瞬时电流的算术平均值称为平均值（I_d），可用图解法求得，作一矩形，其底边等于半个周期（T/2），而它的面积等于电流曲线与横轴所围成的面积，那么，矩形的高度即代表平均值，如图 4－2 所示。在平均值 I_d 与峰值 I_m 之间，存在着以下关系：

$$I_d=\frac{2}{\pi}I_m\approx 0.637I_m \qquad (4-2)$$

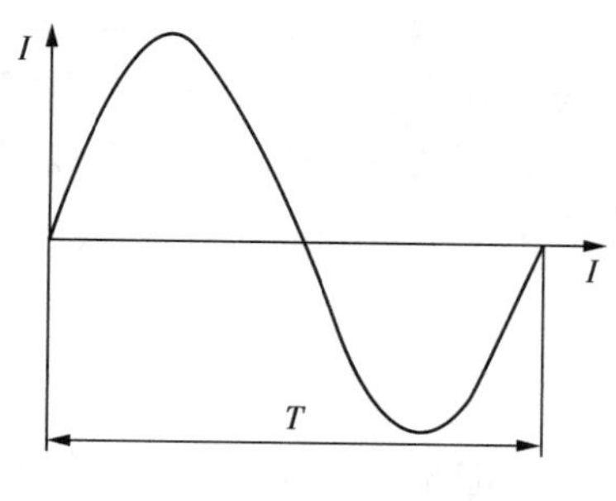

图 4－1　正弦交流电

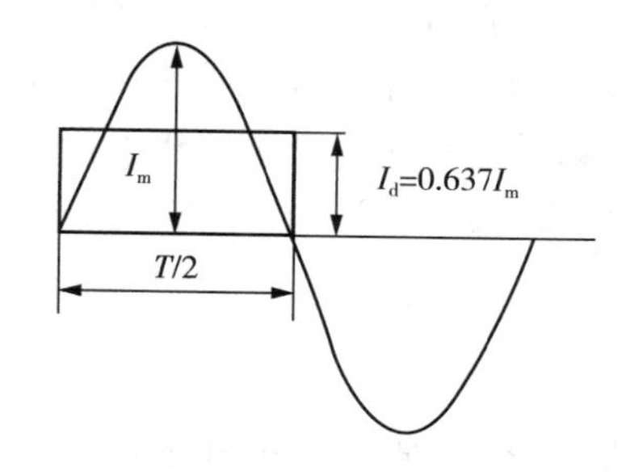

图 4－2　交流电在半个周期内的平均值

在一个周期内，正弦电流的平均值等于零。

交流电通过导体时，导体内的电流密度是不一样的，在导体中心处，电流密度最小，而在导体的表面及近表面电流密度很大。在高频电流中，电流密度变化率非常大，不均匀分布的状态甚为严重。高频电流在导线中产生的磁场在导线的中心区域感应出最大的电动势。由于感应的电动势在闭合电路中产生感应电流，所以在导线中心的感应电流最大。因为感应电流总是在减小（阻碍）原来电流的方向，它迫使电流只限于靠近导线外表面处。趋肤效应产生的原因主要是变化的电磁场在导体内部产生了涡流，与原来的电流相抵消。

处于变化磁场中的金属导体，在磁场的作用下会在其中形成涡流。涡流产生的焦耳热又使电磁场的能量不断损耗。因此在导体内部的磁场是逐渐衰减的，表面的磁场强度大于深层的磁场强度。

又因为涡流是由磁场感应产生的，所以导体内磁场的这种递减性自然导致涡流的递减性。我们把这种电流随着深度的增加而衰减、明显地集中在导体表面的现象称为趋肤效应。

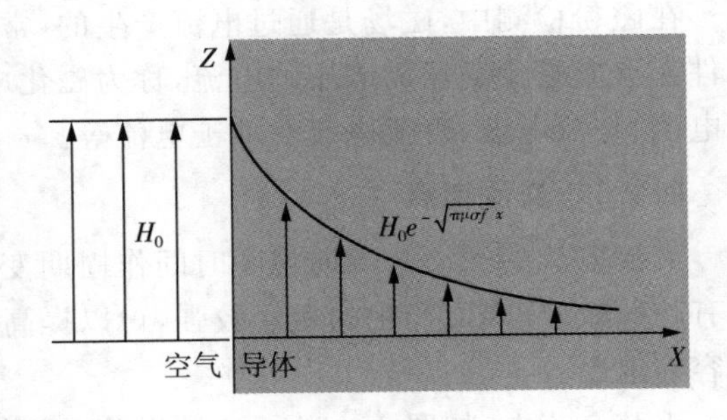

图 4－3　金属导体中的趋肤效应

如图 4－3 所示为一厚金属板，金属的电导率和磁导率分别为 σ 和 μ。设金属板外空间中有一幅值为 H_0、频率为 f 的交变磁场 $H_z=H_0\sin 2\pi ft$，则金属板内磁场强度的分布是

$$H_z=H_0e^{-\sqrt{\pi\mu\sigma f}\,x}\sin(2\pi ft-\sqrt{\pi\mu\sigma f}\,x) \tag{4-3}$$

式(4－3)中的 $H_0e^{-\sqrt{\pi\mu\sigma f}\,x}$ 是磁场强度的幅值。式(4－3)告诉我们，金属中磁场的幅度随着深度 x 的增加而作指数衰减，磁场衰减的快慢由因子 $\sqrt{\pi\mu\sigma f}$ 决定。

我们知道，涡流是由磁场感应产生的，既然金属内的磁场呈衰减分布，那么涡流的分布也不会均匀。金属中涡流密度的分布是

$$J_y=J_0e^{-\sqrt{\pi\mu\sigma f}\,x}\sin(2\pi ft-\sqrt{\pi\mu\sigma f}\,x) \tag{4-4}$$

式中 J_0 为金属表面处的涡流密度。比较式(4－3)和式(4－4)，两者具有相同的形式。金属中的涡流密度的幅度 $J_0e^{-\sqrt{\pi\mu\sigma f}\,x}$ 随着深度 x 的增加而衰减。

综合式(4－3)和式(4－4)，金属内的磁场强度和涡流密度均呈指数衰减，衰减的快慢程度取决于金属的电导率 σ 和磁导率 μ 以及交变磁场的频率 f。为了说明趋肤效应的程度，我们规定磁场强度和涡流密度的幅度降至表面值的 $1/e$（约 36.7%）处的深度，称作渗透深度，用字母 δ 表示。由式(4－3)或式(4－4)很容易看出

$$\delta=\frac{1}{\sqrt{\pi\mu\sigma f}} \tag{4-5}$$

在这个公式中，各物理量采用 SI 单位制，其中电导率 σ 的单位是 $1/\Omega\cdot$m，磁导率 μ 的单位是 H/m，频率 f 的单位是 Hz。利用(4－5)式计算出的渗透深度的单位是 m。

由式(4－5)可知,金属板中磁场和涡流的渗透深度与金属的电导率 σ、磁导率 μ 及交变磁场的频率 f 成反比。在频率条件相同时,磁导率 μ 和电导率 σ 越大,趋肤效应越强;而对于同一种金属(μ 和 σ 一定),频率 f 越高,趋肤效应越明显。

渗透深度是一个描述磁场和涡流的趋肤效应的物理量。一般来说,金属内磁场和涡流衰减很快,在渗透深度处,磁场强度和涡流密度只有金属表面处的 36.7%,幅值较大的磁场和涡流都集中在金属的渗透深度范围以内。在金属渗透深度以下分布的磁场强度和涡流密度均较小,但并非没有磁场和涡流存在,这一点需要特别说明。

在采用交流电作为磁化电流时,如果采用剩磁法(一种利用试件残留磁性检测的方法),由于交流电大小和方向的变化,为了在断电的瞬间试件上产生足够的剩磁,应该保证试件断电在合适的电流相位上。因此,交流探伤机一般都配置断电相位控制器,即用可控硅调压器取代自耦变压器。许多移动式或便携式磁粉探伤机,为了减轻重量,也采用可控硅来进行交流调压。交流调压经变压器输出再接负载时,这时负载性质就属于电感性负载。当电源电压过零时,电流还未到零,可控硅关不断,而是延后一定相位才关断。其电流波形如图 4－4 所示。此时电流已成为非正弦交流电,非正弦交流电的峰值与有效值已不是$\sqrt{2}$的关系。

在磁粉检测中,交流电获得非常广泛的应用,这是因为它具有下列优点:

① 对表面缺陷的检测灵敏度高。趋肤效应使电流密度在工件表面附近增大,所以,用交流电磁化可提高表面缺陷的检测灵敏度,而钢制工件上的各种表面裂纹多属危险缺陷,因此,交流电对表面缺陷敏感是有意义的。

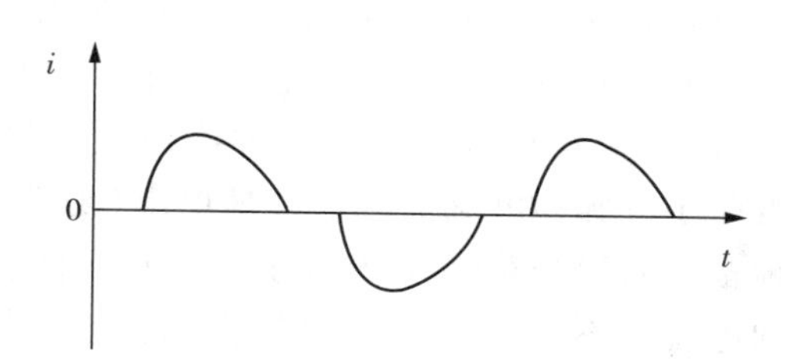

图 4－4　可控硅交流调压电流波形图

② 易于退磁。交流电磁化的工件,磁场集中于工件表面,所以用交流电容易将工件上的剩磁退掉。退磁无论用何种方法,其实质都是对工件施加一个方向来回变化、强度逐渐减弱至零的磁场,由于交流电本身的方向就不断变化,因此,用交流电最容易实现退磁。此外,使用交流电探伤时,两次磁化和检验的工序中间可以不进行退磁。

③ 可以实现感应电流法磁化。根据电磁感应定律,磁通变化着的空间同时也是电场。交流电可以使磁路里产生交变磁通,而交变磁通又可在回路中感生出电势,所以,本身大小不断变化的交流电可以用来产生感应电流。用感应电流法磁化环形工件时,环形工件相当于变压器的二次线圈,所以也要靠交流电来实现。

④ 能够实现复合磁化。在复合磁化法中,常用两个交流磁场的相互叠加来产生旋转磁场,或者至少其中一个磁场是交变的,所以说,复合磁化必须采用交流电才能实现。

⑤ 磁化变截面工件宜用交流电。用固定式电磁轭磁化变截面的工件时,发现用交流电可使工件表面上磁场分布比较均匀。而若用直流电,工件截面突变处有较多的泄漏磁通,会将该部位的缺陷掩盖掉。

⑥ 有利于磁粉的迁移。由于交流电的方向不断地变化,它所产生的磁场方向也不断地发生倒转,这种倒转的磁场能够搅动磁粉,有助于磁粉的迁移,从而改善灵敏度。

⑦ 设备结构简单。由于交流电被直接输送到用户和工厂,因此交流电探伤机不仅可以

直接与工业电源配用，而且结构简单、重量轻、易于维修、价格便宜。

但是作为磁化电流的交流电也有其不足之处，这主要表现在以下两个方面：

① 剩磁不够稳定。交流电用于剩磁法时，有剩磁不稳和偏小的情况，这是由于断电相位的影响，图 4－5 展示了铁磁材料磁滞回线和充磁电流的对应关系。0，1，2，3，……，表示电流与磁滞回线上对应的点，如果交流电断电发生在正弦周期的（$\pi/2\sim\pi$）、（$3\pi/2\sim2\pi$）或零值断电，工件上将得到最大剩磁 B_r；但如果断电发生在正弦周期的（$0\sim\pi/2$）、（$\pi\sim3\pi/2$），则剩磁变小，交流电在 3 处断电，由于铁磁材料的磁滞特性，3 处断电后磁滞回线将沿曲线到达B'_r点，此时剩磁B'_r将小于剩磁 B_r，由此看出，剩磁大小与断电相位对于剩磁不稳定的问题，不能估计过于严重。大量试验证明在标准磁化规范下，剩磁极弱的情况只占 1%～2%，剩磁很弱的几率随着磁化场的增强而降低。当然，亦随着磁化场的减弱而升高。如果将磁化电流选得大些，剩磁基本趋于稳定。交流电探伤机如果配置断电相位控制器，剩磁可达到完全稳定。

② 探测深度较小。交流电趋肤效应固然提高了表面缺陷的检测灵敏度，但对于表层以下缺陷的检测能力就不如直流电。

另外，还有一种电流叫脉动电流（也称为脉冲电流），也含有交流分量。脉动电流，就是指方向不变而强度不断变化的电流。严格说来，直流发电机所输出的电流，就是脉动电流。只不过这种电流强度变化的程度很小。脉冲电流也可以说是单向（阴极）电流周期性地被一系列开路（无电流通过）所中断的电流。它与换向电流所不同的是不把镀件作阳极，而是间歇地停止供电，由于间歇中断电流，阴极电位随时间周期性地变化。其波形有方波、正弦波、三角波和锯齿波等。

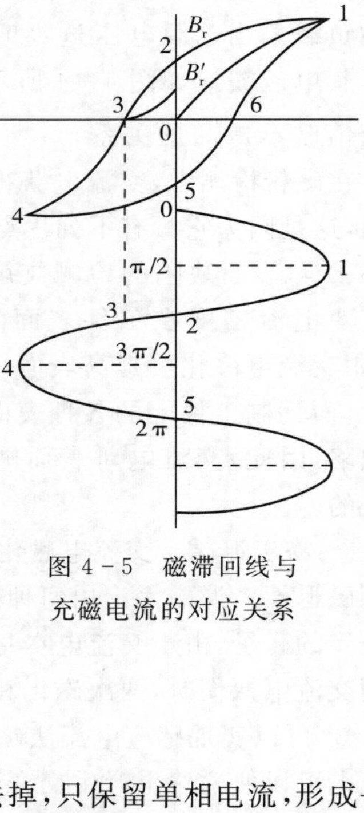

图 4－5　磁滞回线与充磁电流的对应关系

4.1.2　整流电流

整流电流是通过对交流电整流而获得方向不再变化的单向电流，分为单相半波、单相全波、三相半波和三相全波几种类型。

(1)单相半波整流电

单相半波整流电是将单相交流电正弦曲线的反向部分去掉，只保留单相电流，形成一些直流脉冲，每个脉冲持续半周。在各脉冲的时间间隔里没有电流流动，它的峰值与未被整流的交流电的峰值相同（见图 4－6 所示）。

单向半波电流的平均值 I_d、有效值 I 与峰值 I_m的关系为

$$I_d=\frac{I_m}{\pi} \tag{4-6}$$

$$I=\frac{I_m}{2}=1.57I_d \tag{4-7}$$

对于整流电，电流值是用测量平均值的电流表指示的。如果平均电流为 100 A，那么，峰值将是 314 A，而有效值电流将是 157 A，如图 4－7 所示。

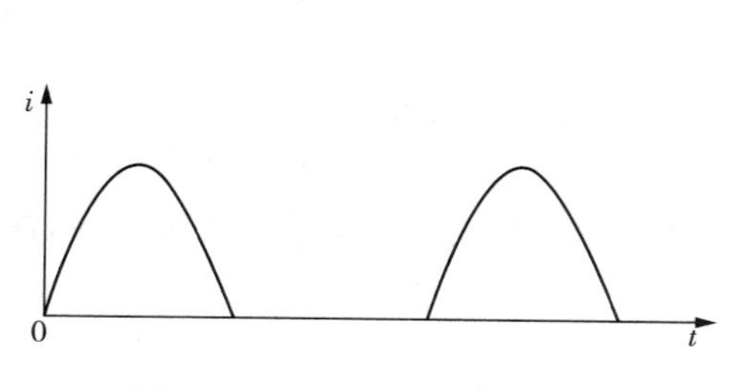

图 4-6　单相半波整流电波形

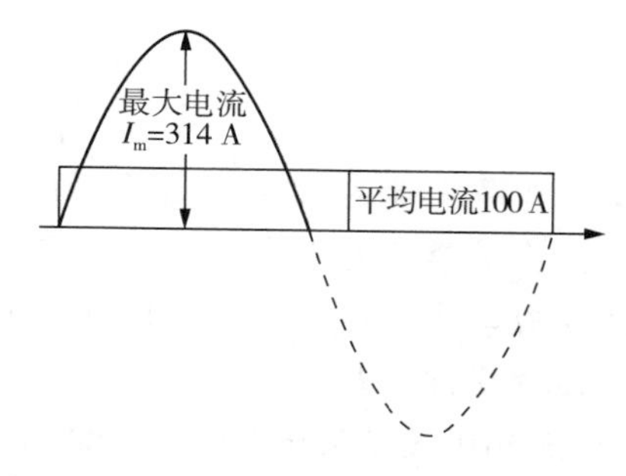

图 4-7　单相正弦半波的最大值与平均值

单相半波整流电是磁粉检测常用的一种电流类型，它有以下优点：

① 兼具渗透性和脉动性。单相半波整流电具有直流电的性质，因此能探测工件表面下较深的缺陷。例如，对于钢件直径 1 mm 的人工孔，交流电可探测深度：剩磁法为 1 mm，连续法为 2.5 mm；而采用单相半波整流电，剩磁法为 1.5 mm，连续法可达 4 mm。

但是，半波整流电的交流分量较大，它所产生的磁场又具有强烈的脉动性，它能够搅动干燥的磁粉，有利于磁粉的迁移。因此，它常与干法结合，用来检测表面下缺陷。

② 剩磁可保持稳定。单相半波整流电所产生的磁滞回线如图 4-8 所示。磁场是单向的，磁滞回线是非对称的。因此，不论何时断电，剩余磁感应强度都不会为零，试样上也总会获得稳定的剩磁，这一点，通过试验亦已得到证实。

③ 可提供良好的灵敏度和对比度。半波整流电结合湿法进行探伤也能对细小裂纹提供良好的灵敏度。由于磁场不是过分地集中于表面，所以，即使采用较严格的磁化规范，缺陷上的磁粉堆集量也不会大量增加，缺陷磁痕轮廓清晰，本底干净，便于对缺陷的观察和分析。

(2)单相全波整流电

单向全波整流电是把正弦交流电的负电流经整流变为正电流，而不像半波整流那样把负半周除掉而只保留正半周，其波形如图 4-9 所示。它也是由一些直流脉冲组成，每个脉冲持续半周，脉冲之间没有时间间隔，它的峰值与未被整流的交流电的峰值相同。

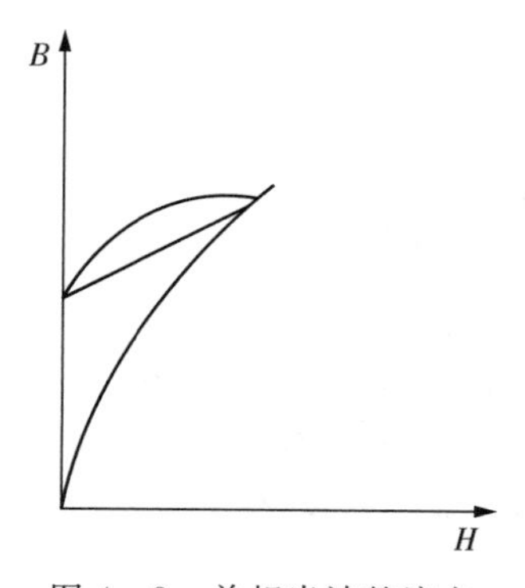

图 4-8　单相半波整流电产生的磁滞回线

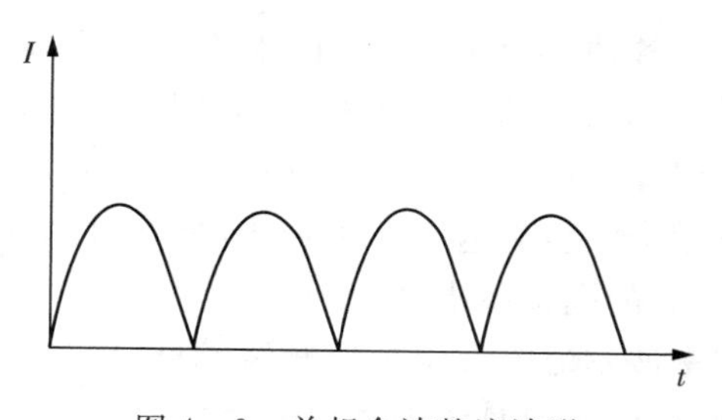

图 4-9　单相全波整流波形

单相全波整流电的平均值 I_d、有效值 I 与峰值 I_m 的关系为

$$I_d = \frac{2I_m}{\pi} \tag{4-8}$$

$$I=\frac{I_{\mathrm{m}}}{\sqrt{2}} \tag{4-9}$$

如果平均电流为 200 A，那么，峰值将是 314 A，而有效值电流为 223 A。

单相全波整流电与半波整流电相比，具有有效电压高、电流大、脉动程度小等优点。

由于脉动程度比单相半波整流电小，因而磁场在钢材中的渗入深度也更大一些，探测缺陷的深度就更深一些。

(3)三相半波整流电与三相全波整流电

把三相交流电加以半波整流或全波整流，电流的脉动程度比单相整流电减小很多，三相半波整流电的脉动程度较单相全波还小，已经与直流电较为相似，如图 4－10 所示。三相全波整流电把每正弦曲线的负值部分也倒转了过来，如图 4－11 所示，形成略有脉动的直流电。三相全波整流电已与纯直流电很接近。

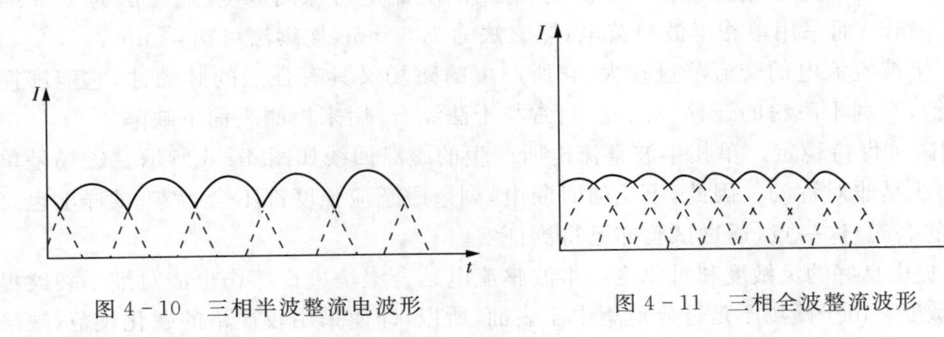

图 4－10　三相半波整流电波形　　图 4－11　三相全波整流波形

三相半波整流电平均值与峰值的关系为

$$I_{\mathrm{d}}=\frac{3\sqrt{3}\,I_{\mathrm{m}}}{2\pi} \tag{4-10}$$

三相全波整流电平均值与峰值的关系为

$$I_{\mathrm{d}}=\frac{3I_{\mathrm{m}}}{\pi} \tag{4-11}$$

在以上各种整流电中，随着脉动程度的减小，磁场透入钢材的深度愈深，可以检测的缺陷埋藏深度也愈大。在钢试样上钻不同深度的直径为 1 mm 的人工孔，如果用三相全波整流电连续法磁化，那么可以将埋藏深度为 10 mm 的孔检测出来。

三相全波整流电宜用来检测铸钢件、球墨铸铁的毛坯以及焊接件，主要是检测表层下的气孔或夹杂物。

用三相半波或全波整流电磁化所产生的磁场是同方向的。其磁滞回线为非对称的，局部的磁滞回线如图 4－12 所示。所以，无论何时断电，工件上都有稳定的剩磁。

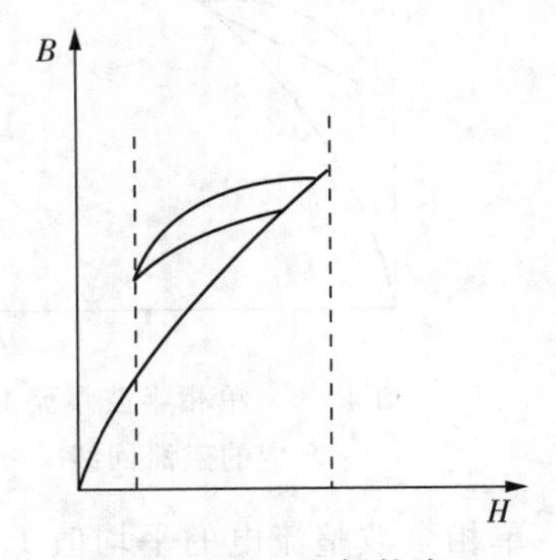

图 4－12　三相整流电磁化的磁滞回线

整流电有以下缺点：

① 退磁困难。用整流电或直流电磁化的工件，如果用交流电退磁，只能将表层的剩磁去掉，内部仍然有剩磁存在。因此，对于用整流电或直流电磁化的工件，要想彻底地退磁，就要使用超低频退磁设备。但用它退磁效率低，且设备价格昂贵。

在周向和纵向磁化的工序之间，用整流电或直流电时一般要退磁。只有在第二次磁化场强度远远超过第一次的情况下，方可不退磁。

② 退磁场大。工件进行纵向磁化时，用整流电或直流电比用交流电产生的退磁场要大，这是由于整流电和直流电磁化时磁场渗入较深，磁化的有效截面比用交流电时大的缘故。因此，在纵向磁化时整流电和直流电的优越性就不大了。

③ 变截面工件磁化不均匀。在用整流电或直流电磁轭磁化工件时，磁通量均匀地分布在工件截面上，所以磁感应强度与截面积或直径的平方成反比；而在交流电磁轭的情况下是与直径成反比。因此，整流电和直流电磁化时，在工件截面变化处就会引起磁化不足或过量磁化，用整流电和直流电磁轭往往引起漏检就是这个道理。

4.1.3　直流电流

纯直流电流是磁粉检测中最早使用的磁化电流，如图 4－13 所示。最初，检测用的直流电是通过蓄电池的并联或直流电发生器而获得的。为了保证供给所要求的电流，电池需要经常充电，早期由于电池很大，使用不方便，现在工业上已很少使用。近年来，随着电池技术的进步，将电池与磁轭集成一体的便携式磁粉探伤机得到广泛的应用。直流磁化的优点是磁场渗入深度大，可检测的缺陷深度较其他几种电流都深。但退磁也因而更为困难。

直流电的平均值，也是峰值和有效值。

4.1.4　冲击电流

冲击电流一般指用电容器的充电、放电而获得的电流，其波形如图 4－14 所示。探伤机体积很小，但电流值可达 10～20 kA。冲击电流的通电时间通常为 0.01 s，因为通电时间非常短，要在通电的时间内施加磁粉并完成磁粉向缺陷处的迁移是困难的。因此，冲击电流只适用于剩磁法。

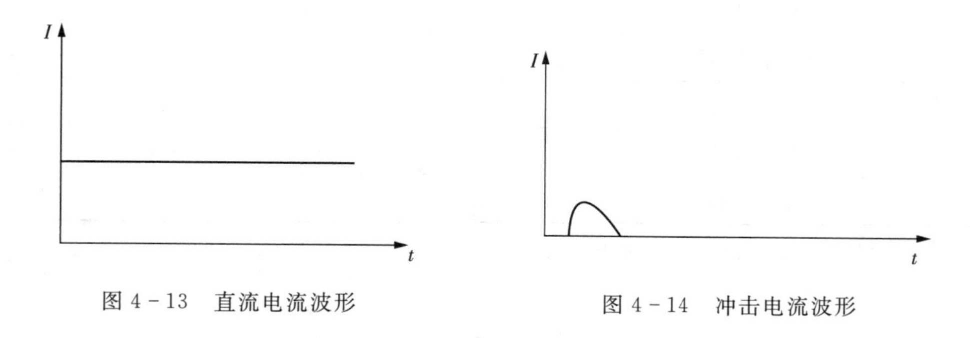

图 4－13　直流电流波形　　图 4－14　冲击电流波形

4.1.5　磁化电流的选择

综上四种电流的特点，选用磁化电流的种类时，应着重考虑以下几个问题：

① 用交流电磁化时，对表面缺陷的检测灵敏度高。

② 用直流电或整流电磁化时，能探测表面及近表面缺陷。

③ 脉动电流中包含的交流分量越大，探测近表面较深缺陷的能力越差。

④ 由于趋肤效应，对材料表面下的磁化能力，交流电比直流电弱。

⑤ 交流电用于剩磁法时，工件上剩磁不够稳定，需加配断电相位控制器。

⑥ 直流或脉动电流用于剩磁法时，剩磁稳定。

⑦ 冲击电流只能用于剩磁法。

对于钢件的磁化来说，起作用的是电流的峰值，鉴于交流探伤机上为有效值电流表，而直流探伤机上为平均值电流表，下面介绍并总结一下电流值的换算。

为了使单相半波整流电的峰值等于正弦交流电的峰值，必须作相应的换算。在交流电的情况下，有效值 I 与峰值 I_m 关系为

$$I=\frac{I_m}{\sqrt{2}} \tag{4-12}$$

在单相半波整流电情况下，平均值 I_d 与峰值 I_m 的关系为

$$I_d=\frac{I_m}{\pi} \tag{4-13}$$

令两个峰值相等，则

$$I_d=0.45I \tag{4-14}$$

式(4-14)说明，为了使单相半波交流电在相同的规范下进行探伤，将交流有效值乘以0.45的换算系数，即得到单相半波电流的平均值。

由于探伤机的电流表多用有效值(交流)和平均值(直流)计算，因此存在峰值与其他值间的转换关系。峰值可按表4-1的换算系数求出。

表4-1　不同磁化电流的电流峰值(I_m)的换算关系

电流类型	计算式
正弦交流电	$1.41\ I$
直流电	$1.00\ I_d$
单相半波整流	$3.14\ I_d$
单相全波整流	$1.57\ I_d$
三相半波整流	$1.21\ I_d$
三相全波整流	$1.05\ I_d$

注：I——交流电有效值；I_d——直流电平均值。

4.2　磁化方法的分类

工件被磁化时，磁场方向应尽可能与缺陷的方向垂直，才能产生足够的漏磁场，缺陷显示才最清晰。但是，工件中的缺陷可能有各种取向，而且有时难以预计，为了发现所有的缺陷，于是发展出了各种不同的磁化方法，以便在工件上建立各种不同方向的磁场。

根据在工件上建立磁场的方向不同，一般可分为周向磁化、纵向磁化和多向磁化三种。

① 周向磁化：指给工件直接通电，或者使电流流过贯穿工件中心孔的导体，在工件中建立一个环绕工件并与工件轴垂直的闭合磁场，其磁力呈闭合形状。周向磁化主要用于发现与工件轴向平行的缺陷，即与电流方向平行的缺陷。管棒类工件 180°布置磁极也能实现周向磁化。

② 纵向磁化：指将电流通过环绕工件的线圈，使工件沿纵长方向磁化的方法，工件中的磁力线平行于线圈的轴心线。主要用于发现与工件轴向垂直的缺陷。利用电磁轭磁化使磁力线平行于工件纵轴也属于这一类。管棒类工件使用两组间隔一定的线圈也能实现纵向磁化。

③ 多向磁化：指通过复合磁化使之在工件中产生一个大小及方向随时成圆形、椭圆形或螺旋形变化的磁场。因为磁场的方向在工件上不断地变化着，所以多向磁化可以检测出不同方向的缺陷。

选择磁化方法时，要考虑工件的尺寸、外形及表面状况。主要磁化方法的优点和缺点及其应用范围见表 4 - 2 所列。

表 4 - 2　主要磁化方法的优点和缺点及其应用范围

磁化方法	优　点	缺　点	应用范围
直接通电法	① 无论简单或者复杂的工件，一次或者数次通电便可方便地磁化； ② 在整个电流通路的周围产生周向磁场； ③ 两端通电，即可对工件全长进行磁化，所需电流值与长度无关； ④ 磁场基本上包含在工件的轮廓中，端头无磁极； ⑤ 用高电流可在短时间内进行大面积磁化； ⑥ 方法简单、迅速； ⑦ 有较高的检测灵敏度。	① 接触不良会产生电弧； ② 对于空心工件，有效磁场局限于外表面，因此不能用于内表面检查。	小型和大型的实心工件，如铸钢件、锻钢件、机加工件、钢坯、轴类、管形件。
中心导体法（穿棒法）	① 电流不直接与工件接触，不会产生电弧； ② 在空心工件内外表面及端面都会产生周向磁场； ③ 重量轻的工件可用芯棒支撑； ④ 可用增加匝数（根数）的方法减少所需电流； ⑤ 一次通电工件全长都能得到周向磁化； ⑥ 许多小工件可穿在棒上一次磁化； ⑦ 方法简单，探伤效率高； ⑧ 检测灵敏度高。	① 对于厚壁件，外表面缺陷的灵敏度比内表面低； ② 检查大直径的钢管，需将导体在钢管内壁偏置，并转动工件作多次磁化。采用连续法时，每次磁化后都需进行检验。	各种有孔的工件如轴承圈、空心圆柱、齿轮、螺帽、大型环、管接头等；管子、管道等空心工件、大型阀体等。

（续表）

磁化方法	优　点	缺　点	应用范围
触头通电法（支杆法）	① 所用装置可携带到现场检验，灵活方便； ② 可将周向磁场集中在常出现缺陷的特定区域； ③ 检测灵敏度高。	① 一次只能检验小区域； ② 接触不良会产生电弧； ③ 大面积检验时，要求分块累积检验，效率较低。	焊接件、大型铸件或锻件。
线圈法或电缆缠绕法	① 非电接触； ② 简便迅速； ③ 大型工件用电缆缠绕法很容易得到纵向磁场。	① L/D 值对灵敏度有很大的影响，决定安匝数时，要加以考虑； ② 端头与端面的缺陷检测灵敏度低； ③ 为了将低 L/D 值的短工件端部效应减至最小，需采用“快速断电”法。	纵长的中小型工件，如曲轴、滑轮轴、大型铸钢件、锻钢件或轴。
磁轭法	① 非电接触； ② 改变磁轭方位，理论上可以发现任何方向缺陷； ③ 便携式磁轭可带到难以移动的工作现场； ④ 可用于检验带漆层的工件。	① 磁轭必须放在有利于缺陷检出的方向； ② 几何形状复杂的工件检验较困难； ③ 用便携式磁轭检查大面积费时。	焊缝、各种中小型工件、大型工件的局部检查。
感应电流法	① 能有效地检出环形工件圆周方向的缺陷； ② 在三个适当位置磁化滚珠，可检出各种方向的缺陷； ③ 非电接触点； ④ 可实现自动化。	① 必须避免其他的导体围绕磁场； ② 小直径球体只能用剩磁法； ③ 磁化电流的种类必须与具体检验对象相适应。	薄壁环形针、球体、圆盘和齿轮。

在后面的章节中将对有关磁化方法分别予以详细介绍。

4.3　周向磁化方法

4.3.1　直接通电法

直接通电法是将工件夹在探伤机的两磁化夹头之间，使电流由磁化夹头从被检工件上直接流过，在工件的周围及内部产生一个周向磁场的方法，如图 4－15 所示。如果工件截面是圆形，便产生圆形磁场；如果工件截面是长方形，则产生椭圆形磁场。电流方向和磁场方向的关系遵从右手定则。通电法主要用来发现与磁场方向垂直而与电流方向平行的缺陷。在圆柱形工件内如果没有缺陷，磁力线流经的途径全部通过工件，磁场封闭在工件的轮廓内，形成不了磁极，产生不了退磁场，因此工件能够有效地磁化。这种方法在多数情况下都可使磁力线与缺陷方向构成一个角度，所以它是最常用也是最有效的磁化方法。

采用通电法时，电流可以在工件任何能夹持的部位通过，电流沿工件轴通过的方法称为轴通电法；电流垂直于工件轴通过时，称为直角通电法。

通电时，应防止工件过热或烧伤，为此，要将磁化夹头覆盖上铅垫或铜网。当铅垫或铜网有磨损、烧损而降低了接触性能或导电性能时，应及时更换上新的。铜网的厚度要均匀，与磁化夹头应紧密接触。铅蒸气是有害的，采用铅垫时应注意通风。铜网垫仅适用于冶金上允许的场合。锌不允许作为磁化夹头的材料。

磁化电流在压力足够时方能接通，而接触压力应在磁化电流断开后方能去除。

夹持细长工件时，应注意不使其变形。

施加电流的时间不应过长，工件的温度应低于会造成工件损伤的温度。

在工件不便于夹持在两磁化夹头之间时，可采用夹钳通电法，即用夹钳夹住工件需要通电磁化的部位，如图 4-16 所示。但注意在此情况下不应采用高安培值的电流。

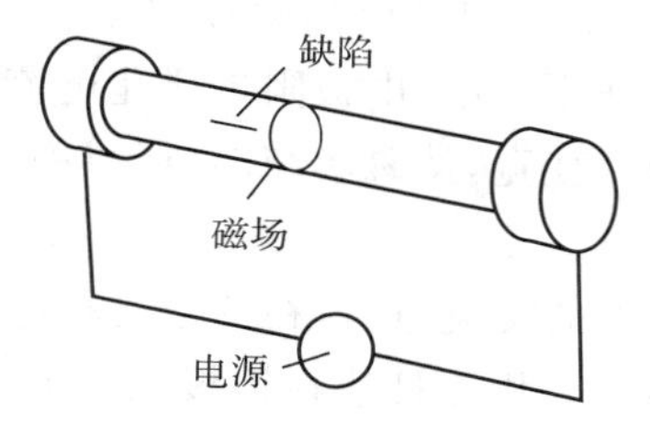

图 4-15　直接通电法

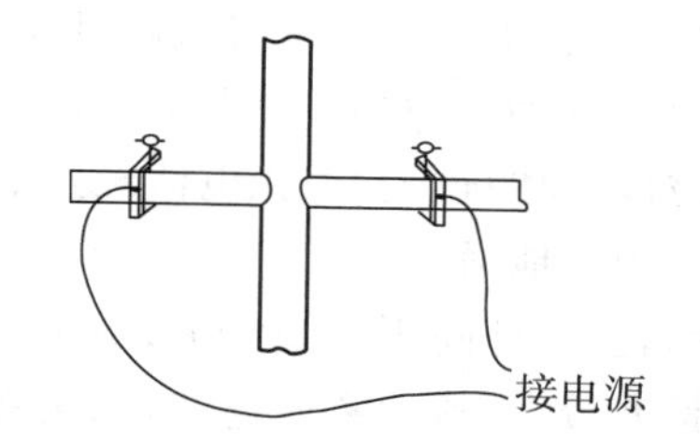

图 4-16　夹钳通电法

4.3.2　中心导体法

中心导体法是将一导体穿入空心钢件的孔中并使电流从导体上通过的方法，又称作穿棒法或芯棒法，也叫电流贯通法，如图 4-17 所示。这种方法主要用于检测沿工件轴的纵向缺陷。空心钢件用直接通电的方法不能检查内表面的缺陷，因为内表面的磁场为零。但用中心导体法可以同时发现内外表面的轴向缺陷及两端面的纵向缺陷，且由于内表面的磁场强度比外表面大，所以内表面的缺陷显示更清晰。

导体材料通常采用铜棒，也可用铝或钢作为导体材料。

对于小型工件，如螺帽，可将数个或数十个穿在导体上一次磁化。若工件的内孔弯曲，可用电缆作为导体材料。

对于一端有封头的工件，应保证导体与封头的端面有良好的接触，并注意不使工件触及接地磁化设备的任一部位。

一般情况下，导体应尽量位于工件的中心，但在工件直径太大、探伤机所提供的电流不足以使工件表面达到所要求的磁场强度时，可将导体在钢件内壁偏置，通常称为偏置芯棒法，如图 4-18 所示。采用适当的电流值磁化，有效磁化长度约为导体直径的 4 倍，检查时要转动工件，以检查整个圆周，但要保证相邻检查区域有 10%的重叠。

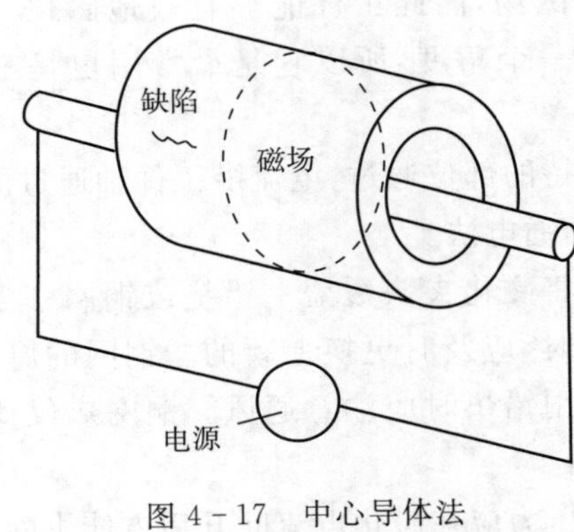

图 4-17　中心导体法

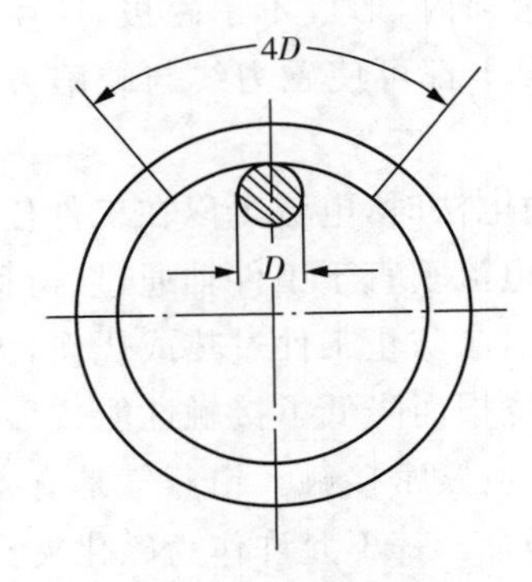

图 4-18　偏置芯棒法

4.3.3　触头通电法

触头通电法是通过两支杆式触头电极将磁化电流导入工件进行检验的磁化方法，也叫支杆法、尖锥法或手持电极法，如图 4-19 所示。在平板工件上磁化能建立一个畸变的周向磁场，使用这种方法用较小的电流值就可在工件局部得到必要的磁场强度。支杆间距一般可取 150～200mm 为宜，最长不得超过 300mm。间距过小，电极附近磁化电流密度过大，易产生非相关磁痕；间距过大，磁化电流经过的区域就变宽，使磁场减弱，所以磁化电流必须随着间距的增大相应地增加。

实验证明，当支杆间距为 200mm 并通以 400A 的交流电时，在两个支杆电极的连线上，产生的磁场强度最大，愈远离该连线，磁场强度愈小。用支杆法在钢板上产生的磁场分布如图 4-20 所示。

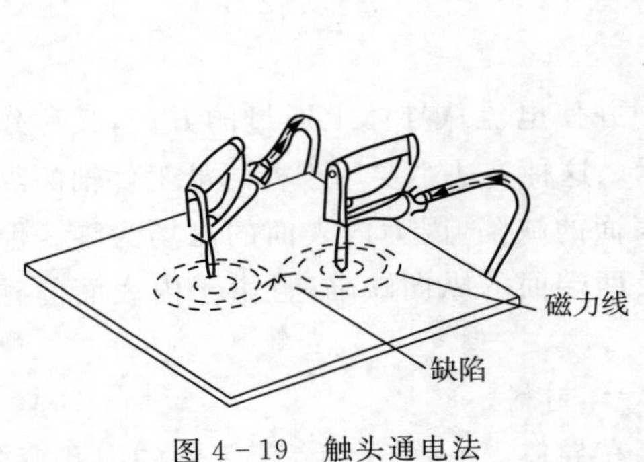

图 4-19　触头通电法

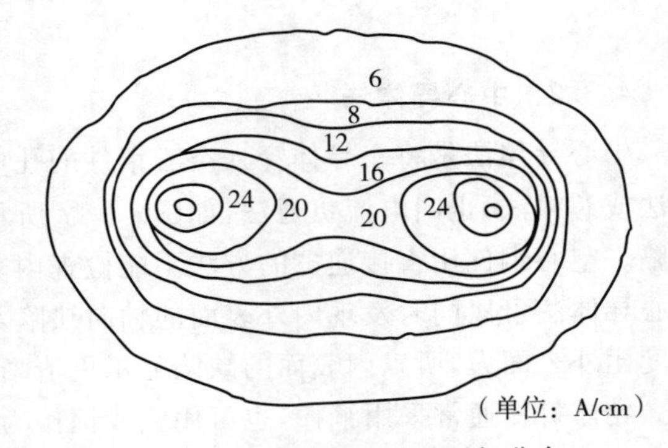

图 4-20　触头通电法的磁场分布

从支杆流经工件的最大电流出现在连接支杆网电极的中心线上，并随着远离中心线而减少，如图 4-21 所示。

触头通电法并不形成真正的周向磁场，但可在许多场合使用，且使用非常方便，其灵敏度较其他方法高。

触头通电法不宜用于抛光工件，因为会引起局部过热或烧伤。当钢的含碳量在 0.3％～0.4％以上时，发生烧伤的可能性很大；若接触部位有氧化皮和异物、接触压力不足

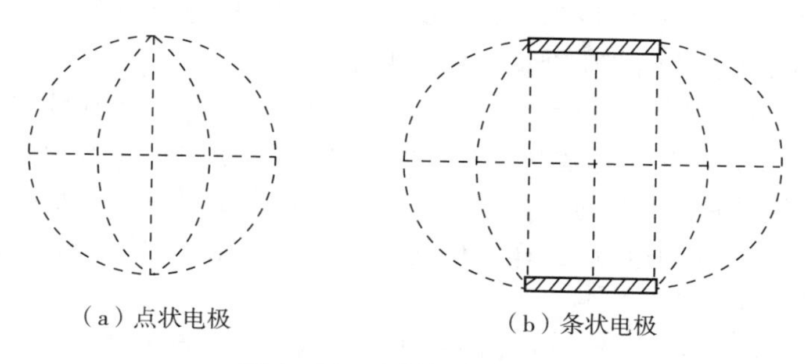

图 4 - 21　支杆间电流分布

或电流过大都会引起烧伤。支杆在接触或离开工件表面时，必须在断电情况下进行。因此，一些怕烧伤的工件尽量不采用触头通电法。

支杆材料应用钢或铝，一般情况下不用铜作电极，因为铜会渗入工件表面上，影响材料的性能，但有时用铅或铜网作垫片。此外，还可用低熔点合金做电极，例如 Al - Sn 合金，其熔点为 235℃。使用该类合金达到熔点后，电极端头会熔化，从而使接触面积增大到 25～30mm²，让受检材料不会烧伤，避免了电极材料渗入金属中去。

锌不允许用来作为支杆材料或制作接触衬垫。

支杆的接触面或使用的衬垫在使用之前应当对它进行检查。影响导电的氧化皮和脏物应清除干净，衬垫编织物的厚度应十分均匀。如发现烧伤或其他损伤，应修整接触面或更换新的衬垫。

4.3.4　感应电流法

感应电流法就是把环形工件当成变压器次级线圈，使交变磁通在工件上感生周向电流的磁化方法，也叫磁通贯通法，如图 4 - 22 所示。感应电流产生的磁场为环形，可发现环形工件圆周方向的缺陷。

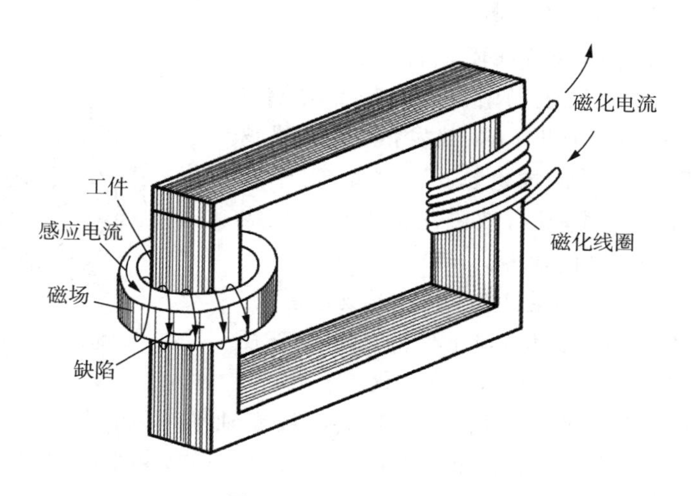

图 4 - 22　感应电流法

这种磁化方法，工件不与电源装置接触，也不受机械压力，可以避免烧伤和变形，最适用于检测薄壁环形工件。

采用感应电流方法磁化工件时，工件上的感应电流与磁通量的变化率成正比。因此，激磁线圈的磁势应足够大，才能产生合适的感应电流。

感应电流法一般使用交流电产生磁场，工件上产生的电流结合连续法可运用在检测软磁或剩磁小的工件上。如果工件材料具有较大的剩磁时，也可以用快速切断电路的方法使电流迅速中断，其结果是磁通量也迅速变化消失。于是在工件中可感应出一个沿工件圆周方向、安培值很高的单脉冲电流，这样工件就被环形磁场磁化，具有剩磁，即可用剩磁法检验，这时磁化用的电流为直流电流。

感应电流与磁通量的变化率成正比，所以通过铁芯的总磁通量愈大，感生的电流也愈大。只有激磁线圈容量大，铁芯截面也足够大，才能感生足够的电流。工件表面的磁场强度与工件的径向尺寸成反比，而与工件的宽度关系不大。

感应电流法采用交流电，但在某些场合也可采用直流电。快速切断直流电路使电流迅速中断，磁通量也急剧减小，于是在工件中感生出安培值很高的单个脉冲电流。采用流电可用于允许用剩磁法检验的材料和轴承环之类的工件。

除了上述几种周向磁化方式以外，在管棒类检测时，可将工件置于两个磁极中心实现周向磁化。

4.4 纵向磁化方法

4.4.1 线圈法

线圈法是将工件放在通有电流的螺线管线圈内磁化的方法，如图 4－23 所示。当电流通过线圈时，线圈中产生的纵向磁场将使线圈中的工件感应磁化。它有利于发现与线圈轴向垂直的缺陷，即沿工件圆周方向上的横向缺陷。线圈法磁化工件时工件上无电流通过，操作方法也比较简单。有着较高的检测灵敏度，是磁粉检测的基本方法之一。线圈法有固定线圈和柔性电缆缠绕线圈两种方法。

磁粉检测中多用短螺线管线圈，它的磁场是一个不均匀的纵向磁场，工件在磁场中得到的是不均匀磁化。在线圈中部磁场最强，并向端部发散，离线圈越远，磁场发散越严重，有效磁场也越小。因此，对于长度远大于线圈直径的工件，其有效磁化范围仅在距线圈端部约为线圈直径 1/2 的地方。

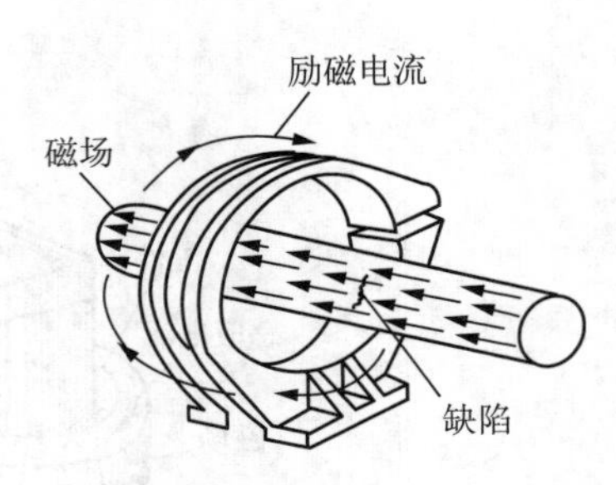

图 4－23　线圈法

线圈磁化法会在工件两端产生磁极，形成退磁场。工件在线圈中是否容易被磁化，与工件的长度和直径之比（L/D）有密切关系，L/D 愈小愈难磁化。

为了削弱退磁场的影响，工件的轴一定要与线圈轴平行，如图 4－24(a)所示。图 4－24(b)中工件放置方法是错误的。短工件可以将其数个衔接起来磁化，如果被检工件为一个，两端要接上延长杆，如图 4－25 所示。

长条形工件用短线圈磁化时，线圈的外磁场随着离开线圈端面距离的增加而迅速降低，工件在线圈之外较远的部位得不到有效的磁化，所以，要将长条形工件分段磁化，或将线圈沿工件移动检测。

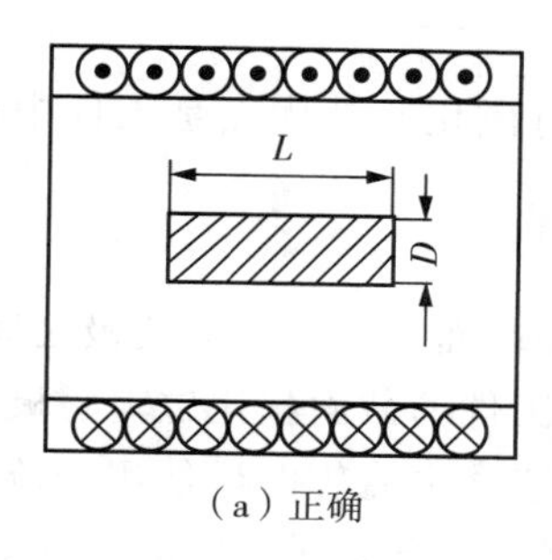

(a) 正确

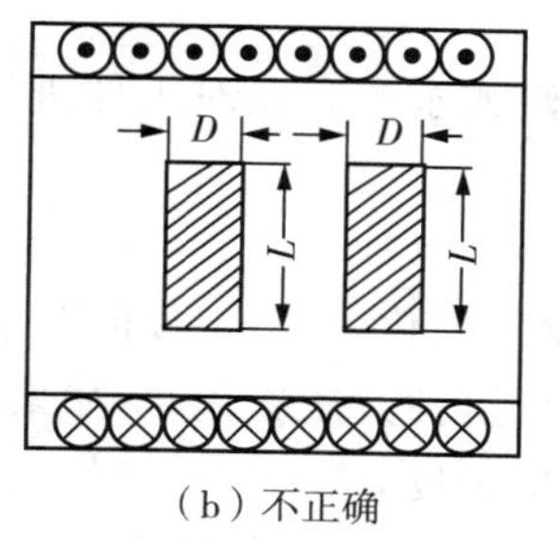

(b) 不正确

图 4－24　工件在线圈内的放置方法

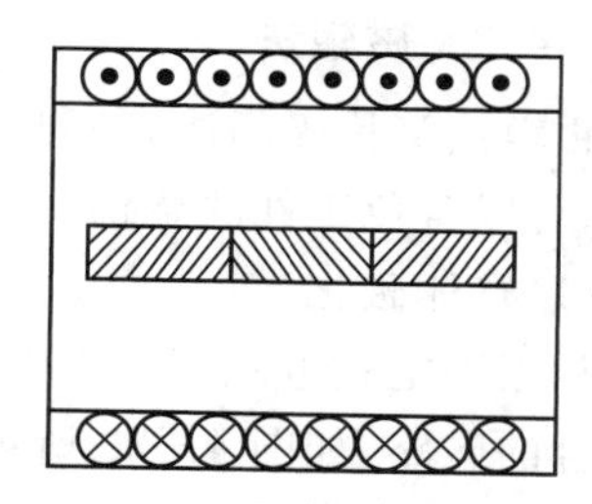

图 4－25　工件两端加延长杆

当线圈的直径较大、长度较短时，线圈截面的磁场是不均匀的，靠近线圈壁最强，工件最好贴近线圈壁磁化。

采用线圈法时，工件得到纵向磁化，但在工件的两端磁力线是发散的，结果使端头横向的裂纹显示不出来，或显示的效果较差，因此，靠近端头部位检测灵敏度是不高的。这个问题可以采用快速切断电流的方法来解决。电流快速切断时，磁场快速解除，这样在垂直于工件的截面上将感生闭合的电流，感生电流产生的磁场正好与裂纹构成一定角度，使裂纹能够被检测出来。

对于管棒坯等长的工件，磁化线圈可以采用两对短线圈，两个线圈之间为磁化有效区域。

将工件放在用作退磁的线圈内磁化，常常是快速而有效的。因为退磁线圈容量较大，一次可放许多工件，此时，可将工件整齐地排列在非磁性材料制成的托盘里，一次可磁化数个或数十个小工件，大的盘形件放在线圈也可得到良好的磁化。

大型工件不能放在固定的螺管线圈内，可在工件外面缠绕上电缆，称作电缆法，如图 4－26 所示。

对于大型环形工件采用绕电缆的方法，电流从电缆中通过进行磁化，如图 4－27 所示。此时产生的磁力线沿着工件的圆周方向，能够发现工件的横向缺陷。此方法由于效率较低，一般不用于批量检查。

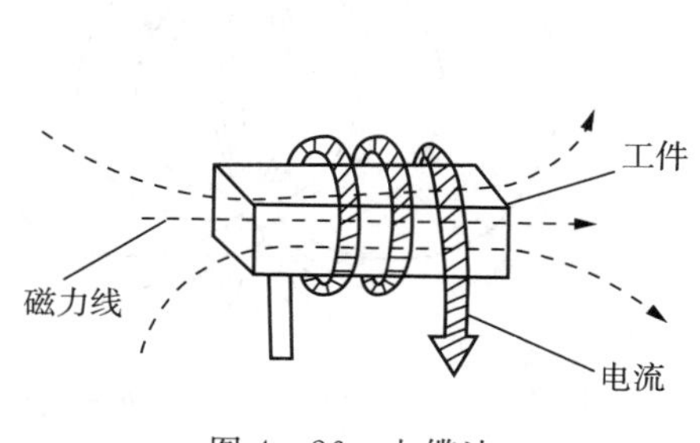

图 4－26　电缆法

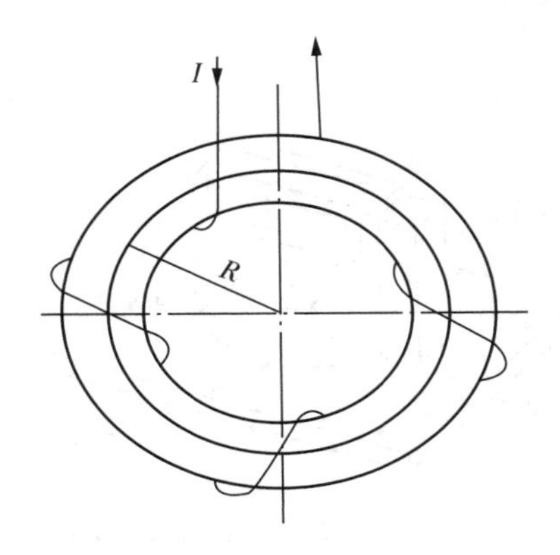

图 4－27　环形件绕电缆磁化

4.4.2 磁轭法

磁轭法又称极间法，是利用电磁轭或永久磁轭对工件进行磁化。其优点是工件中没有电流，可以避免工件的烧伤。

(1)整体磁化

利用固定式电磁轭对工件进行整体磁化，是将工件的两个端面夹在磁轭的两极之间，形成闭合的磁路，如图 4－28 所示。采用这种方法磁化时，如果工件的截面积比磁轭磁极的截面积大，工件中便得不到足够的磁感应强度，这种情况在使用直流电磁轭时比使用交流电磁轭时更为严重。所以，磁轭磁极的截面积要比工件的截面积大，方能得到较好的探伤效果。此外，还要尽量避免工件与磁轭之间的空气隙，因为空气隙会降低磁化效果。在磁化时，工件上的磁力线大体平行于两磁极之间的连线。对于形状复杂而且较长的工件不宜采用这种磁化方法。

固定式磁轭的磁化线圈多装在两端(个别装在中部)，这样可以提高磁极间的磁压使工件得到较高的磁感应强度。磁轭的铁芯一般做得较大且选用软磁材料，以减少磁阻。在检测中，如果工件长度较长，工件中部由于离磁极较远，则有可能得不到合适的磁化。有时将工件夹持在两极间，并在工件中心放上线圈，如果此时已形成闭合磁路，则也是一种极间式磁轭检测。

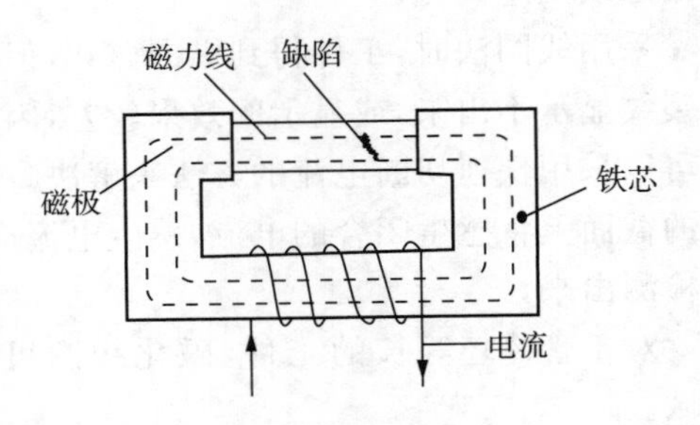

图 4－28　电磁轭整体磁化

在固定式磁轭法中，一般多采用整流电流磁化方式。这是由于磁轭在交流电磁化时容易受磁滞影响并产生磁滞损耗和涡流损耗，且交流磁化电流较大，线圈制作困难及散热不容易控制。

(2)局部磁化

利用便携式电磁轭或永久磁轭的两极与工件接触，使工件得到局部磁化，如图 4－29 所示。此时，两磁极间的磁力线大体上平行于两极的连线，如图 4－30 所示，有利于发现与两极连线垂直的缺陷。

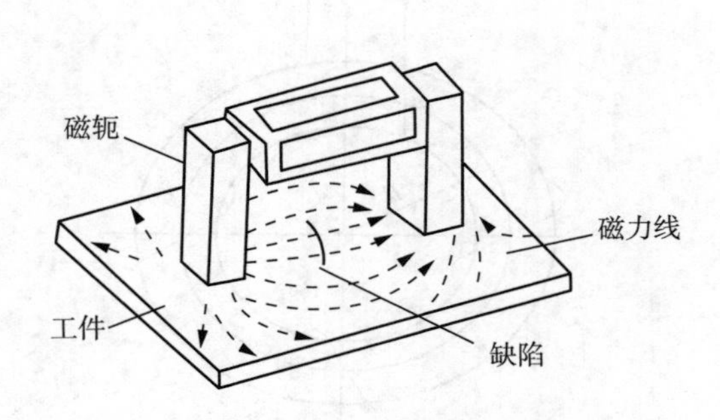

图 4－29　便携式电磁轭局部磁化

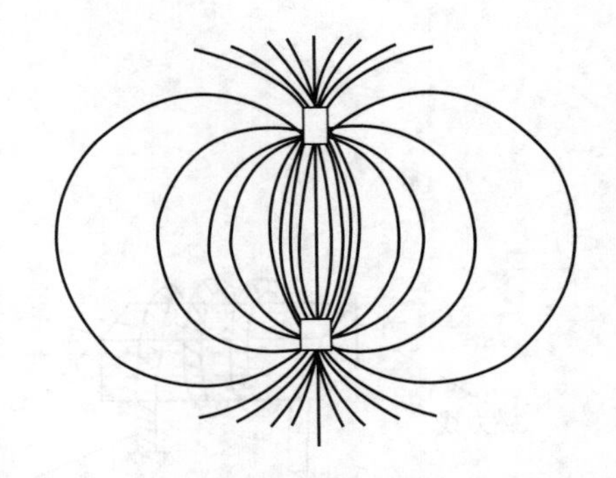

图 4－30　便携式电磁轭两极间的磁力线

磁轭的探伤有效范围取决于探伤装置的性能、探伤条件及工件的形状，一般是以两极间的连线为短轴的椭圆形所包的面积为有效范围，如图 4－31 所示。图 4－32 和图 4－33 分别为两极连线方向和垂直于该连线方向的磁场分布。工件上磁场的分布取决于磁极的间距，在工件上总磁通量一定的情况下，工件表面的磁场强度随着两极距离的增大而降低，图 4－34 为极间距离与磁场强度的关系曲线。如果磁极与工件接触不良，有间隙存在，对磁场强度也有一定的影响，图 4－35 为磁极与工件之间的间隙同两极连线中心点上磁场强度的关系曲线。间隙会使接触处有相当强的漏磁场，磁粉要受它的吸引，因而存在着探伤盲区。盲区范围随着间隙的增大而增大。在间隙为 3mm 时，盲区宽度约为 15mm，一般情况下，也有 2～3mm。钢材厚度超过 5mm，不宜用直流电磁轭，因为钢板如果太厚，磁通分布将如图 4－36 所示，磁通在钢板中发散开来，降低了磁感应强度，从而降低了缺陷的检出能力。采用交流电磁轭，由于趋肤效应，磁通集中于工件表层，可以提供必要的检测灵敏度。

永久磁轭可用于无电源处或飞机维修中机上探伤，但用它检查大面积或大部件时，不能提供足够的磁场强度，且磁场强度不能任意调节，永久磁轭也不容易从工件上取下来，磁轭的两极上吸附的磁粉有可能把缺陷显示弄模糊。因此除非特殊场合，该方法一般很少使用。

通过在工件表面移动电磁轭或永久磁轭的一个极来实现探伤，称作单极接触磁化法。

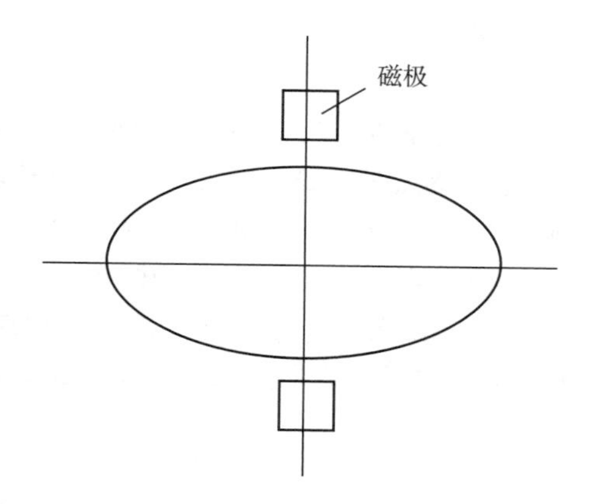

图 4－31　便携式电磁轭探伤有效范围

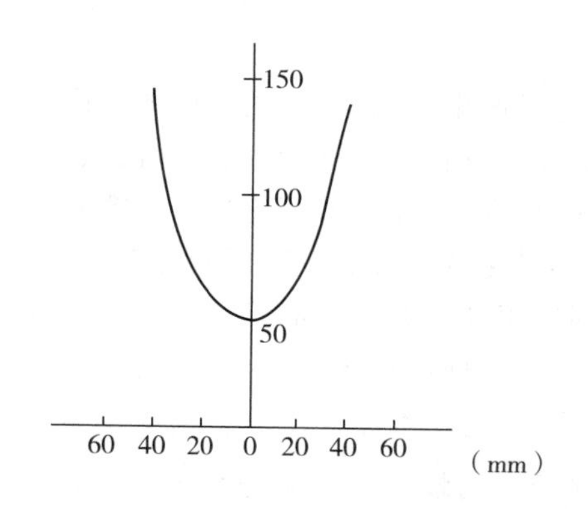

图 4－32　磁轭两极连线上磁场的变化

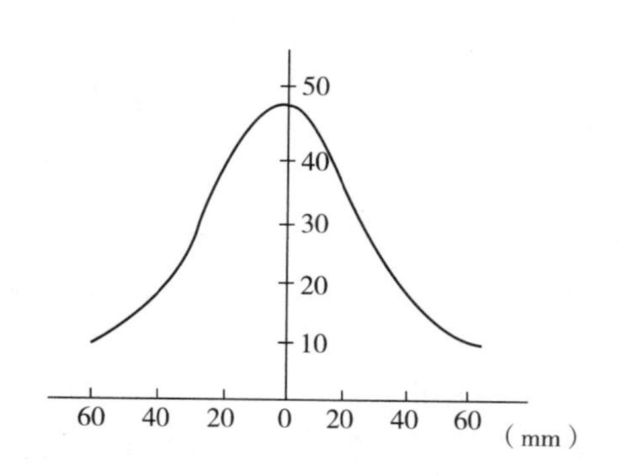

图 4－33　磁轭垂直两极连线上磁场的变化

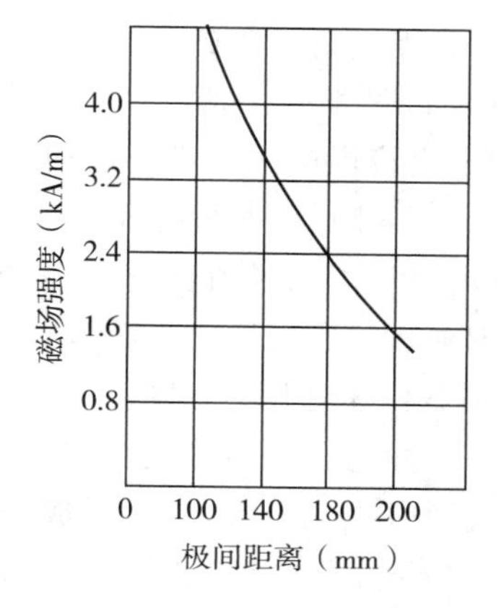

图 4－34　磁轭极间距离与磁场的关系

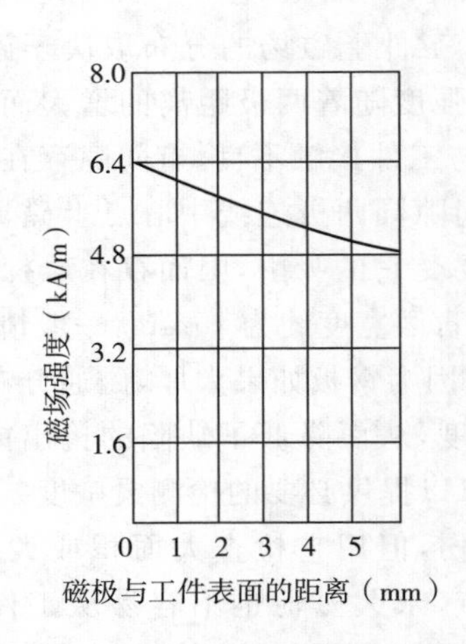

图 4－35　磁极间隙对磁场强度的影响

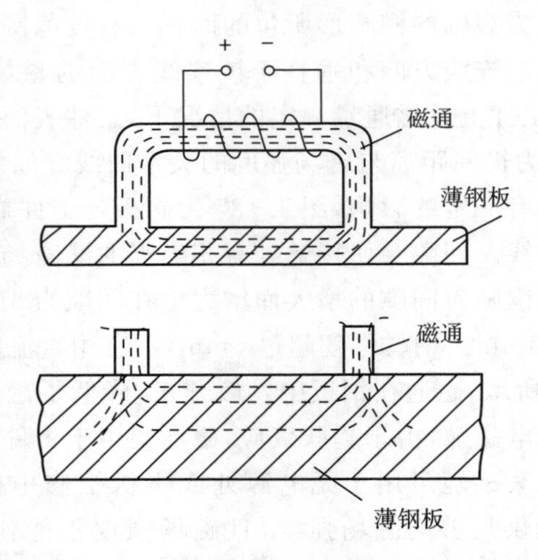

图 4－36　直流电磁轭在钢板中的磁通分布

4.5　多向磁化及其他磁化方法

为了产生漏磁场，必须尽可能使磁场方向与缺陷方向垂直。为此，一个工件往往要在互相垂直的方向上进行两次磁化和两次检验，多向磁化的特点是将这两次磁化和两次检验合并为一次，同时在工件上施加两个或两个以上不同方向的磁场，其合成磁场的方向在工件上不断地变化着，因此，一次便可检测出各个方向的缺陷。多向磁化根据磁场强度叠加的原理，即在工件中某一点的磁场强度等于几种磁化方法在该点分别产生的磁场的矢量相加，或者是不同方向的磁场在工件上轮流交替磁化。多向磁化的磁化方向和大小在整个磁化时间内是变化的，但在某一个具体瞬时却是固定的。

4.5.1　螺旋形摆动磁场法

该方法是一个固定方向的磁场与一个或多个成一定角度的变化磁场的叠加。最常用的是对工件用直流磁轭进行纵向磁化并同时通交流电进行周向磁化，如图 4－37 所示。直流纵向磁场大小保持不变，交流周向磁场大小随时间而变，其合成磁场是一个不断摆动的螺旋形旋转磁场，如图 4－38所示。交流磁场值比直流磁场值愈大，则摆动的范围愈大。在某一瞬时间，工件上不同部位的磁场大小和方向并不相同。

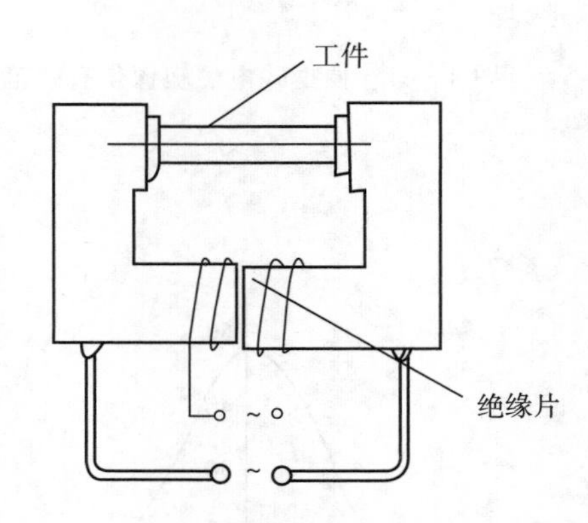

图 4－37　直流磁轭与通交流电复合磁化

在一般固定式磁粉探伤机里都配置有直流线圈和交流通电磁化装置，可以形成摆动磁场对工件进行磁化。

*摆动磁场多向磁化装置中的纵向磁场也可以用其他电流（如交流）产生，不过此时磁场不再是一个方向连续摆动的磁场。如果纵向和横向都采用交流电流产生的磁场，由于交

流电相位的影响，中间可能会产生磁场过弱的现象，即出现磁化轨迹不连续的现象，这是在选择检测工艺时应该注意的。

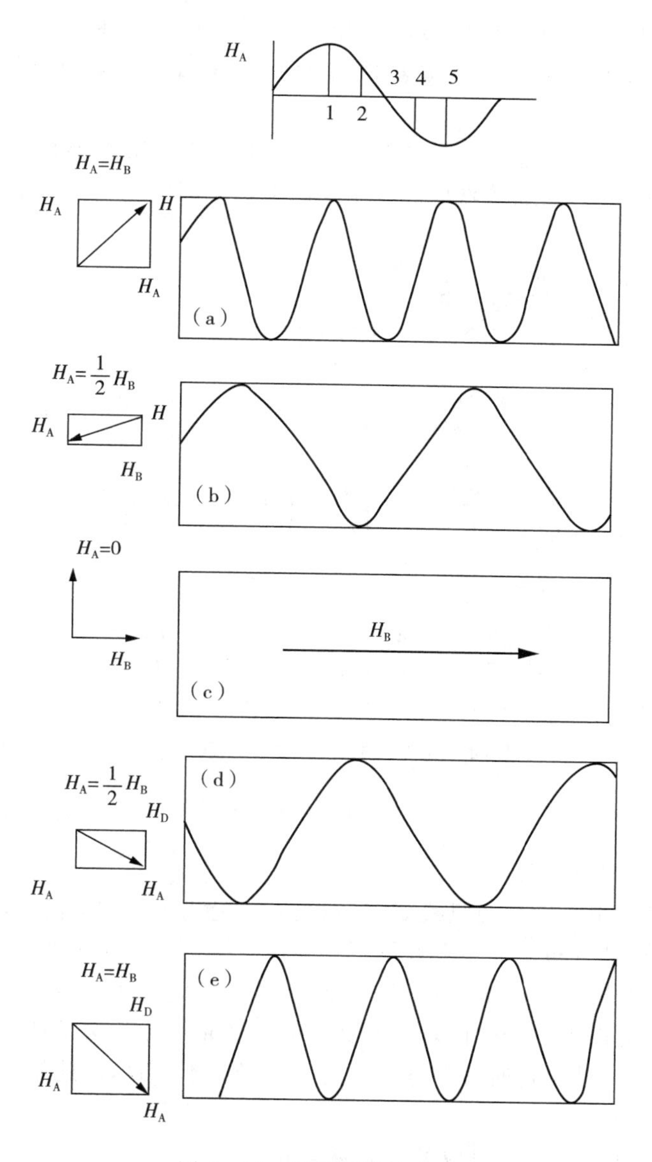

图 4-38　螺旋形旋转磁场

4.5.2　旋转磁场法

旋转磁场是由两个或多个不同方向的变化磁场所产生的，它的磁场变化轨迹是一个椭圆。旋转磁场磁化方法有多种，其中应用最多的是交叉磁轭磁化和交叉线圈磁化两种。交叉磁轭多用于对平面工件进行多向磁化，如对平板的对接焊缝进行检查；交叉线圈则多用于对小型工件整体磁化，如对一些机加工零件进行检查等。

(1)交叉磁轭旋转磁场

交叉磁轭是由两个参数相同的单磁轭构成的。两个单磁轭的交叉角度一般取 90°，并且分别用一定相位差(例如 $2\pi/3$)幅值相等的两相正弦交变激磁电流,于是在四个磁极所在的被探工件表面将产生随时间而不断变化的椭圆形旋转磁场。图 4-39 表示了四个磁极所在平面几何中心点 0 处旋转磁场的形成原理。其中图 4-39(a)为两相磁场变化曲线,图 4-39(b)为不同瞬时合成磁场的方向和大小,图 4-39(c)为合成磁场的终端轨迹。

交叉磁轭旋转磁场的强度大小取决于两个不同相位电流的大小和相位差。若两个电流大小一样,相位差 $\pi/2$ 时,其旋转磁场是一个平面上的正圆。

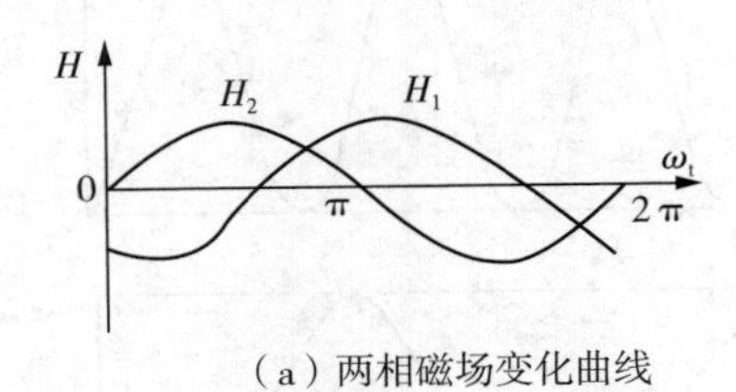

(a) 两相磁场变化曲线

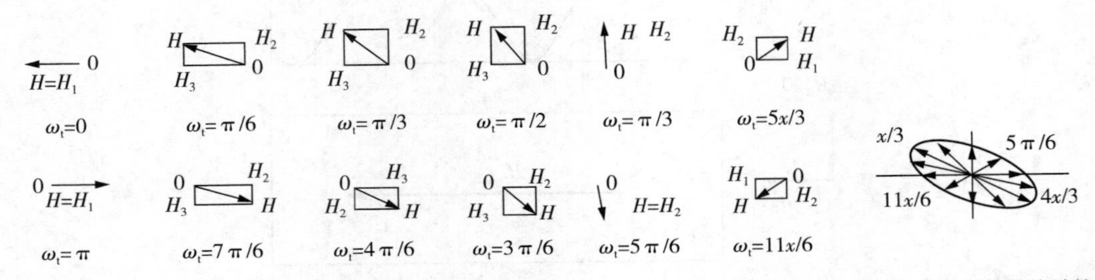

(b) 不同瞬时合成磁场的方向和大小　　(c) 合成磁场的终端轨迹

图 4-39　旋转磁场形成原理

*(2)交叉线圈旋转磁场

用一组相交成一定角度的两只线圈,分别通入一定相位差的交流电流,由于各线圈磁场的变化,合成磁场将是空间上某一个方位上的旋转磁场。工件在线圈中通过时,就受到旋转磁场的磁化。若将线圈按不同的方位(如 X、Y、Z 轴向)交叉组合并相应通以合适的电流,就形成了空间任一方向上的旋转磁场。交叉线圈旋转磁场能一次发现工件上各个方向的材料不连续性,但由于工件磁化时各个方向上的退磁场并不一致,因此旋转磁场所产生的椭圆轨迹的长短轴也不相同。

图 4-40 是一组交叉线圈组成的旋转磁场的示意图。

通入线圈的磁化电流的大小和相位差以及交叉线圈的交叉角度决定了旋转磁场的形状。若交叉角为 $\pi/3$,而相位角为 $2\pi/3$ 时,多向磁场为一椭圆。

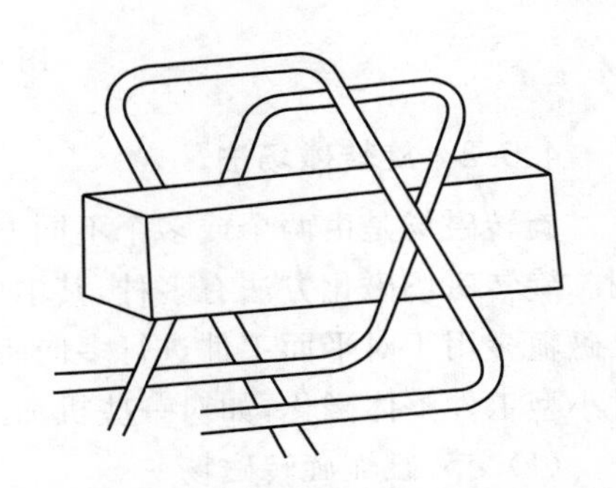

图 4-40　两线圈交叉的旋转磁场装置

*4.5.3　平行磁化方法

(1)电缆平行磁化法

电缆平行磁化是通过与工件受检表面平行放着的电缆实现的,如图 4-41 所示,可以发现与电缆平行分布的缺陷，此法结合使用脉冲磁化时检测最为有效。

采用此法时，要求被检表面紧贴于单方向流通电流的电缆上，返回电流的电缆应尽可能远离受检表面，其距离应大于10倍受检区域的宽度。需要进行全面检查时，电缆应在工件上移动，以保证各个区域都获得足够的灵敏度。电缆应绝缘并防止与工件接触。

(2)平板平行磁化法

有些工件形状夹持不方便，或为了避免烧伤，在不得已的情况下可将其排列在铜板(或其他导电材料)上进行磁化，如图4-42所示。为了保证足够的磁场强度，需将工件紧贴在铜板上，工件不能太厚；铜板的背面嵌一块厚的软铁，可以强化受检区域的磁场。

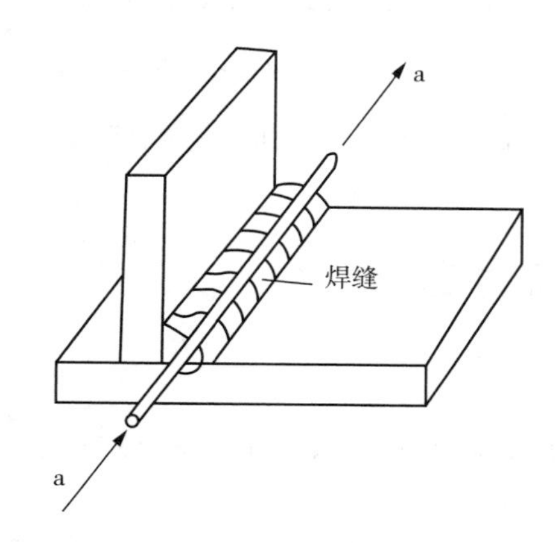

图4-41　电缆平行磁化法

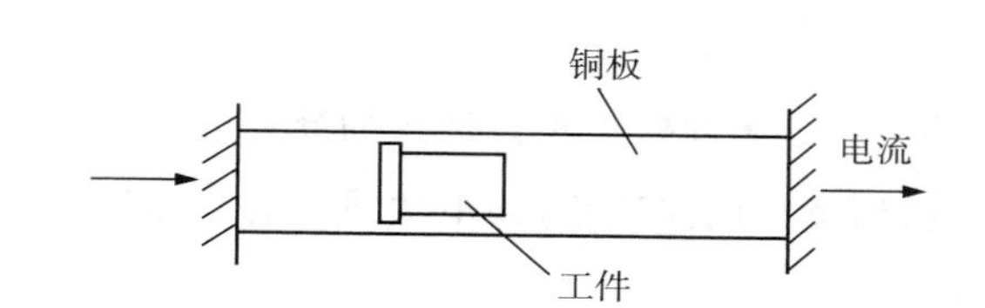

图4-42　平板平行磁化法

*4.5.4　其他组合磁化法

产生多向磁场的方法很多，下面是常用的两种方法。

(1)感应多向磁化

感应电流法配合一个辅助的有相移的交流励磁电流，可以显示所有表面上各个方向的裂纹。这是感应电流法的复合磁化形式。

如图4-43所示的是一种多向旋转磁场，它对环形工件磁化可一次性发现各个方向的缺陷。该法采用交流磁场在环形工件中感应出周向电流，同时对磁轭通以交流电，使工件产生周向磁场。在交流电相位差$\pi/2$时，沿环截面的周向磁化和环圆周方向磁场叠加形成工件上的旋转磁场，使环形工件得到各个方向上的磁化。

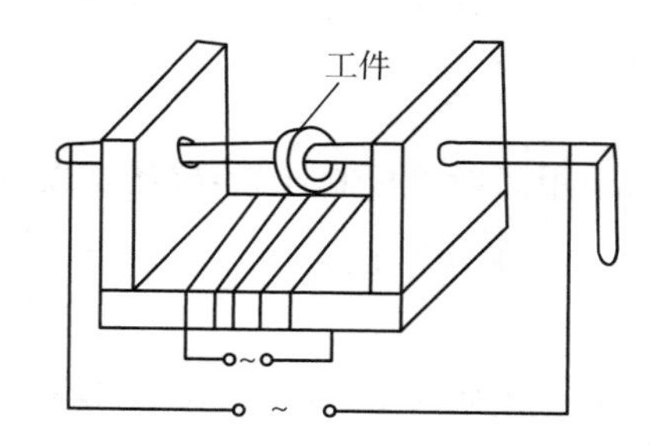

图4-43　感应电流多向磁化

(2)有相移的整流多向磁化

还有许多方法可以产生多向磁场，如有相移的整流电多向磁化。在工件的两个互相垂直的方向上同时通以不同相位的单相半波整流电(如图4-44所示)；或者在采用三相电源时，其中两相在工件的两个互相垂直的方向上通过，另一相通入绕在工件上的线圈中(如图4-45所示)，均可使工件得到复合交替磁化。

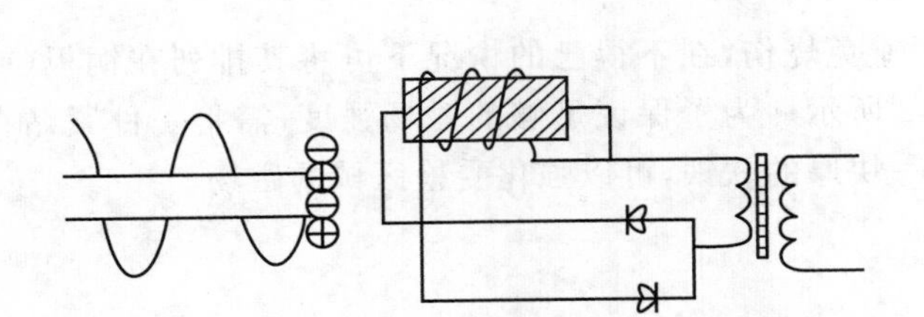

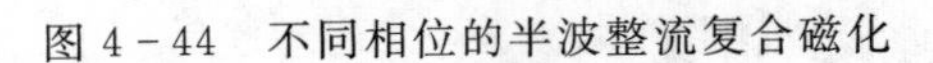

图 4-44　不同相位的半波整流复合磁化

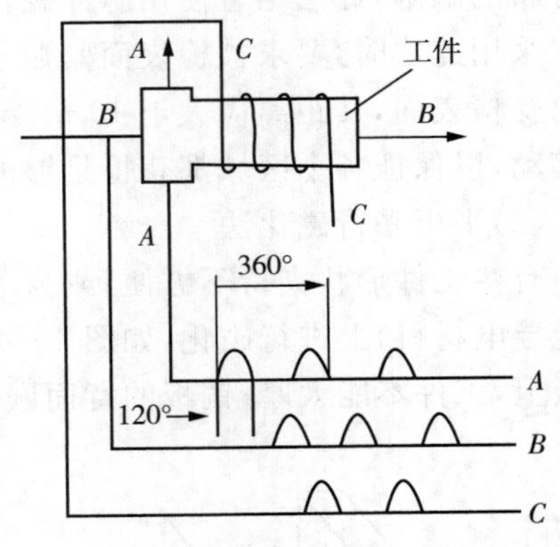

图 4-45　三相半波整流复合磁化

4.6　周向磁化规范的选择

4.6.1　周向磁化规范选择的计算公式

圆形工件周向磁化(通电法或中心导体法)时，工件表面上的磁感应强度用下式表示：

$$B=\frac{\mu I}{2\pi R} \tag{4-15}$$

此时，使工件磁化的外加磁化电流为

$$I=\pi DH \tag{4-16}$$

式中：I——通过工件的电流强度(A)；D——被磁化工件的直径(m)；H——外磁场强度(A/m)。在实际计算中，D 往往采用 mm 为单位计算，式(4-16)可写为

$$I=\pi DH\times 10^{-3} \tag{4-17}$$

如果采用高斯单位制计算，磁场强度采用 Oe，直径采用 mm 时，磁化电流公式可写为

$$I=\frac{DH}{4} \tag{4-18}$$

若将 Oe 化为 A/m，由于 1 Oe 约等于 80A/m，磁化电流公式可写为

$$I=\frac{DH}{320} \tag{4-19}$$

式中：I——通过工件的电流强度(A)；D——被磁化工件的直径(mm)；H——外磁场强度(A/m)。

【例 4-1】　一圆形工件直径为 100 mm，周向磁化要求表面磁场强度为 4800 A/m，求磁化电流。

解：①100 mm＝0.1 m，$I=\pi DH=3.14\times 0.1\times 4800=1500$(A)。

② $I=\frac{DH}{320}=100\times 4800/320=1500$(A)。

如果工件不是圆形而是其他形状时，计算磁化电流所选用的直径应为工件的当量直径。所谓当量直径，是将非圆柱工件的周长折算为相当直径圆柱周长的一种方法。当量直径 D_L 的计算方法为当工件周长为 L 时其与圆周率 π 的比值，即

$$D_L = \frac{L}{\pi} \tag{4-20}$$

如正方形边长为 a，其周长为 $4a$，它的当量直径就为 $D_L = 4a/\pi$。

在实际计算中，也可以直接使用工件周长进行计算，即

$$I = LH \tag{4-21}$$

式中，L 是工件各边长度之和，单位是 m。若化成 mm，则同样要在结果上除以 1000。

【例 4-2】 有一长方形工件，规格为 40 mm×50 mm，要求表面磁场强度为 2400 A/m，求所需的磁化电流。

解：工件周长 $L=(40+50)\times 2=180(\text{mm})=0.18(\text{mm})$，$I=LH=0.18\times 2400=432(\text{A})$。

* 对于非圆工件磁化时应注意，由于圆周不对称，工件面上的磁场并不均匀，变形越大的更是如此。为了保证磁化效果，应对边缘及凸起部分进行灵敏度检查并采用高一级的磁化规范。

在实际检测中，当磁场强度确定后，常常简化上述计算式，即采用工件直径 D 乘以一个系数作为磁化电流值。如常用中低碳钢磁化时的磁场强度一般选择在 2400～4800 A/m，换成电流计算式并进行整数化处理则为

$$I=(7.54\sim 15.07)D\approx(8\sim 15)D \tag{4-22}$$

式中：D——工件直径(mm)。

对于环形工件电缆缠绕法磁化，计算类似式(4-16)，不过此时的电流应采用安匝数计算，即

$$IN=\pi DH \tag{4-23}$$

式中：D——环形工件直径(m)；H——工件表面磁场强度(A/m)；N——电缆穿过工件空腔所缠绕的圈数。

以上电流选取一般采用直流电流进行计算。在采用交流作为磁化电流时，影响磁场实际大小的是交流电的峰值(最大值)。但在实际探伤中，由于工件在交流磁场的磁滞及涡流损耗等的影响，对工件磁化起作用的不全是峰值电流，故很多标准明确规定交流电流采用有效值代替峰值进行计算。这样磁化电流值实际增大了 0.4 倍，但并不影响检查效果。这在选取磁化规范时是应该注意的。

4.6.2　周向磁化规范选取方法

(1)经验数据法

这种方法又叫经验公式法，它是将钢铁材料作为同一个类别，分别选定其标准、严格和放宽磁化规范，亦即将工件磁化时所需要的磁场强度数据按照经验进行确定，即在 2400～

4800A/m 之间。这种方法最大的特点是简便，对于常用的低中碳钢及低中合金钢基本上是适用的。表 4-3 列出了国家标准推荐的常用钢周向磁化时的经验数据。

表 4-3　常用钢周向磁化经验数据

规范名称	检验方法	工件表面切向磁场强度		工件充磁电流计算公式①		
		A/m	Oe	AC	HW	FWDC
标准规范	剩磁法	8000	100	$I=25D$	$I=16D$	$I=32D$
	连续法	2400	32	$I=8D$	$I=6D$	$I=12D$
严格规范	剩磁法	14400	180	$I=45D$	$I=30D$	$I=60D$
	连续法	4800	60	$I=15D$	$I=12D$	$I=24D$

注：① I 为电流值(A)；D 为工件直径(mm)；AC 为交流电；HW 为半波整流电；FWDC 为三相全波整流电。

使用时应特别注意，经验数据法虽然是生产实践与研究的总结，但钢铁材料之间磁性差异很大，特别是高强度钢及一些新钢种，经验数据就不一定适合。即使是同一个钢种，由于热处理方式的不同，磁性差异也很大。因此在使用经验数据时，一定要注意工件材料磁性状态的适应范围和工件的使用要求，否则将会出现大的疏漏。

对于非圆柱形工件可采用当量直径进行计算。

(2)分类磁化数据法

这种方法是将钢铁材料磁特性进行分类选择的一种数据方法。它弥补了经验数据的不足，是一种值得推广的方法。表 4-4 列出了常规材料的分类磁化规范。

表 4-4　钢材分类磁化规范推荐表

检验方法	电流值计算公式		用　途
	FWDC	AC	
连续法	$I=12D\sim20D$	$I=8D\sim15D$	用于标准规范，检测较高磁导率材料制件的开口缺陷。
	$I=20D\sim32D$	$I=15D\sim22D$	用于标准规范，检测较高磁导率材料制件的夹杂物等非开口性缺陷； 用于标准规范，检测较高磁导率材料(如沉淀硬化钢类)制件的开口性缺陷。
	$I=32D\sim40D$	$I=22D\sim28D$	用于标准规范，检测较低磁导率材料(如沉淀硬化钢类)制件的夹杂物等非开口性缺陷。
剩磁法	$I=30D\sim45D$	$I=20D\sim32D$	检测热处理后矫顽力 $H_C\geqslant1$ kA/m、剩磁 $B_r\geqslant0.8$ T 的制件。

① 计算公式的范围选择应根据制件材料的磁特性和检测灵敏度要求具体确定。

② 公式中 I 为电流值，单位为 A；D 为制件直径，单位为 mm；对于非圆柱形制件则采用当量直径，当量直径 D=周长/π

(3)查磁特性曲线法

这是一种查图表的方法。它根据钢材的组织、成分、热处理、工艺等的综合因素制成了钢材的磁特性曲线图，再根据探伤要求在曲线上进行磁化场强的选择。其内容将在后面有关章节进行详细介绍。

（4）其他磁化规范选择方法

除以上三种方法外，还有一些磁化规范选择方法，主要有标准试片（试块）显示法、仪器测量工件表面磁场强度及工件磁化背景比较法等。这些方法不仅用于周向磁化规范选择，同时也用于纵向磁化规范选择。

标准试片（试块）常用于较复杂工件磁化规范的近似确定，但更经常用于探伤综合性能的检查。试片多用软磁材料制作。当放在工件上的试片在磁场中磁化时，试片上的人工缺陷将显示出缺陷处的泄漏磁场是否达到检测灵敏度的要求；但这并不表明工件上已达到所需要的检测灵敏度，更不能保证发现工件上的缺陷与试片上的人工缺陷相当。其原因是工件材料未必与试片材料一致。因此试片法也只是一种选择参考。

试片（试块）法用于连续法磁化的检查，以周向磁化应用最多。

与试片法相同的是用仪器（如特斯拉计）测量工件磁化时的表面切向磁场强度。这种方法多用于形状复杂难于计算的场合，较用经验公式计算更为可靠。

磁化背景比较法是将工件磁化后根据工件上磁粉附着的背景迹象来确定磁化规范的一种方法。当工件磁化到合适的磁感应强度时，在工件上将出现背景效应（磁粉呈苔藓样现象），这种方法要求有经验者进行鉴别，否则过度磁化将降低探伤灵敏度，影响缺陷的清晰显示。

以上确定磁化规范的方法不仅适合于周向磁化，同样也适合于纵向磁化。不过纵向磁化影响因素较多，不能简单地套用。

4.6.3　局部周向磁化的磁化规范

局部周向磁化主要包括触头通电磁化、偏置中心导体通电磁化、平行磁化以及感应电流磁化等，它们所产生的磁场是畸变的周向磁场，方法多用连续法检查。

（1）触头通电磁化法

在触头法中，由外电源（如低压变压器）供给的电流在手持电极（触头）与工件表面建立起来的接触区通过，或者是用手动夹钳或磁吸器与工件表面接触通电。在使用触头法时，磁场强度与所使用的电流安培数成比例，但随着工件的厚度改变而变化。

触头间距一般取 75～200 mm 为宜，但最短不得小于 50 mm，最长不得大于 300 mm。因为触头间距过小，电极附近磁化电流密度过大，易产生非相关显示；间距过大，磁化电流流过的区域就变宽，使磁场减弱，所以磁化电流必须随着间距的增大相应地增加，两次磁化触头间距应重叠 25 mm。

实验证明，当触头间距 L 为 200 mm，若通以 800 A 的交流电时，用触头法磁化在钢板上产生的有效磁化范围宽度约$\left(\frac{3L}{8}+\frac{3L}{8}\right)$，为了保证检测效果，标准中一般将有效磁化范围控制在$\left(\frac{L}{4}+\frac{L}{4}\right)$范围内。若触头采用两次垂直方向的磁化，则磁化的有效范围是在以两次触头连线为对角线的正方形范围内。在两触头的连线上，电流最大，产生的磁场强度最大，随着远离中心连线，电流和磁场强度都越来越小，如图 4-46 所示。

应按照不同的技术要求推荐的磁化电流值进行磁化。表 4-5 是标准推荐的触头法周向磁化规范，在其他地方也可参考使用。

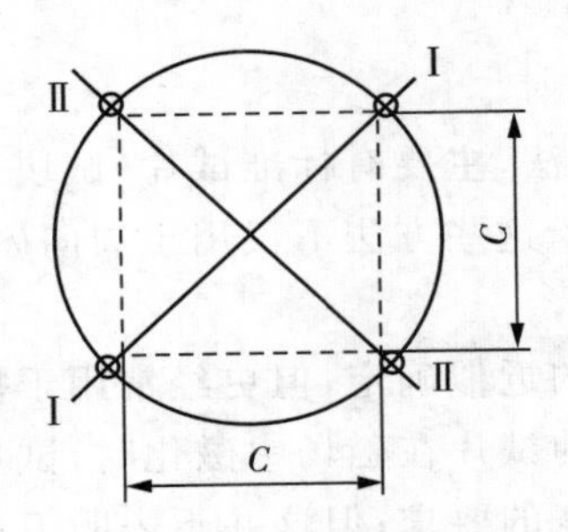

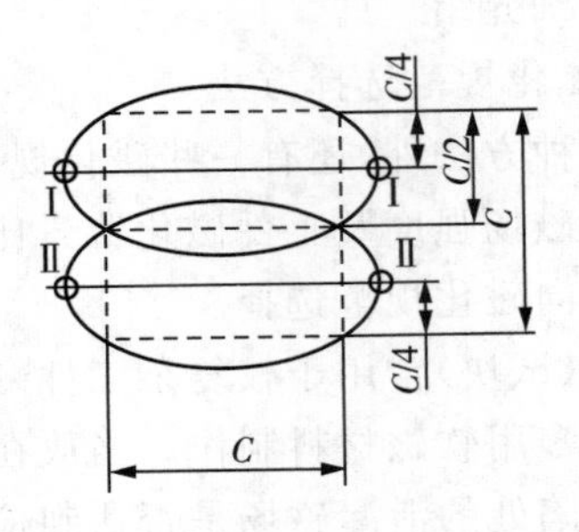

图 4-46　触头法的有效磁化范围

表 4-5　触头法周向磁化规范

板厚 δ/mm	磁化电流计算式①		
	AC	HW	FWDC
$T<19$	$I=3.5L\sim4.5L$	$I=1.8L\sim2.3L$	$I=3.5L\sim4.5L$
$T\geqslant19$	$I=3.5L\sim4.5L$	$I=2.0L\sim2.3L$	$I=4.0L\sim4.5L$

注：① I＝电流(A)，L＝触头间距离(mm)。

【例 4-3】　用触头法交流磁化工件，工件厚度 12mm，触头极间距为 150mm，求磁化电流。

解：$I=(3.5\sim4.5)\times150=525\sim675$(A)。

当触头间距过小时($L\leqslant50$mm)，电极周围的磁粉带将影响探伤灵敏度。

(2)偏置中心导体通电磁化法

在中心导体法中由于工件直径过大，芯棒置于工件中心但设备达不到所需的磁化电流数值时，常将芯棒置于工件内壁紧靠工件进行分段磁化。磁化电流与导电芯棒的直径大小以及工件的厚度有关，标准中规定的计算方法是按表 4-3 给出的磁化规范进行计算，但表中的工件直径 D 应为芯棒直径加两倍工件壁厚。沿工件周长的有效磁化长度为芯棒直径的 4 倍左右。绕芯棒转动工件检测其全部周长，每次检查应有大约 10%的磁场重叠区。

*(3)平行磁化法

平行磁化法要求导体绝缘并紧贴工件。若采用单电缆进行直长平行磁化时，建议采用下面计算公式：

$$I=30d \tag{4-24}$$

式中：I——电流强度(A)；d——检验区域宽度(mm)。

*(4)感应电流磁化法

计算感应电流实际是计算变压器两端的电流。变压器二次电流 I_2 是一个绕工件圆周方向的电流，产生磁场是工件截面的周向磁场。其磁化电流值为

$$I_2=LH \tag{4-25}$$

式中：I_2——二次电流强度(A)；L——工件截面周长(m)；H——磁场强度(A/m)。

再根据变压器原理可得到一次(侧)磁化电流 I_1 为

$$I_1=I_2/N_1 \tag{4-26}$$

式中：N_1——一次线圈匝数。

在感应磁化中，应注意选择变压器磁轭或磁化棒的大小，才能保证工件中建立适合的交变磁通。磁轭大小的选择可参阅有关电工书籍的论述。也可以用以下经验公式对磁轭的直径(或对角线长度)进行确定：

$$d_{轭}=\sqrt{D_{外}\ H/5} \tag{4-27}$$

式中：$d_{轭}$——磁轭或磁化棒的直径或对角线长度(cm)；$D_{外}$——环形工件的外径(cm)；H——磁场强度(A/m)。

4.7　纵向磁化规范的选择

4.7.1　纵向磁化规范的选择依据

纵向磁化是由线圈(开路或闭合)产生的磁场来完成的。纵向磁化时线圈中心磁场强度 H 为

$$H=\frac{NI}{L}\cos\beta=\frac{NI}{\sqrt{D^2+L^2}} \tag{4-28}$$

式中：N——线圈的匝数；L——线圈的长度(m)；D——线圈的直径(m)；β——线圈对角线与轴线的夹角；I——线圈中的磁化电流(A)。

式(4-28)是纵向磁场磁化的理论计算式。式中，若令

$$K=\frac{N}{L}\cos\beta=\frac{NI}{\sqrt{D^2+L^2}} \tag{4-29}$$

则有

$$H=KI \tag{4-30}$$

式中，K 为线圈的参量常数。一个成形线圈，它的参量常数是确定的。

在用线圈实际纵向磁化检测时，所使用的线圈多是短螺管线圈，线圈中的磁场很不均匀，工件在其中受到的也是不均匀磁化，以靠近线圈中心部位为最强，越往外磁场越发散。同时，由于在线圈中磁化的工件具有端面，将形成磁极，产生退磁场。退磁场会减弱线圈磁场的数值。因而检测时工件的有效磁场 H 将低于用式(4-28)所计算的线圈磁场值。因此在实际检测中，一般不用式(4-28)进行计算，其磁场值只是作为选择磁化规范的参考。

采用线圈作纵向磁化时应注意：

① 工件的长径比 L/D(影响退磁因子的主要因素)越小，退磁场越大，所需要的磁化电流就越大。当 $L/D<2$ 时，应采用工件串联的方法磁化以减少退磁场的影响。

② 在同一线圈中，工件的截面越大，工件对线圈的填充系数 $\eta=S_{工件}/S_{线圈}$ 也越大，工件欲达到同样磁场强度时，所需要的磁化电流也越大。这是由于工件对激磁线圈的反射阻抗和工件表面反磁场增大影响的缘故。一般在 $\eta<0.1$ 时，这种影响可以忽略不计。

4.7.2　线圈纵向磁化电流的计算

由于工件长径比和线圈直径的影响，线圈中工件开路磁化时磁场选择不再是单一的因素，因而在不同的技术标准中，提出了线圈纵向磁化规范。这些规范考虑了工件磁化时的有效磁场，大多是实际经验的总结。

在线圈磁化时，能够获得满足磁粉检测磁场强度要求的区域称为有效磁化区。由于工件在线圈中的填充情况和放置位置是不可忽略的因素，通常将填充情况分为低、中、高三种，在低填充中又按放置位置分为偏置放置和中心放置两种情况。

(1)低填充系数线圈纵向磁化规范

低填充系数是指 $\eta=S_{工件}/S_{线圈}<0.1$ 的情况。在检测标准中，提出了如下低填充系数线圈纵向磁化规范。

① 当工件贴紧线圈内壁放置进行连续法检验时

$$NI=\frac{K}{L/D}(\pm 10\%) \tag{4-31}$$

式中：使用三相全波整流电时，$K=45000$；使用单相半波整流电时，$K=22000$；使用交流电时，$K=32000$；I——线圈磁化电流(A)；N——线圈匝数；L——工件长度(mm)；D——工件直径(mm)。

式(4-31)是线圈纵向磁化时使用得最多的一个公式，国内及国际上许多标准都推荐使用它。

使用式(4-31)时应注意，当 $L/D\leqslant$时，应适当调整电流值或改变 L/D 值(工件联连或加接长棒磁化)。当$L/D\geqslant 15$ 时，按 $L/D=15$ 进行计算。在低填充和中填充系数情况下，工件的有效磁化区为线圈半径，如图 4-47 所示。在磁化长工件时，超过有效磁化长度的工件要分段进行磁化，并分段进行检查。

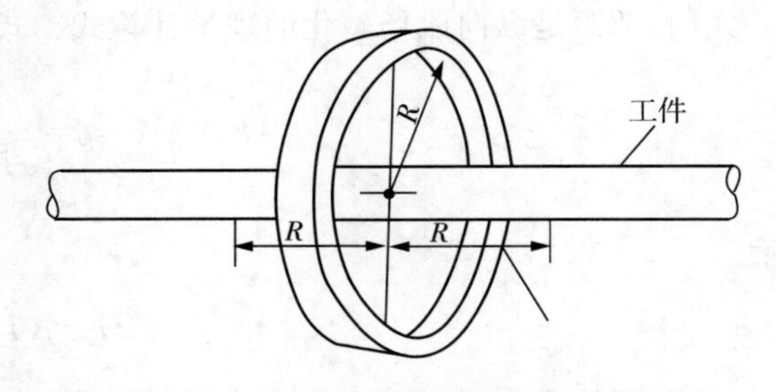

图 4-47　低填充和中填充系数线圈有效磁化区

【例 4-4】某工件 L/D 值为 10，在线圈为 5 匝的低填充线圈中进行偏置放置直流磁化，求磁化电流。

解：$I=45000/(N\cdot L/D)=45000\div(5\times 10)=900$(A)。

② 当工件置于线圈中心进行连续法磁化检验时

$$NI=\frac{1690R}{6\dfrac{L}{D}-5}(\pm 10\%) \tag{4-32}$$

式中：R——磁化线圈半径(mm)；1690——经验常数。

式(4-32)适用于三相全波整流电，使用其他电流时应换算。

(2)高填充系数线圈或电缆缠绕纵向磁化的磁化规范

标准中规定，当线圈的横截面积小于 2 倍时，受检零件横截面积按高填充计算。在进行

连续法检查时，则线圈匝数 N 与线圈中流过的电流 I 的乘积为

$$NI=\frac{35000}{\frac{L}{D}+2} \tag{4-33}$$

式中：I——线圈磁化电流(A)；N——线圈匝数；L——工件长度(mm)；D——工件直径(mm)。

在这种情况下，工件的外径应基本或完全与固定线圈的内径或缠绕线圈的内径相等，工件的长径比 $L/D \geqslant 3$。在高填充情况下，工件的有效磁化区为在线圈两侧分别延伸 200mm，如图 4－48 所示。

式(4－33)适用于三相全波整流电，使用其他电流时应换算。

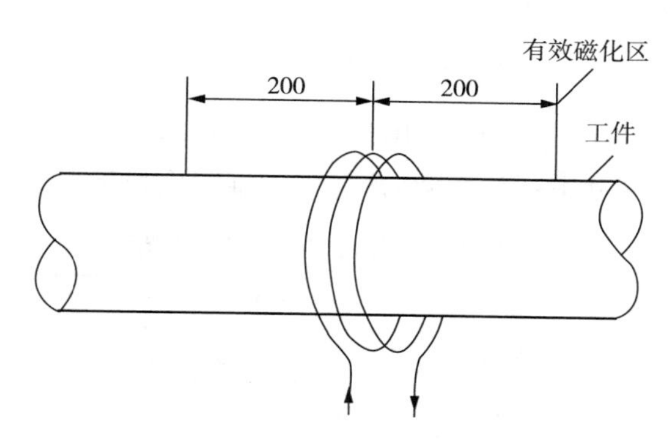

图 4－48　高填充系数线圈有效磁化区

【例 4－5】磁化某高填充系数工件，其 $L/D=5$，线圈匝数为 1000，采用三相全波整流电磁化，求磁化电流。

解：$I=35000\div\left[N\left(\frac{L}{D}+2\right)\right]=35000/[1000\times(5+2)]=5(\mathrm{A})$。

*(3)中填充系数线圈纵向磁化的磁化规范

中填充系数线圈是指工件填充系数介于高、低填充系数之间的线圈，即线圈横截面积与被检工件横截面积之比大于或等于 2 而小于 10。其磁化规范计算式为

$$NI=(NI)_{\mathrm{h}}\frac{10-\tau}{8}+(NI)_{\mathrm{L}}\frac{\tau-2}{8} \tag{4-34}$$

式中：$(NI)_{\mathrm{h}}$——按式(4－33)计算出来的 NI 值；$(NI)_{\mathrm{L}}$——按式(4－31)或式(4－32)计算出来的 NI 值；τ——线圈横截面积与工件横截面积的比值。

【例 4－6】　在填充系数为 4 的线圈中直流磁化某 L/D 为 10 的工件，已知线圈为 5 匝，求磁化电流。

解：填充系数为 4，即 $\tau=4$，属中填充系数线圈磁化，所以

$$NI=(NI)_{\mathrm{h}}\frac{10-\tau}{8}+(NI)_{\mathrm{L}}\frac{\tau-2}{8}=0.75(NI)_{\mathrm{h}}+0.25(NI)_{\mathrm{L}}。$$

式中：$(NI)_{\mathrm{L}}=\frac{45000}{\frac{L}{D}}=\frac{45000}{10}=4500$，$(NI)_{\mathrm{h}}=\frac{35000}{\frac{L}{D}+2}=\frac{35000}{12}=2920$。

因此 $NI=0.75\times2920+0.25\times4500=3315$。

因为 $N=5$，所以 $I=3315\div5=663(\mathrm{A})$。

对以上工件探伤时，若工件为空心或圆筒形，则应采用有效直径的方法计算 L/D 值。具体方法在标准中规定，当计算空心或圆筒形零件的 L/D 值时，D 应由有效直径 D_{eff} 代替，D_{eff} 的计算如下：

$$D_{eff}=2\sqrt{\frac{A_t-A_h}{\pi}} \tag{4-35}$$

式中：A_t——零件总的横截面积（mm^2）；A_h——零件空心部分横截面积（mm^2）。

对于圆筒形零件，上式等同于下式：

$$D_{eff}=\sqrt{(OD)^2-(ID)^2} \tag{4-36}$$

式中：OD——圆筒外直径（mm）；ID——圆筒内直径（mm）。

采用线圈磁化时，若采用剩磁法磁化，磁场强度推荐值列于表 4-6 中。

表 4-6　纵向磁化（剩磁法）规范

L/D	线圈中心磁场强度		
	A/m	A/cm	Oe
$L/D>10$	12000	280	150
$5<L/D<10$	20000	200	250
$2<L/D<5$	2800	280	450

4.7.3　磁轭磁化

磁轭磁化与线圈开路磁化不同，它是在磁路闭合情况下进行的。它不仅与线圈安匝数有关，而且与磁路中的磁通势分配关系有关。由于各种磁化设备设计的不同，线圈参数常量及磁轭各段压降分配也不一致，要确定一个明显的关系式也比较困难。不同结构的探伤机的灵敏度是不同的，应根据结构特点区别对待。

（1）固定式磁轭极间法探伤

对固定式磁轭极间法探伤，应注意的是：

① 工件截面与磁极端面之比应小于或等于 1，这样才能保证工件上得到足够的磁通势，获得较大的磁化场。

② 工件长度一般应小于或等于 500 mm，大于 500 mm 时应考虑加大磁化安匝数或在工件中部增加线圈磁化。当工件长度大于 1000 mm 时最好不采用极间法磁轭磁化或采取在其中间部位增加移动线圈磁化。

③ 工件与磁轭间的空气隙及非磁性垫片（铜、铅等）将影响磁化场的大小。

对于磁轭极间法的规范，通常采用试片（试块）法或背景显示法。在确知探伤机各种参数时，也可以采用公式近似计算。

* 在已知磁路主要参数时，可以用已知磁通求磁势的方法近似进行计算磁化电流。由于工件材料和尺寸大小都已知道，工件磁化时能获得的必要的磁通可以大致确定。为保证

此磁通就必须对整个磁路进行按照材料和截面的不同进行分段，并按照磁路定理和有关定律计算出所需的磁势及磁化电流。计算可以采用电工原理上的无分支磁路计算方法进行。在计算结果确定后，应在实际使用时进行验证和修改。

(2)便携式磁轭探伤

便携式磁轭实际就是一个电磁铁。它的磁场大小由其电磁吸力所确定。采用便携式磁轭进行探伤时，通常用测定电磁轭提升力来控制其探伤灵敏度。标准规定，永久磁铁和直流电磁轭在磁极间距为 75～150 mm 时，提升力至少应为 177 N(18 kgf)；交流电磁轭在磁极间距小于或等于 300 mm 时其提升力应不小于 44 N(4.5 kgf)。

* 电磁吸力一般用下列麦克斯韦吸力公式进行表示：

$$F=\frac{1}{2}\frac{\Phi^2}{\mu_0 S} \tag{4-37}$$

式中：F——电磁吸力(N)；Φ——磁轭上的磁通(Wb)；S——磁轭的截面积(m^2)；μ_0——真空中的磁导率。

可见电磁吸力主要与磁路中的磁通和电磁轭的截面积有关。对于交流磁轭，在磁通 Φ、磁感应强度 B 都采用有效值的情况下，上式依然成立。不过此时计算的电磁吸力为平均值。

可以根据电磁吸力的大小来求电磁铁所需的安匝数或由已知的安匝数计算电磁的吸力。具体可参阅有关电工书籍。

为了检查磁铁的磁场强度以及与表面接触合适与否，可用测量拖开力进行验证。拖开力是施加在磁铁一个磁极上破坏其与检验表面的吸附状态而让另一磁极仍保持吸附状态的力。直流磁轭拖开力至少为 88 N(9 kgf)，交流磁轭拖开力则应不小于 22 N(2.25 kgf)。

*4.8　利用磁特性曲线选取磁化规范

测出各种磁性材料的磁特性曲线及参数[B、B_r、H_c、μ、($B.H$)等]，根据这些参数与外加磁化磁场强度 H 的关系来选择磁化规范，是一种理想的方法。它的优点是对各种磁性材料都能合理地选择磁化规范，满足探伤灵敏度的要求，有利于防止漏检和误检的现象发生。不足之处是必须做出各种材料的磁特性曲线，确定其参数，才能制定磁化规范。

4.8.1　磁化工作点选取的基本原则

在磁粉检测中，工件磁化场的工作点应根据工件上的磁通量或磁感应强度 B 值进行选择。不同类型缺陷显现时所需要的 B 值是不相同的。一般说来，表面上较大的缺陷(如淬火裂纹)所需要的 B 值较低，而较小缺陷(如发纹)或埋藏较深的缺陷需要的 B 值较高。为了保证有足够的 B 值在工件上产生漏磁场，磁化场 H_p 应大于一定的数值。对于不同的材料来说，即有 $H_p>H_{\mu m}$。$H_{\mu m}$是材料最大磁导率时所对应的磁场强度值，在该磁场下的磁感应强度 B 值点是过原点作磁化曲线切线的切点。该点是材料磁化最剧烈处。该点以下的磁化曲线部分，反映为材料磁化尚不充分，不能作为选择磁化规范的依据。该点以上的部分，即从 $H_{\mu m}$起，反映在材料磁导率从最大值开始下降，磁化剧烈程度有所减缓，磁感应曲线从急剧上升逐渐变得趋于平缓，形成了所谓“膝点”。若在该点附近选取材料的磁化场强度，一般能得到满意的效果。

从磁化场强度的选取中，应注意连续法和剩磁法的不同。连续法探伤可用于任何磁性材料，而剩磁法只能适用于保磁性能较强的材料及其制品的检测。由于材料的保磁性能主要与材料的剩余磁感应强度 B_r、矫顽力 H_c 及最大磁能积 $(HB)_m$ 的大小有关，因此能否实行剩磁探伤应根据上述参数综合考虑。一般在 $B_r>0.8$ T，$H_c>1000$ A/m时，或者 $(HB)_m>0.4$ kJ/m^3 时均可进行剩磁检测。

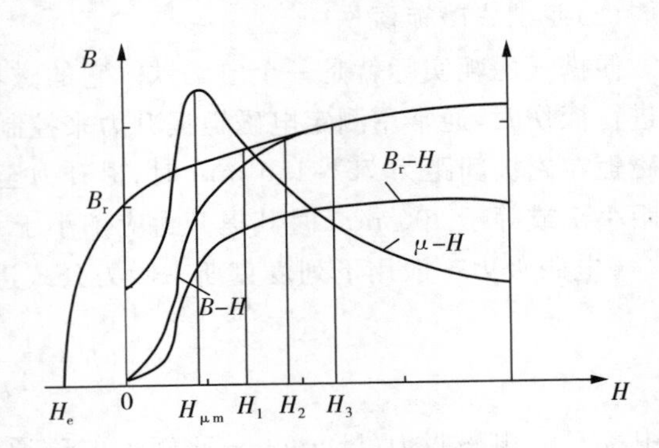

图 4－49　周向磁化规范的制定

4.8.2　周向磁化规范的制定

图 4－49 及表 4－7 从不同方面分别介绍了周向磁化规范制定的基本原则。下面分别予以说明。

表 4－7　周向磁化规范制定范围选择

规范名称	检测方法		应用范围
	连续法	剩磁法	
严格规范	$H_2\sim H_3$（基本饱和区）	H_3 以后（饱和区）	适用于特殊要求或进一步鉴定缺陷性质的工作
标准规范	$H_1\sim H_2$（近饱和区）	H_3 以后（饱和区）	适用于较严格的要求
放宽规范	$H_{\mu m}\sim H_1$（激烈磁化区）	$H_2\sim H_3$（基本饱和区）	适用于一般的要求（发现较大的缺陷）

（1）连续法

连续法周向磁场的选择一般选择在 $H_{\mu m}\sim H_3$ 之间为宜，如图 4－49 所示。具体选择方法如下：

① 标准磁化规范磁化场选取在 $H_1\sim H_2$ 之间，此时磁感应强度近饱和，约为饱和磁感应强度的 80%～90%。以该范围的磁场去磁化工件时，工件表面的细小缺陷很容易检查出来。

② 放宽磁化规范磁化场选取在 $H_{\mu m}\sim H_1$ 的激烈磁化区域，以该范围的磁场去磁化工件时，工件表面较大的缺陷能形成较强的漏磁场，使缺陷显现。

③ 严格磁化规范磁化场可选取在 $H_2\sim H_3$ 的基本饱和区范围，此时表面及近表面细微缺陷均能清晰显示。

（2）剩磁法

剩磁法检测时的磁化场应选取在远比 $H_{\mu m}$ 大的磁场范围，这样，当去掉磁化场后，工件上的剩磁和矫顽力才能保证有足够大的数值，确保工件具有足够的剩余磁性产生漏磁场，从而将缺陷显现出来。

选择放宽磁化规范，一般在 $H_2\sim H_3$ 的基本饱和磁化区，而标准规范则应选择在 H_3 以后的饱和磁化区，此时 B_r-H 曲线已经进入平坦（饱和）区域，最大磁滞回线已经形成。

4.8.3　周向磁化规范制定举例

为了说明利用磁特性曲线选取磁化规范的方法，现举例说明。

【例 4－7】　有一材料为 30CrMnSiA 的轴，原材料进厂前经 900℃ 正火处理，现车制成 ϕ50mm 的轴坯后进行热处理，热处理工艺是 880℃ 油淬，300℃ 回火，然后磨削加工成 ϕ48mm 的成品轴，若进行周向磁化检查表面细小缺陷，求坯料和成品检测的方法和磁化电流。原材料及成品时磁特性曲线如图 4－50 所示。

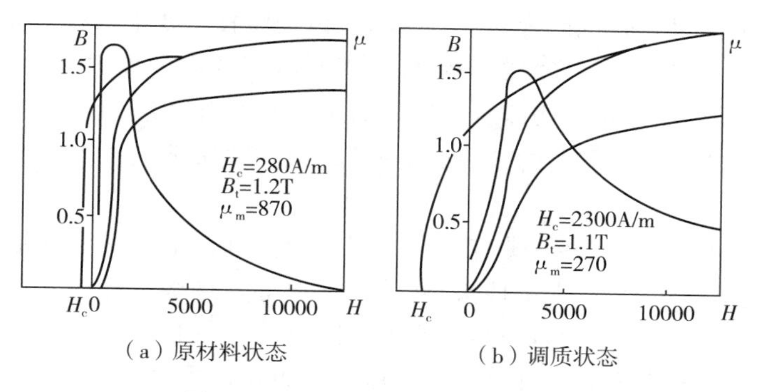

图 4－50　30CrMnSiA 磁特性曲线

解：① 原材料（坯料）检查。

从图 4－50(a)可知，其 B_r＝1.2 T，H_c＝280 A/m，$(HB)_m$＝0.135 kJ/m^3，其保磁性能差，只能采用连续法探伤。因要求检查细小缺陷，采用标准规范磁化。其磁感应强度 B 为 1.4 T，磁场强度 H 约为 2600 A/m。由此可以计算：D＝50 mm＝0.05 m，$I=\pi DH$＝3.14×0.05×2600≈400(A)。

② 成品检查。

从图 4－50(b)中可知，其 B_r＝1.1 T，H_c＝2300 A/m，$(BH)_m$＝1.178 kJ/m^3，其值均较大，因此可以采用剩磁法探伤。剩磁法应在饱和磁感应强度时进行，即 B＝1.7 T 附近，查此处磁场强度 H 为 14000 A/m。由此可以计算：D＝48 mm＝0.048 m，$I=\pi DH$＝3.14×0.048×14000≈2100(A)。

若采用连续法，其磁感应强度 B 约为 1.4 T，此时磁场强度 H 约为 4800 A/m，相应磁化电流应为 $I=\pi DH$＝3.14×0.048×4800≈720(A)。

4.8.4　纵向磁化规范的确定

在线圈纵向磁化中，由于存在着退磁场，工件内的有效磁场不等于磁化场，并且工件中各处的退磁因子不同，因而各处的退磁场也不一样。要用磁特性曲线确定纵向磁化规范，必须首先确定工件表面的有效磁场。而有效磁场又与磁化装置的线圈参量常数及工件退磁因子有关。这些都使得表面磁场计算困难。因此，线圈纵向磁化规范选择上多用经验公式，很少直接用磁特性曲线来确定其磁化规范，多数是用它来定性地对规范进行分析。对于磁轭磁化的纵向磁场，在已知各磁路参数的情况下，可以参照磁路有关公式计算。根据此时确定的工件中的 B 值能确定磁路中的磁通量，但由于磁路的非线性和不均匀性，计算值仅为近似值，使用中还应当进行验证。

*4.9　磁化方法和磁化规范选择应注意的问题

磁粉检测的效果与磁化工作参数的正确选择有相当重要的关系。选择磁化工作参数实质就是在被检测的工件上建立符合要求的工作磁场，而它又是由合适的磁路及足以显示缺陷的磁感应强度所组成。

在磁粉检测中，要正确选择好磁化的工作磁路，即选择好工件探伤面的磁化方法。对于一般形状规则的工件，如圆柱形、管形、条形等，可以按照技术要求选择上面介绍的一种或几种合适的磁化方法。但在一些形状较为特殊或者有特别要求的地方，则要认真分析工件上磁通的走向，看所采用的磁化方法能否在工件的工作面上产生合适方向的磁场。如果不能，则要分析用什么方法能达到需要的效果。下面以叉形工件的磁路分析举例说明工作磁通的建立。

叉形工件是指外形上不一致，带有一个或多个分支部分的工件。叉形工件在生产中很多地方使用，如汽车的转向节、十字接头、管道的三通等。这些工件的共同特点是工件磁化时形成的磁路不是一个单一回路，而是形成了磁路分支。在考虑这些分支磁路时，要从磁路的闭合(即形成磁回路)上来分析，因此，在考虑磁化方法时既要考虑主磁路上的磁通，也要考虑分磁路上磁通的分布。可以用绘制磁通流向图的方法来分析磁路。由于各部分磁路上的磁通不一致，为了达到检测的目的，往往采用不同的方法对各部分进行磁化，以有利于缺陷的发现。如磁化十字接头时，为了发现纵向缺陷，可以采取对接头分别通电的方法；为了发现横向缺陷，则可对相关部分采用线圈缠绕或通磁的方法进行磁化。对于其他的叉形工件，也是在分析其磁路的走向及缺陷的方向再决定其探伤方法的。

总之，检测时不能固守某一种磁化方法。应该根据工件检测的要求和检测设备的可能来确定磁化的方法。必要时，可以加设一些辅助的方法来进行磁化。

在确定工件的磁化电流规范时，有标准形状(简单形状)工件和异形工件(复杂形状)之分。通常所说的标准形状，是指符合磁化标准规范推荐计算方法的工件，如在通电磁化时的圆形、方形等有规则的磁化截面，或是纵向磁化时有符合要求长径比的规则工件。对于这些工件的磁化，只需要按照相应磁化电流计算公式计算就行了。但应该注意所用磁化公式的应用范围。比如说，采用中心导体法磁化管件时，若管件有一定的厚度，则管内壁、外壁和侧面所需要的磁化规范是不一样的。在要求不严格或壁厚差不大时，可以采用一个规范；但当有特别要求时，就不能不考虑各自的规范了。

但当工件整体外形与标准形状工件具有不同的形状时，就需要采用特别的办法进行处理。一般可采用两种办法进行处理：

① 分割法。即将工件假想分割成若干个小的单元，使每一个单元都符合标准形状工件的形状，然后各单元采用相应的方法和公式进行计算和检查，最后再按检查结果进行评定。这种方法常用于大中型且有较大形状差异的工件，如曲轴、法兰盘、焊接件等。

② 近似计算法，这种方法针对一些外形差异不大的工件或部位，特别是对一些较小的工件(如锥度不大的工件、有一定台阶的轴等)应用较为普遍等。对这些工件，往往选取一个适中的尺寸，再套用相关的公式进行计算磁化规范并考虑适当的误差。这种方法常与第一种方法结合使用。

采用通电法进行磁化时，由于磁化电流磁化的是工件自身，产生的磁场又是周向磁场，故工件自身的铁磁性对磁化电流产生的磁场看不出大的影响。但当采用感应法磁化工件时，工件本身的退磁场将对原磁化场产生较大的影响。最典型的事例是在交叉线圈旋转磁场中。当采用四线圈所形成的两个方向上旋转磁场时，从理论计算中可以得出在未放置工件时空间的磁场是均匀的，但当放置不同形状的工件时，工件上的磁场在各个方向并不一致。当放入球状或长径比小的工件时，工件上的磁场与空间磁化场的方向和大小基本相同(可用试片进行测试)，各个方向上的缺陷显现也比较一致；而放置长轴类工件时，则发现横向缺陷比发现纵向(沿轴向)缺陷容易得多。这说明纵向磁场比横向磁场要强，对横向缺陷的检测灵敏度要高。其原因是感应磁化时工件铁磁性对磁化场造成了影响，形成了对工件的不均匀磁化。这在进行磁场分析时是应当考虑的。

同样对多向磁化应考虑磁化工件各个方向的磁场并力求均匀，即工件各方向上的磁场大小应尽量一致。对于多向磁化时磁场的计算，一般采用逐点计算方法，即按磁化的一个周期进行分析。将该周期平均分成若干个时刻，计算出每一个时刻上几种不同方向磁场的叠加矢量，描绘出其方向和大小，再结合工件形状进行分析，必要时再用试验方法进行验证，以求得正确的磁化规范。

复习题

4-1　磁化电流的定义是什么？其分类有哪些？

4-2　交流电有哪些特点？交流磁化的优点和局限性分别有哪些？

4-3　有效值、峰值、平均值的定义是什么？其换算是怎样的？

4-4　磁粉检测中如何考虑选择交流电、单相半波和三相全波电流作为磁化电流？

4-5　磁化方法是如何分类的？常用的磁化方法有哪些？

4-6　什么是周向磁化？有哪些周向磁化方法？

4-7　什么是纵向磁化？有哪些纵向磁化方法？

4-8　直接通电法应如何防止工件过热或烧伤？

4-9　使用偏置中心导体法应注意哪些事项？

4-10　触头通电法的有效磁化范围如何确定？

4-11　简述感应电流法的原理及适用对象。

4-12　线圈法磁化的注意事项有哪些？

4-13　用线圈法磁化时，为什么要考虑工件的 L/D 值？

4-14　用什么方法可以在工件上产生旋转磁场？

4-15　简述磁轭法的分类及特点。

4-16　多向磁化方法有哪些？磁场变化轨迹是怎样的？

4-17　两个直流电产生的磁场互相叠加能否产生旋转磁场？为什么？

4-18　直流电磁轭磁化厚工件有什么缺点？

4-19　正弦交流电在什么相位断电可以使剩磁法探伤时工件上剩磁最大？

4-20　对工件实施多向磁化时应注意哪些问题？

4-21　直接通电法或中心导体法计算磁化电流的公式是什么？

4-22　触头法磁化规范的选择原则是什么？

4-23　利用磁特性曲线选择磁化工作点的基本原则是什么？

第五章　磁粉检测设备

5.1　磁粉检测设备的分类

5.1.1　磁粉检测设备的命名规则

磁粉检测设备是产生磁场、磁化工件并完成检测工作的专用装置，通常叫作磁粉探伤机。按照《试验机与无损检测仪器型号编制方法》JB/T 10059 的规定，磁粉检测设备型号共有四个部分，应按以下方式命名：

C　×　×　——　×
↓　↓　↓　　　↓
1　2　3　　　4

第 1 部分——C，代表磁粉探伤机；

第 2 部分——字母，代表磁粉探伤机的磁化方式；

第 3 部分——字母，代表磁粉探伤机的结构形式；

第 4 部分——数字或字母，代表磁粉探伤机的最大磁化电流或探头形式。

常见的磁粉探伤机命名的参数意义见表 5－1 所列。

表 5－1　常见的磁粉探伤机命名的参数意义

第 1 部分的字母	第 2 部分的字母	第 3 部分的字母	第 4 部分的数字或字母	代表意义
C				磁粉探伤机
	J			交流
	D			多功能
	E			交直流
	Z			直流
	X			旋转磁场
	B			半波脉冲直流
	Q			全波脉冲直流
		X		携带式
		D		移动式
		W		固定式
		E		磁轭式

（续表）

第1部分的字母	第2部分的字母	第3部分的字母	第4部分的数字或字母	代表意义
		G		荧光磁粉探伤
		Q		超低频退磁
			如6000	最大磁化电流为6000 A

举例子来说，CJW－4000型为交流固定式磁粉探伤机，最大磁化电流为4000A；又如CZQ－6000型为直流超低频退磁磁粉探伤机，最大磁化电流为6000 A；等等。

为了适应各种工件的探伤，人们发展了种类繁多的磁粉检测设备。磁粉检测与民同乐多种分类方法。根据探伤机结构的不同，可以将其分为一体型和分立型两大类。其中，一体型是由磁化电源、夹持装置、磁粉施加装置、观察装置、退磁装置等部分组成的一体型磁粉探伤机；分立型是将探伤机中的各组成部分，按功能制作成单独的分立装置，在探伤时组成系统使用，分立装置一般包括磁化电源、夹持装置、退磁装置、断电相位控制器等。在通常使用中，一般按设备的使用和安装环境的不同，将探伤机分为固定式、移动式和便携式以及专用设备等几大类型。

5.1.2　固定式磁粉探伤机

固定式磁粉设备是安装在固定场所的卧式或立式探伤机，最大磁化电流从1000A到10000A以上，随着电流值的增加，设备的输出功率、外形尺寸和重量都相应增加。磁化电流可以是直流电流，也可以是交流电流。采用直流电流的设备多是用低压大电流经过整流得到。固定式磁粉探伤机主要用于中小型工件的探伤，在冶金、机械、航空、汽车制造等工业领域得到广泛的应用。

固定式磁粉探伤机通常由如下部分组成：磁化电源、工件夹持装置、指示装置、磁悬液喷洒装置、观察照明装置、退磁装置等。图5－1为固定式磁粉探伤机示意图。固定式磁粉探伤机有一体型的和分立型的。其中，一体型探伤机是将上述各部分组成一体，而分立型探伤机是将磁化电源与工件夹持装置分开的。分立型探伤机的优点是便于维修。固定式交流磁粉探伤机还配备断电相位控制器。

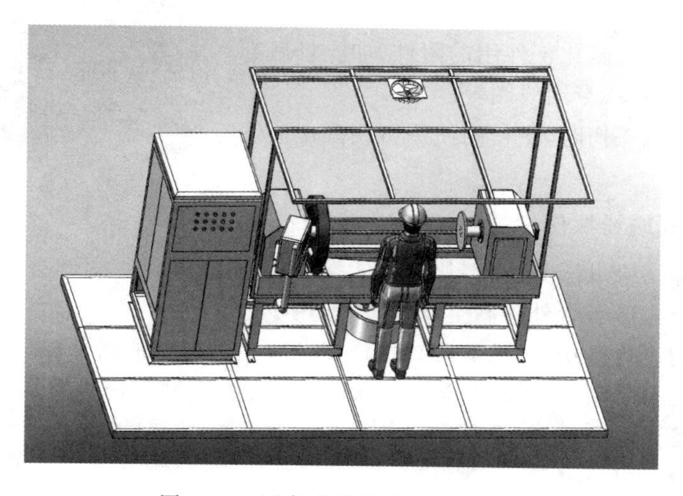

图5－1　固定式磁粉探伤机示意图

这类设备一般装有一个低电压大电流的磁化电源和可移动的线圈(或固定线圈所形成的极间式磁轭),可以对被检工件进行多种方式的磁化。如对被检工件用通电法或穿棒法进行周向磁化,用线圈法或磁轭法进行纵向磁化,或者进行各种形式的复合磁化,也能用交流电或直流电对工件退磁。在磁化时,工件水平(卧式)或垂直(立式)夹持在磁化夹头之间,磁化电流可在零至最大激磁电流之间进行调节。设备所能探伤的工件最大截面受最大激磁电流的限制。探伤机的夹头距离可以调节,以适应不同长度工件的夹持和检测。但是,其所能检测的工件长度及最大外形尺寸受到磁化夹头的最大间距和夹头中心高度的限制。

此类设备通常用于湿法。探伤机带有搅拌磁悬液用的油泵和喷洒磁悬液的喷枪。喷枪上有可调节的阀门,喷洒压力和流量可以调节。这类设备还常常备有支杆触头和电缆,以便对搬上工作台有困难的大型工件实施支杆法或绕电缆法探伤。

随着电子技术的发展,国内外磁粉探伤机普遍采用了晶闸管整流技术和计算机程序控制技术,使得磁粉探伤机体积向小型化、多功能化方向发展。大功率直流磁化装置、快速断电控制器、强功率紫外灯及高亮度荧光磁粉的应用使得固定式设备应用更为广泛,一些原来由人工控制的磁化电流调节及浇液系统已实现自动控制,包括适配的计算机化的数据采集系统和激光扫查组件也逐渐开始使用。

常见的国产固定式磁粉探伤机有 CJW、CEW、CXW、CZQ 等多种形式,它们的功能比较全面,能采用多种方式对工件实施检测,但与专用半自动化探伤机相比,其检测效率不如后者。

5.1.3　移动式磁粉探伤机

移动式磁粉探伤机的主体为磁化电源,配合使用的附件为支杆探头、开合式和闭合式磁化线圈或软电缆,如图 5-2 所示。这种设备一般装有滚轮或者可装到小车上移到现场使用,检测对象一般为不易搬动的大型工件,如对大型铸锻件及多层式高压容器环焊缝和管壁焊缝的质量检测。

该种设备的磁化电流和退磁电流一般从 1000A 到 6000A,甚至可以达到 10000A。磁化电流一般采用交流电和半波整流电。

这类设备备有各式磁化工件用的附件,如支杆触头、吸附触头、钳形触头、专用线圈等。

用移动式探伤机探伤时,磁粉的使用可用湿法或干法。

图 5-2　移动式磁粉探伤机

5.1.4　便携式磁粉探伤机

便携式磁粉探伤机可随身携带,比移动式探伤机体积更小,重量更轻,适于野外和高空作业,一般用于锅炉和压力容器的焊缝探伤、飞机的现场探伤以及大中型工件的局部探伤。

便携式探伤机有小型电磁轭型、交叉磁轭型、永久磁轭型探伤机,也有用磁化电源产生磁场的手提式设备。

(1)小型电磁轭型探伤机

小型电磁轭型探伤机又称马蹄形电磁铁探伤机,以其小巧轻便、不烧损工件而得到广泛的应用，如图 5－3 所示。常用于锅炉和压力容器的焊缝检测。电磁轭有直流和交流励磁两种。铁芯由硅钢片叠成，新型的电磁轭探伤仪采用可控硅调压。磁极有活动关节，可以调整间距。通常以提升力和励磁安匝数作为主要的技术指标。对于交流磁轭，要求电磁轭的极间距为 50～150mm 时，至少应具有 4.5kg 的提升力。对于直流电磁轭，当极间距为 50～100mm 时，至少应具有 13.5kg 的提升力；或者当极间距为 100～150mm 时，至少应具有 22.5kg 的提升力。

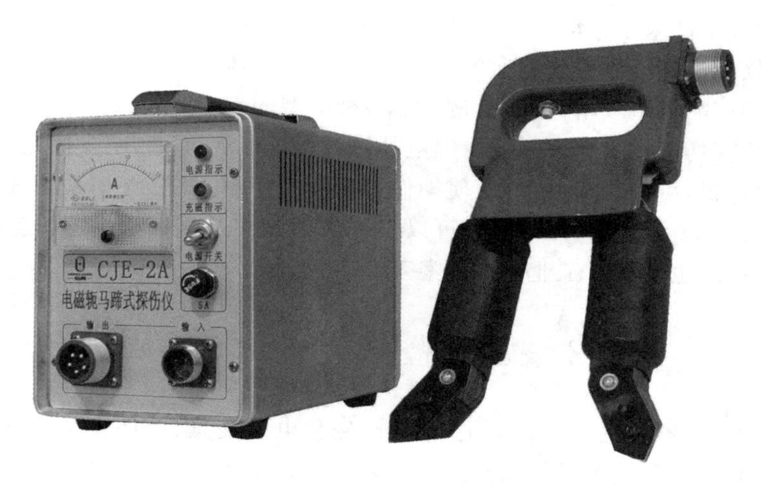

图 5－3　小型电磁轭型磁粉探伤机

(2)交叉磁轭型探伤机

由于利用一个电磁铁探伤仪，只能发现与两极连线成一定角度的缺陷，而且还可能会使平行于磁力线的缺陷漏检。因此发展了四极式交叉磁轭型磁粉探伤机(如图 5－4 所示)，使用它只要一次磁化探伤，就可以同时显示各个方向的缺陷。交叉磁轭型探伤机的四个极上装有小滚轮，可在工件上滚动，检查速度快，特别适用于大型构件焊缝和轧辊的探伤。

图 5－4　四极式交叉磁轭型磁粉探伤机

(3)永久磁轭型探伤机

永久磁轭型探伤机是由两臂和手把构成“π”形的探伤仪，其两臂由两块永久磁铁和两个极构成，两臂和手把间有关节可以转动。要求永久磁轭的提升力不小于 18kg。永久磁轭用于没有电源的场合，也常用于飞机的维修检查。

(4)磁化电源型探伤机

磁化电源型探伤机一般能提供500A、1000A和2000A的电源，输出500A的探伤机重量只有7kg，最适用于飞机的维修检查和焊接接头的检查。

5.1.5 专用及半自动化磁粉探伤机

半自动磁粉检测设备多为专用的一体化固定式磁粉探伤机。此类设备除人工观察缺陷磁痕外，其余过程全部采用自动化，即工件的送入、传递、缓放、喷液、夹紧并充磁、送出等都是机械自动化处理。其特点是检测速度快，减少了工人的体力劳动，适合于大批量生产的工件检测。但检测产品类型较单一，不能适用于多种类型的工件。

半自动磁粉探伤机过去多采用逻辑继电器进行控制。近年来，不少固定式磁粉探伤机采用了微机(单片机)可编程程序控制，使操作过程实现了自动化，探伤检测速度大为提高。其操作过程不仅可以手动分步操作，还可以实现自动操作及循环，或按规定程序单周期工作，对缺陷磁痕拾取也采用了工业电视观察系统。

5.2 磁粉检测设备的组成

磁粉检测设备一般包括以下几个主要部分：磁化电源装置、工件夹持装置、指示与控制装置、磁粉或磁悬液喷洒装置、照明装置、退磁装置等。不是每台探伤机都必须包括以上各个部分，而是根据其规模和用途，采用不同的组合方式。

5.2.1 磁化电源装置

磁化电源是磁粉探伤机的主要部分，也是它的核心部分。其作用是提供磁化电源，产生磁场使工件得到磁化。它的主要结构是通过调压器将不同的电压输送给主变压器，主变压器乃是一个能提供低电压、大电流输出的降压变压器，输出交流电，或者将交流电整流后得到各种整流电，磁化电流可直接通过工件，或者通入线圈，对工件进行磁化。

调压器通常采用以下两种结构：

① 自耦变压器。利用改变自耦变压器的匝数来改变降压变压器的初级电压，达到调节磁化电流大小的作用。其分压方式有抽头式和电机带动式。前者每个抽头都可以作为输入端，用手动调节。后者磁化电流连续可调，但机器不应在带电的情况下调节，否则容易将机器损坏。

这种调压方式属于有触点设备，其装置线路如图5-5所示。

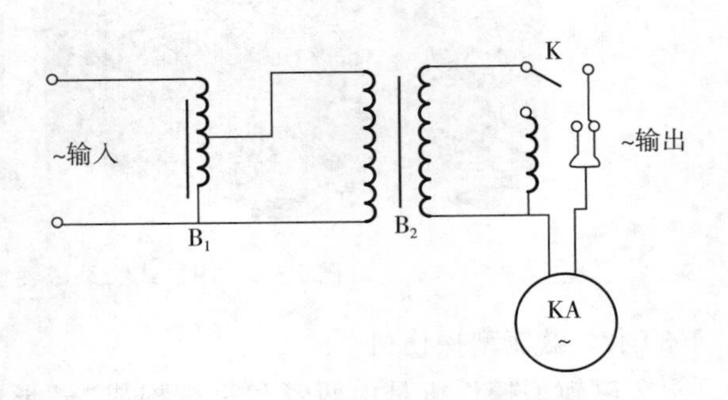

图5-5　自耦变压器调压探伤装置

② 可控硅调压。将反并联的两只可控硅(或一只双向可控硅)与降压变压器的初级线圈连接，利用调整可控硅导通角来改变降压变压器的初级电压，起到调整磁化电流的作用，其连接线路如图5-6所示。可控硅有单相导电性，触发电压使可控硅轮流导通，交

流电的上下半周各通过一个管子。这种调压方式属于无触点设备，磁化电流可连续调节并且可以实现用小电流触发和调节大电流。

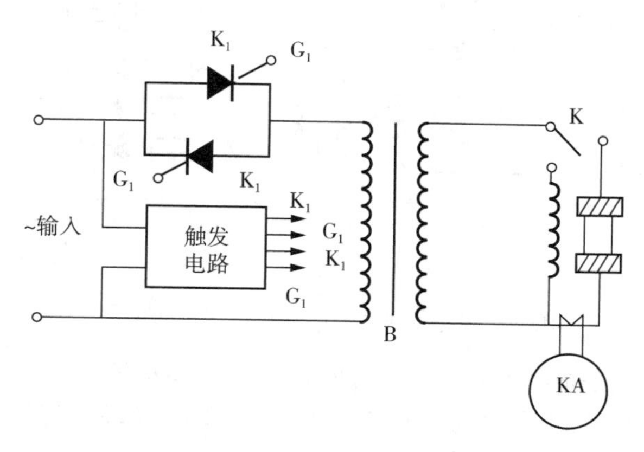

图 5－6　可控硅调压探伤装置

如果要将交流电变为单向脉动的整流电，便要通过整流。单相半波整流电、单相全波整流电、三相半波整流电和三相全波桥式整流电的电路原理如图 5－7、图 5－8、图 5－9、图 5－10 所示。

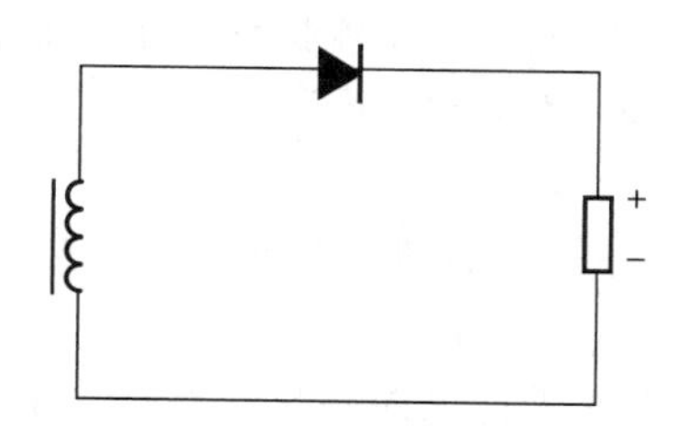

图 5－7　单相半波整流电路原理图

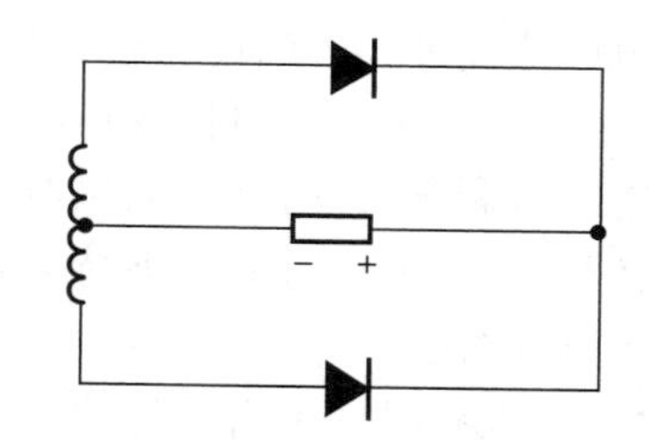

图 5－8　单相全波整流电路原理图

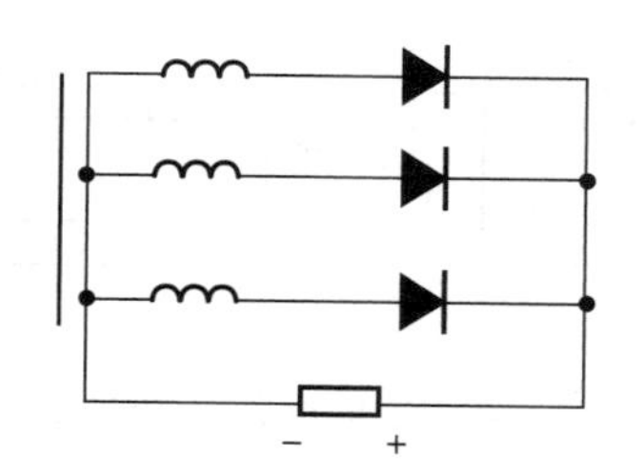

图 5－9　三相半波整流电路原理图

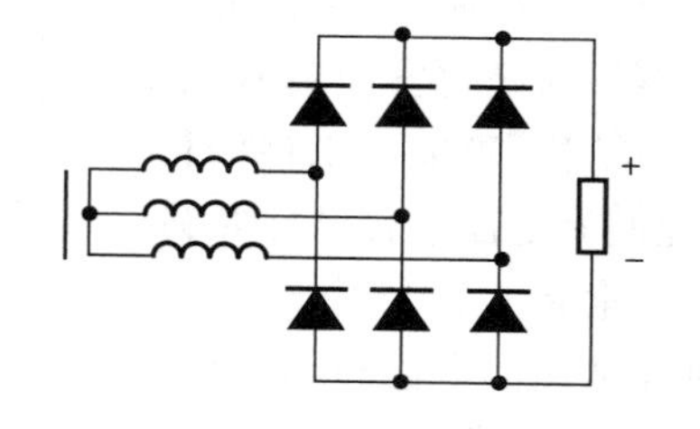

图 5－10　三相全波桥式整流电路原理图

交流探伤机可以自行改装成交流和单相半波整流探伤机，其电路原理如图 5－11 所示。整流元件采用硅整流二极管，其数量根据整流电的额定输出而定。例如额定输出电流为 5000 A，则用 10 只 500 A 的硅整流二极管并联，每只管子上还应串联相应容量的快速熔断器加以保护。单相半波整流的电流值用有分流器的直流电流表测量，交流电流值仍用原探伤机上有电流互感器的直流电流表测量。

改装时，单相半波整流设备的均流问题应予以重视和解决。解决的措施如下：

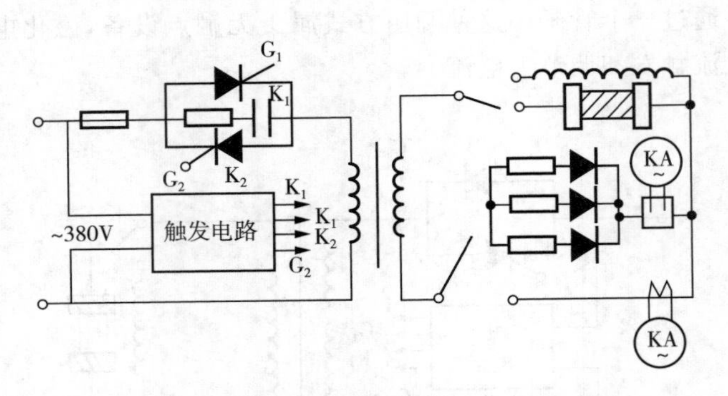

图 5 - 11　交直流两用磁粉探伤机线路图

① 严格挑选元件，使每只硅整流二极管的正向压降都相等。

② 对并联的硅整流二极管的同一极都采用等距离连接，使每只管子的联结电阻趋于相等。

③ 或给每只管子串联电感线圈。

图 5 - 6 中电路用反并联可控硅代替自耦变压器，改装后的探伤机不但能一机两用，而且交流电断电相位受到控制，使采用剩磁法探伤时，剩磁值能保持稳定。

为了控制交流电断电相位，采用断电相位控制器，其实质就是用可控硅调压器代替自耦变压器，利用可控硅过零关断的特性控制交流电的断电相位。交流探伤机加配相控器时，是将相控器作为一个整体取代自耦变压器。国产 XKQ - 2 型和 XKQ - 3 型相控器采用逻辑电路，采用它进行剩磁法探伤时，剩磁波动不超过±5%。

磁化电源的输出电流可利用夹持装置直接从工件上通过进行周向磁化，或者通过线圈对工件进行纵向磁化。

固定式探伤机有时亦配有磁轭式磁化装置，对工件进行纵向磁化。在铁芯上绕上线圈，线圈中通以电流，便构成电磁轭。为了减少铁芯上的磁滞损耗和涡流损耗，电磁轭经常采用整流电激励。图 5 - 12 为两种不同的电磁轭结构形式。

使用电磁轭磁化时，工件内的磁感应强度值不仅与磁化安匝数有关，而且与磁轭的结构，磁轭与工件的衔接情况、磁轭间距、工件的尺寸及磁导率等许多因素有关。

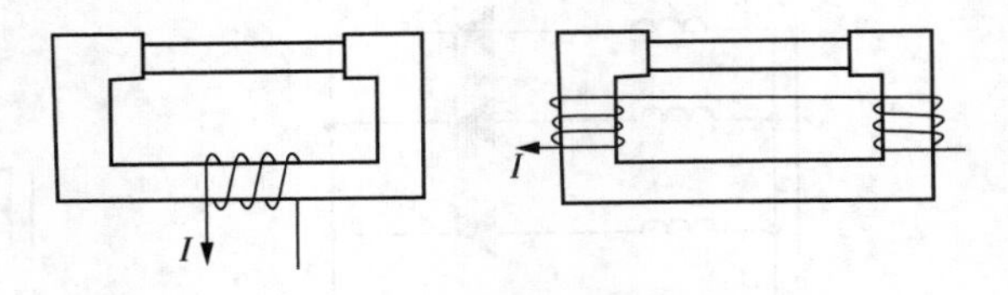

图 5 - 12　两种不同的电磁轭结构形式

无论何种结构的电磁轭，在极间距为 0.5 m 时，都能获得较均匀的磁场。当极间距超过 0.5 m 时，激励线圈在铁芯上的缠绕位置影响磁场的分布，远离线圈的部位，磁场迅速减弱。极间距大于 1 m 时，已不能提供足够的磁场，工件不能得到有效的磁化。

工件与磁轭之间的空气隙严重地影响工件的磁化效率。例如用 Φ40×250 的 45 钢棒，在 TYC - 2000 探伤机上改变磁极与钢棒的接触间距，观察 7/50A 型试片的人工缺陷显示情况。当磁极与钢棒紧密衔接时，1000 AT 缺陷显示；磁极两端间隙为 2 mm 时，5500 AT 缺陷显示；两端间隙为 4 mm 时，16000 AT 缺陷方才显示。因此，工件与磁极的接触间隙应尽量减小，并且不要将铜、铅等非磁性垫片放在磁极上。

5.2.2　工件夹持装置

夹持装置又叫作接触板，是用来夹紧工件，使其通过电流的电极或通过磁场的磁极装置。固定式探伤机都设有工件的夹持装置，为了适应不同的工件，夹头的间距均是可调的，它有电动、手动、或气动等多种形式。电动调节是利用行程电机和传动机构，使磁化夹头在导轨上来回移动，由弹簧配合夹紧工件。限位开关会使可动磁化夹头停止移动。手动调节是利用齿轮与导轨上的齿条啮合传动，使磁化夹头沿导轨移动，或用手推动磁化夹头在导轨上移动，夹紧工件后自锁。移动式或便携式探伤机没有固定夹头，它是一种与软电缆相连，并将磁化电流导入和导出工件的手持式棒状电极，与工件的接触多用人工压力及电磁吸头。便携式磁轭也没有夹头，它利用磁轭自身与工件接触，有的还装有一对滚轮（如旋转磁轭），以便于磁轭在工件上移动。

为了保证工件与夹头之间接触良好，磁化夹头一般装有导电性能良好的铜板或铜网（接触垫），以及软金属材料（铅板等），防止通电时起弧或烧伤工件。

现在，某些探伤机上的磁化夹头是可以转动的，以此用于观察时需要将工件转动的场合。工件夹紧后，可与磁化夹头一起转动，但在转动时不允许进行磁化。

在专用及半自动探伤机上，夹持装置往往与工件自动传输线连在一起，工件沿导轨行进至夹头位置时，夹头自动夹紧并使工件进行磁化，这时的夹持装置实际已成为传输夹持装置。

有些特殊工件，根据工件的特征，可设计制作特殊装置和设备，以实现磁粉检测。

5.2.3　指示与控制装置

指示装置即为指示磁化电流值大小的仪表及有关工作状态的指示灯。

交流探伤机是用电磁式仪表，电流表最多是安培级，而磁化电流最大都是几千安培，或10000 A以上，所以要用电流互感器，把通过工件的电流变为电流表可测量的电流。电流互感器相当于一个变压器，但初级线圈只有1匝。电流表一般用5 A，如果探伤机输出电流为2000 A，那么便要采用2000 A/5 A的互感器。

直流探伤机是用磁电式仪表，与分流器一起使用，直流仪表一般为100 μA。如果探伤机为2000 A，那么通过分流器的电流将为2000 A减去100 μA，即减去1×10^{-4} A。

电流表和指示灯装在设备的面板上。交流电流多采用有效值表，也有将有效值换算成峰值的电流表；直流电流采用平均值表。现在，某些探伤机采用数字式电流表显示，数字式仪表可不分挡，而一般仪表为了较能准确地反映低安培值电流，一般都要分两挡。

控制电路装置是控制磁化电流产生和控制磁粉探伤机使用过程的电器装置的组合，如控制磁化电路、液压泵电路、照明电路的启动、运转和停止等。过去，国内磁粉探伤机上普遍采用的是由继电器、接触器、熔断器及按钮等控制电器和电动机等组合成的电路。随着电子技术的普及，近年来国内外厂家在探伤机上广泛采用了晶闸管整流技术和PLC程序控制对检测过程进行机电一体化控制，使磁粉探伤机实现了半自动或自动检验。

5.2.4　磁粉和磁悬液喷洒装置

固定式探伤机的磁悬液喷洒装置由磁悬液槽、电动泵、软管和喷嘴组成。通过电动泵带动叶片将槽内磁悬液搅拌均匀，并依靠泵的压力使磁悬液从喷嘴喷出浇到工件上，磁悬液能回收使用。专用探伤机一般用几个喷嘴同时浇注。

在固定式探伤机上，磁悬液槽的上方装有格栅，以排流磁悬液，在回流口上装有过滤网，以防止灰尘、金属屑等进入泵内。

移动式和便携式磁粉探伤机上没有固定式的搅拌喷洒装置。在湿法检测中，常采用电动喷壶或手动喷洒装置，如带喷嘴的塑料瓶，使磁粉或磁悬液均匀地分布在工件表面。在干法检测中，干磁粉可利用电动式送风器或空气压缩机进行喷洒，也可将磁粉装在端面有许多小孔的橡皮球内，用手动喷洒。

5.2.5　照明观察装置

为了观察和辨认工件上的缺陷磁痕，需要有相应的照明观察装置。非荧光磁粉可在白光下观察，而荧光磁粉要在紫外线下观察。所以，按照使用磁粉的不同，照明观察装置有白炽灯或日光灯及紫外线灯等。

白炽灯或日光灯产生的是可见光，它的波长范围为 400～760 nm，包括了红、橙、黄、绿、青、蓝、紫等多种颜色。对于此类光源要求能在工件上有一定的照度，并且光线要均匀、柔和，不能直射观察人的眼睛。

荧光磁粉探伤专用的紫外线灯又叫黑光灯，它产生的是一种长波紫外线，当黑光照射到表面包覆一层荧光染料的荧光磁粉上时，荧光物质便吸收紫外线的能量，激发出黄绿色的荧光。由于人眼对黄绿色光有特殊敏感性，因此大大增强了对磁痕的识别能力。紫外线灯的结构形式有多种，密闭的高压水银灯是最常用的紫外光源，常见的一种如图 5-13 所示。它由石英内管和外壳组成，内管的两端各有一个主电极，管内装有水银和氩气，在主电极的旁边装有一个引燃用的辅助电极，其引出处串联一个限流电阻，外面有一个玻璃外壳起保护石英内管和聚光的作用。这种灯一般用电感性镇流器稳流。镇流器通过对灯的两端电压自动调节，使灯泡的放电电弧稳定。接通电源后，水银并不立刻产生电弧，而是由辅助电极和一个主电极之间发生辉光放电，这时石英管内温度升高，水银逐渐气化，等到管内产生足够的水银蒸气，方才发生主电极间的水银弧光放电，产生紫外线，这个过程大约需要 5 min。所谓高压，指的是水银蒸气压力，约为 1～4 个大气压，而不是指电源电压的高低，所以这种灯叫作高压水银灯。紫外灯它所发出的光，既包括不可见的紫外辐射，又包括可见光，其发射光谱如图 5-14 所示。不可见部分有一主峰在 365 nm 附近，这正是激发荧光磁粉所需要的波长，而可见光和短波紫外光则是不需要的，可见光影响缺陷磁痕的识别，短波紫外光则对人眼有害。因此，要用滤光片将不需要的光滤掉，仅让波长为 320～400 nm 的长波紫外光通过。要求滤光片具有图 5-15 所示的透射性能。

使用紫外灯时应注意的事项是：灯刚点燃后输出达不到最大值，检验要等 5 min 后再进行。要尽量减少开关次数，频繁启动会缩短灯泡寿命，紫外辐照度要求距灯 40 cm 处不低于 1000 $\mu W/cm^2$。且注意不能直射观察人的眼睛。

高压水银灯的辐射能量在灯点燃 1000 h 后下降约 10%，以后随着使用时间的增长而继续衰减，所以，必须定期测定紫外灯的辐照度。

YX-125 型携带式荧光探伤仪的外形如图 5-16 所示，该设备采用 GXF-125 反射型黑光高压水银灯，在距灯 380 mm 处，辐照度大于 4000 $\mu W/cm^2$。

2215 型长波紫外光源，它是一种高强度紫外光源，在距灯 380 mm 处，辐照度接近于

8000 μW/cm²。美国高强紫外灯 B－100 在距灯 380 mm 处，辐照度为 7000 μW/cm²。

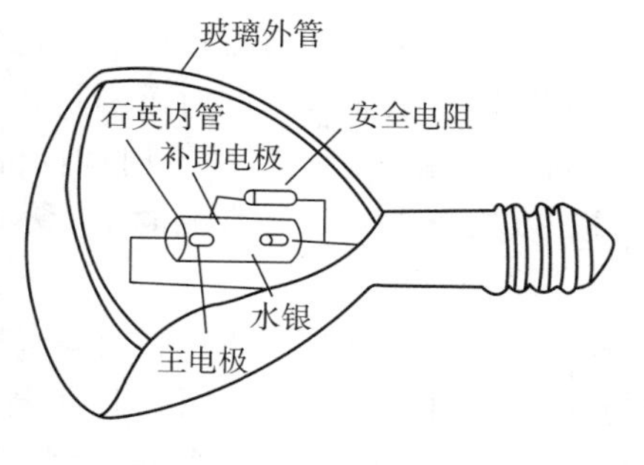

图 5－13　高压水银灯

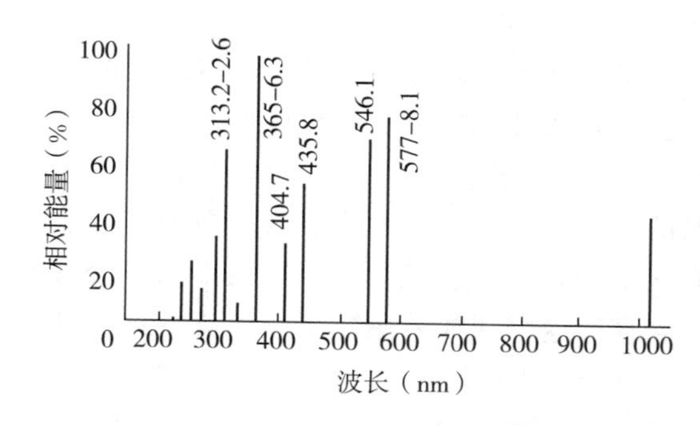

图 5－14　高压水银灯发射光谱

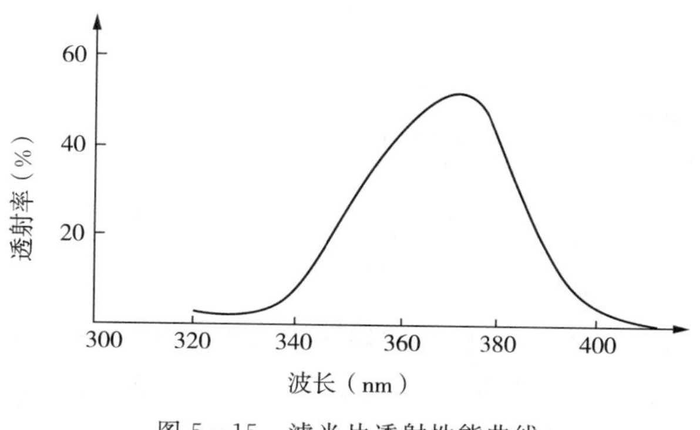

图 5－15　滤光片透射性能曲线

图 5－16　YX－125 型携带式荧光探伤仪

5.2.6　退磁装置

退磁装置可以与探伤机组装在一起，也可以分离出来，成为独立的设备。它的工作原理是在工件探伤后加上方向不断改变、强度逐渐减弱至零的磁场，使工件退磁。

(1)交流线圈退磁器

对于中小型工件的批量退磁，常采用交流线圈退磁装置，如图 5－17 所示。它是利用交流电的自动换向，线圈的中心磁场强度一般为 16～20 kA/m(200～250 Oe)，线圈框架通常为长方形或矩形，标准尺寸有 300 mm×300 mm，400 mm×400 mm，500 mm×500 mm，或采用与工件尺寸相适应的专用线圈，电源可用 220V 或 380V。大型固定式退磁线圈往往装有轨道和载物小车，以便移动和放置工件。退磁时将工件放在小车上，接通电源从线圈中通过，并沿着轨道由近及远地离开线圈，在距线圈 1.5 m 处切断电源。该类设备还装有定时器、开关和指示灯，

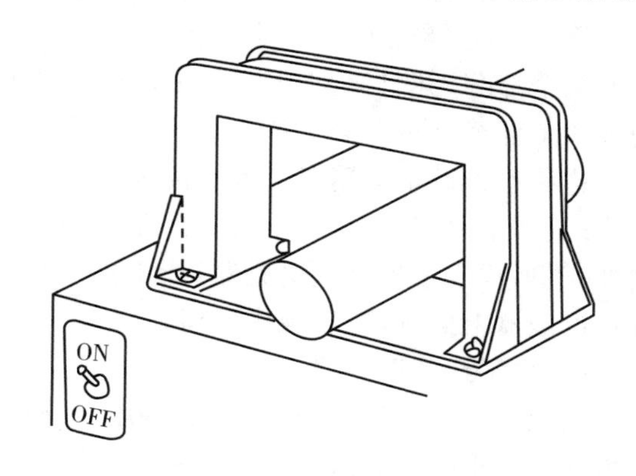

图 5－17　交流线圈退磁装置

以便控制退磁进程。也可采用将工件放在线圈内，将线圈中电流由幅值降到零的方式退磁。

(2)直流换向衰减退磁器

对用直流电磁化的工件，为了使工件内部能获得良好退磁，常常采用直流换向衰减退磁装置。它通过变换极性的机械换向，使电流通过工件，电流逐渐衰减至零的同时不断切换电流的方向，如图 5－18 所示。图中 T_1 是电流导通时间间隔，T_2 是磁化电流中止时间间隔，保证无电流时换向。电流衰减级数应尽可能大(一般要求 30 次以上)，每级衰减的幅度尽可能地小，如果衰减幅度太大，则达不到退磁目的。

直流退磁往往采用超低频电流，由于趋肤效应很小，退磁范围可达到工件的内部。超低频通常指 0.5～10 Hz，利用可控硅的交替导通，变换电流方向，利用可控硅的移相，使电流衰减。在这种情况下，可控硅亦作换向无触头开关，使退磁大电流换向时，安全可靠而且噪声小。这类退磁设备在电路上要保证退磁电流在零值时切换，使设备不致损坏。

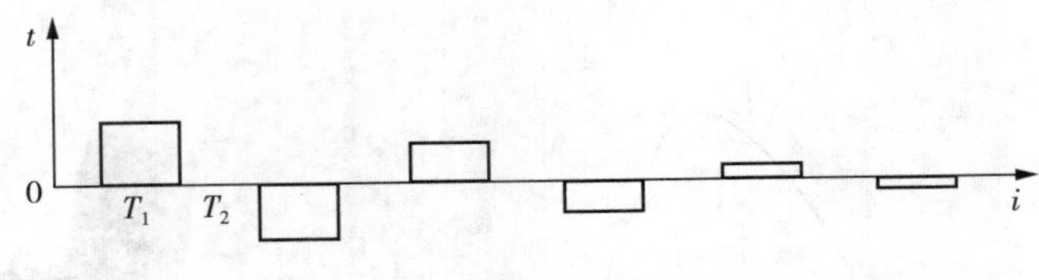

图 5－18　直流衰减退磁波形图

(3)交流降压衰减退磁器

除将线圈中的电流由幅值降到零的方法退磁外，也可使用磁化装置将通电磁化时的电流由幅值逐渐降至零的方法进行退磁。方法是调节探伤机主变压器的一次电流，使之从大到小逐渐为零。由于交流电本身不断地变换方向，再衰减电流改变磁场的大小，从而达到退磁的目的。交流降压调节方式有两种：一种是机械方法调节，主要是用电动或手动的方式控制调压变压器，使其从大到小；另一种是电子调压方式，通过晶闸管的触发电路自动使电路中的电压从大到小直到零，这种方法多用于电子调压的设备中。交流降压衰减退磁常用于交流磁化的工件。

(4)交流磁轭退磁器

交流电磁轭可以作为便携式退磁器来使用。退磁时，将电磁轭接近工件，接通电源，让电磁轭在工件上慢慢移动，像使用电熨斗一样，使磁轭“熨”过工件的每个部分，并且来回“熨”几次，最后，使磁轭慢慢远离工件至 1 m 处再切断电源。

这种退磁设备常用于大型焊接构件。

π 形交流电磁铁也可装在一个非磁性材料制成的外壳里，构成平板交流退磁器，让工件的每一部分都从退磁器上经过，然后慢慢远离。

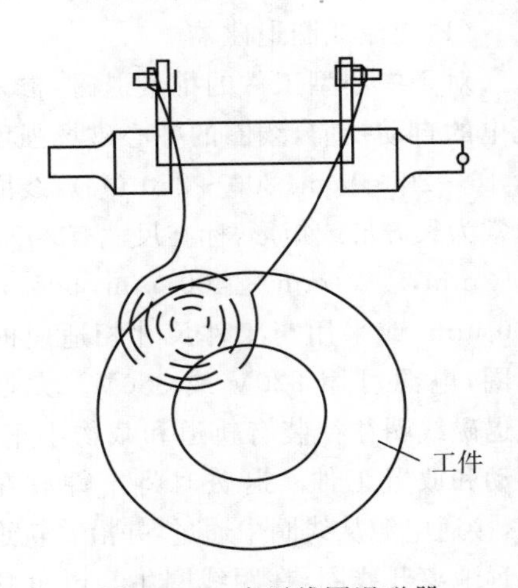

图 5－19　扁平线圈退磁器

(5)扁平线圈退磁器

用软电缆盘成螺旋线，通以低电压、大电流的交流电便构成退磁器，如图 5－19 所示。螺旋线一般绕 4～5 匝，外径约为 300 mm，电缆长度大约为7 m，截面 120～150 mm^2，总安匝数应达到 4500～5000。

这种装置用于大直径扁平工件的退磁。其方法是将螺旋线圈固定不动，而将工件贴近螺旋线，移动工件的每一部分都要经过螺旋线的中心，将工件远离螺旋线以后，方能切断电流。

5.3　常用典型设备

5.3.1　CEW(TC)系列磁粉探伤机

这类设备属于固定卧式一体型设备，有 CEW－2000、CEW－4000、TC－6000、CEW－10000 等型号。

这个系列设备的周向磁化是采用低电压大电流的交流电，纵向磁化大都采用高电压小电流的整流电，通过磁轭进行探伤，个别也采用低电压大电流的交流电，通过线圈进行探伤。有些设备还可进行复合磁化，在工件上同时受到电磁轭的纵向磁化和交流电的周向磁化。两磁化夹头间最大距离为 1～5.5 m。电流的调节通过主变压器的初级电压来实现，连续或分级调节。CEW 系列设备电路原理如图 5－20 所示。图中 B_1 是调压器，B_2 是主变压器，B_3 是电流互感器，E_1 和 E_2 为固定触头和可动触头，V 是电压表，A_1 是周向磁化电流表，CJ_1 是周向磁化接触器，ZL 是整流器，CJ_2 是纵向交流接触器，CJ_3 和 CJ_4 是纵向磁化接触器。

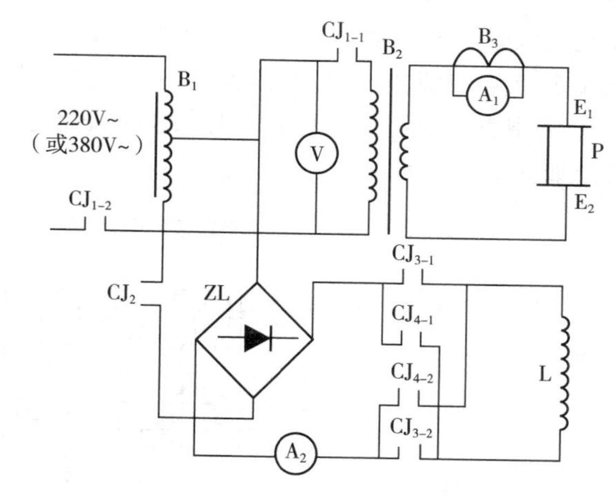

图 5－20　CEW 系列设备电路原理图

使用这类设备对工件探伤时，调节磁化触头在导轨上的位置，以适应不同长度的工件。有的设备装有旋转夹头，可根据需要使工件转动一定角度。该类设备可分别进行交流或直流退磁，或交直流联合自动退磁。设备上均装有磁悬液循环和喷洒装置。

该类设备有的还备有支杆触头，通过软电缆与设备的输出端连接，用以对大型工件进行支杆法或绕电缆法探伤。

5.3.2　CZQ 系列直流磁粉探伤机

CZQ6000 型直流磁粉探伤机是三相全波直流探伤机和超低频退磁机，其特点是：

① 采用三相全波整流，输出平滑的大电流，能检测工件表面和表面下较深的缺陷，磁化电流连续可调。

② 机内装有集成时序逻辑电路控制的衰减式超低频自动退磁装置，退磁大电流连续可调，退磁效果好。

③ 磁化电流和退磁电流均可预选，并用数字式电表显示。

④ 机内装有集成电路构成的电流自动调节装置，负载变动可自动调节，保持电流基本不变。

⑤ 机内装有集成时序电路构成的时间控制电路，对 2500 A 以上电流进行不同工作周期的控制。

⑥ 采用可控硅带平衡电抗器的双反星形整流和退磁主电路，工作噪声很小。

⑦ 退磁电流频率分为三挡：0.39 Hz、1.56 Hz、3.12 Hz。退磁一次的时间也分三挡：0～15 s、0～30 s、0～60 s。

CZQ6000 型设备为分立型。其设备分三层：下层为主电路，中层为主控抽屉，上层为数字电流表。设备右下边为接线板，上有三相四线电源输入接线端子，“＋”“－”电流输出端子和外接开关插座，“＋”“－”输出端子可通过附件输出电缆接到夹持装置两端头、线圈两端或支杆触头外接插座，可通过连接电缆接通脚踏开关成支杆触头上按钮开关。主控抽屉面板上自左至右有六只开关和按钮：“电源”的“通”“断”按钮上有三只红色发光二极管，分别指示三相电源是否正常；“工作选择”旋钮有四个位置，分别为“充磁”、退磁“F1”、退磁“F2”、退磁“F3”；“退磁时间”旋钮有三个位置，分别为“T_1”“T_2”“T_3”；“电流调节”旋钮可从零开始连续调节磁化和退磁电流到最大值；“充磁-退磁”按钮，用来控制磁化和退磁电流的有无。当“充磁-退磁”按钮未按上时，数字电流表指示预选电流；当“充磁-退磁”按钮按上时，数字电流表指示实际充磁或退磁电流。充磁时，六只绿色发光二极管分别指示六路可控硅触发脉冲是否正常；退磁时，十二只绿色发光二极管分别指示十二路可控硅触发脉冲是否正常。绿色发光二极管下面的黄色发光二极管亮表示充磁后的间歇时间到，可再次充磁。当按下数字电流表旁边三只电源电压按钮中任一只时，数字表指示三相电源中相应一路电压。CZQ6000 型直流磁粉探伤机充磁时触发脉冲和主电流波形及退磁时触发脉冲和退磁电流波形图如图 5－21 所示。

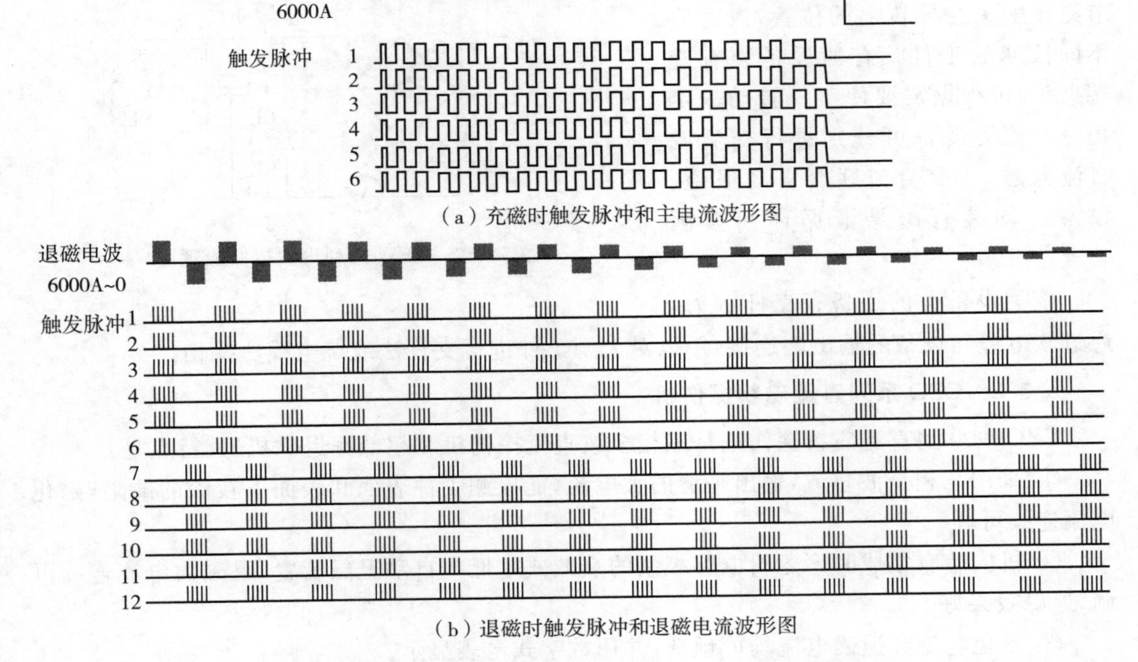

（a）充磁时触发脉冲和主电流波形图

（b）退磁时触发脉冲和退磁电流波形图

图 5－21　充磁时触发脉冲和主电流波形及退磁时触发脉冲和退磁电流波形图

CZQ6000 型设备作为电源可与各种固定式磁粉探伤机配合使用。

5.3.3 CY 系列磁粉探伤机

这是包括便携式和移动式在内的一系列电子控制设备。CY - 500、CY - 1000、CY - 2000 是磁化电流 500～2000 A 的便携式设备，CYD - 3000 和 CYD - 5000 是磁化电流 3000～5000 A 的多用移动式设备。

CYD - 3000 型多用磁粉探伤仪的工作原理如图 5 - 22 所示，主电路原理图如图 5 - 23 所示。主电路采用可控交流调压，主变压器降压输出。可控硅接在主变压器电源一侧，只要用移相控制的触发电路，使控制角随触发脉冲的移相而改变，就可连续调节或自动调节磁化或退磁电流，可控硅又是无触点开关，噪声小、寿命长，可控硅使断电相位得到控制，用剩磁法不会造成漏检。主电路输出有断电相位控制交流电，其波形如图 5 - 24(a)所示；可控硅半波整流电，其波形如图 5 - 24(b)所示，幅度自动衰减的退磁大电流波形如图 5 - 24(c)所示。半波整流磁化时间、退磁时间及磁化和退磁的间歇时间由时间电路控制。电流表有峰值、有效值两种指示。

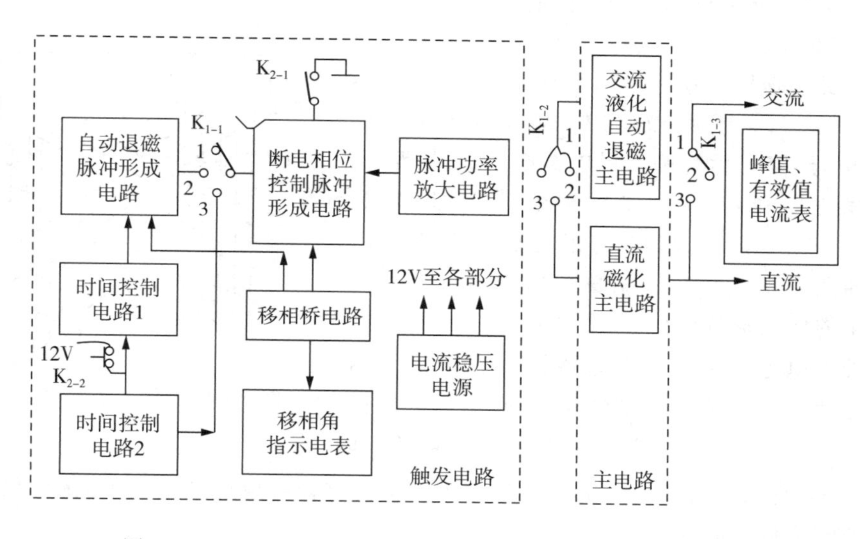

图 5 - 22 CYD - 3000 型多用磁粉探伤仪的工作原理示意图

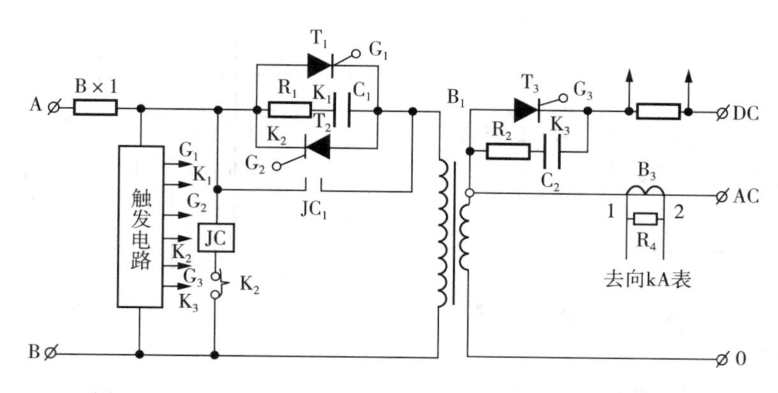

图 5 - 23 CYD - 3000 型多用磁粉探伤仪的主电路原理图

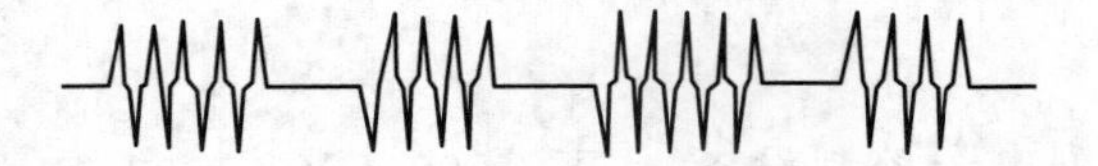

（a）主电路输出交流电波形图

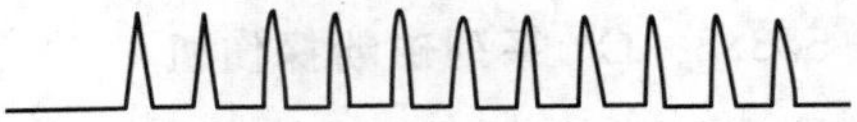

（b）可控硅半波整流电波形图

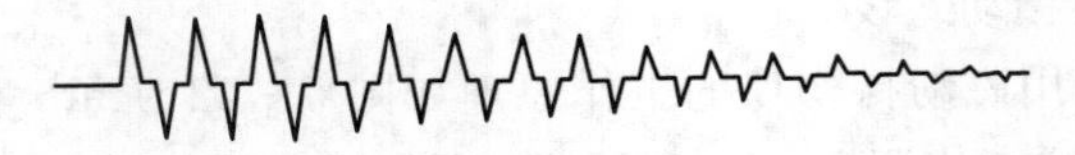

（c）幅度自动衰减的退磁电流波形图

图 5 - 24　CYD - 3000 型电流波形图

5.3.4　旋转磁场探伤机

用电磁轭或永久磁扼探伤仪探伤，由于它们产生的磁场固定在某个方向，一般需要在互相垂直的方向上做两次磁化和探伤，才能显示各个方向的缺陷，而旋转磁场探伤仪只需要做一次磁化和探伤，就可显示各个方向的缺陷。

(1)十字交叉磁轭探伤仪

十字交叉磁轭探伤仪是由两个交叉的“π”形电磁轭构成，如图 5 - 25 所示，仪器用三相交流电中任两相 A、B 供电，经降压后分两路供电给电磁轭，一路 U_a 供电激磁线圈 L_1 和 L_2，另一路 U_b 供电激磁线圈 L_3 和 L_4，如图 5 - 26 所示。U_a 和 U_b 的相位差，由这两个电磁轭产生的两个正弦交变磁场叠加后产生一个方向随时间变化的椭圆形旋转磁场。

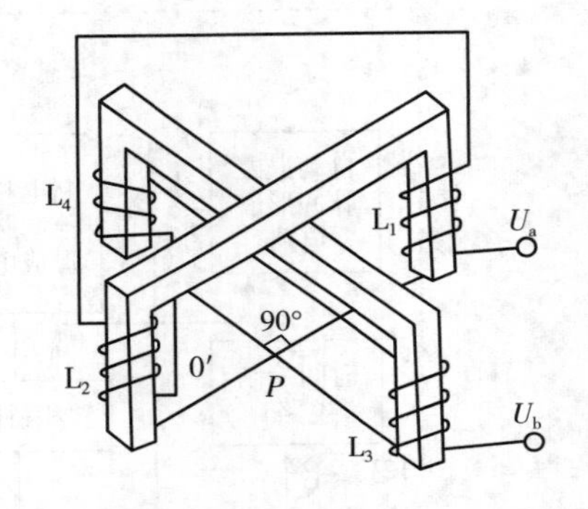

图 5 - 25　十字交叉磁轭探伤仪

另一种供电方式是用单相交流电，经降压后分两路供给电磁轭。一路经电容器 C 移向 90°后供电磁铁激磁线圈 L_1 和 L_2，另一路直接供电激磁线圈 L_3 和 L_4，如图 5 - 27 所示。这两个电磁轭产生的正弦交变磁轭合成后产生一个大小不变、方向随时间改变的圆形旋转磁场。

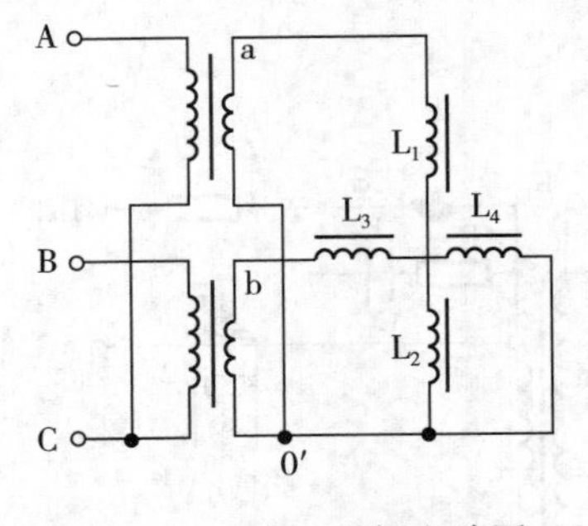

图 5 - 26　交叉磁轭电路图

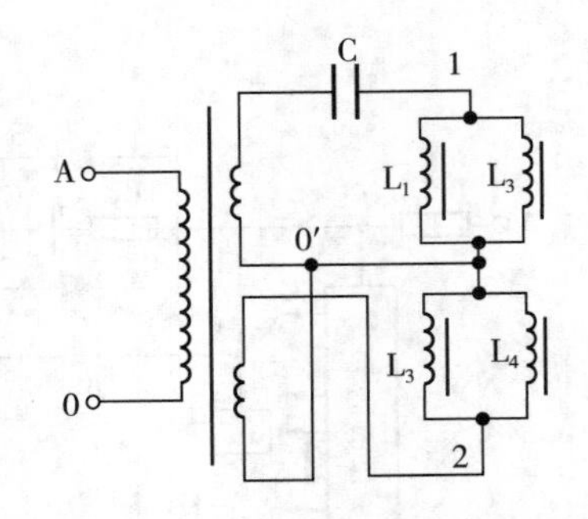

图 5 - 27　交叉磁轭电容移相电路图

(2)平面交叉磁轭探伤仪

它是由两个“π”形铁芯和一公用铁芯组合而成，如图 5 - 28 所示。这种设备常采用三相供电网路中的任意两相做激磁电源的供电方式，相位差为120°，可以使交叉磁轭的公用铁芯的横截面积与两相磁路相等，这样，设计简单，并且减轻磁轭重量。

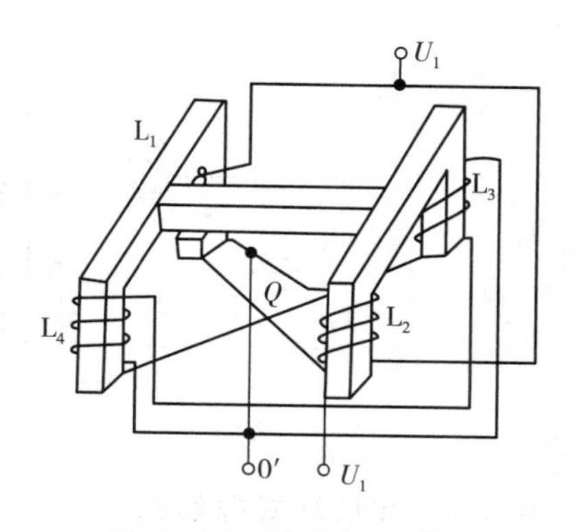

图 5-28 平面交叉磁轭

5.4 专用及自动化磁粉检测设备

在生产应用中，有时需要用特殊设备来解决某些特殊的问题，有时为了某个工件的大批量检查要制造专用设备，有时要通过探伤过程的自动化来提高每人每小时的探伤数量，于是，便发展了许多特殊或专用的设备，以及自动化或半自动化的专用设备。

专用设备和自动化设备广泛应用于从几毫米的滚珠到3 m直径的轴承套以及9 m长的炮管、3 m直径的导弹助推器壳体、5吨重的钢坯和30吨重的铸钢件等工件检测中。现在各种各样的专用检测设备还在不断发展中。

5.4.1 三相半波整流复合磁化探伤机

该种探伤机是将相位各差120°的三相交流电加以半波整流在三个相互垂直的方向上对工件磁化，即在沿轴方向和与轴垂直的方向上通以磁化电流，而同时又以线圈对工件进行磁化，如图5-29所示。

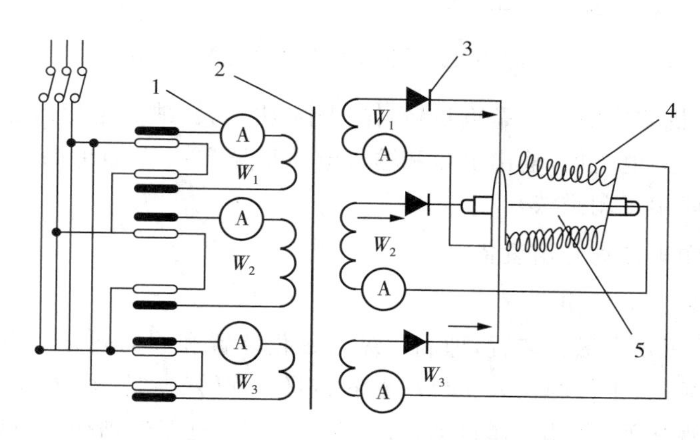

图 5-29 三相半波整流复合磁化探伤机

1—电流表；2—变压器；3—整流器；4—螺管线圈；5—工件

5.4.2 电容器放电式探伤机

该设备是把220 V电流用变压器升压后再整流得到的直流电贮存在钽电容器中，利用电容器所贮存的电荷对低电阻工件瞬时放电产生的大电流磁化工件，其装置线路如图5-30所示。

磁化电流的调节是利用控制电容器的充电电压，瞬时放电用可控硅作电门控制，放电时间最小为1/250 s，所以只能用于剩磁法。由于电容器两端是高压，不能用手触及电路。

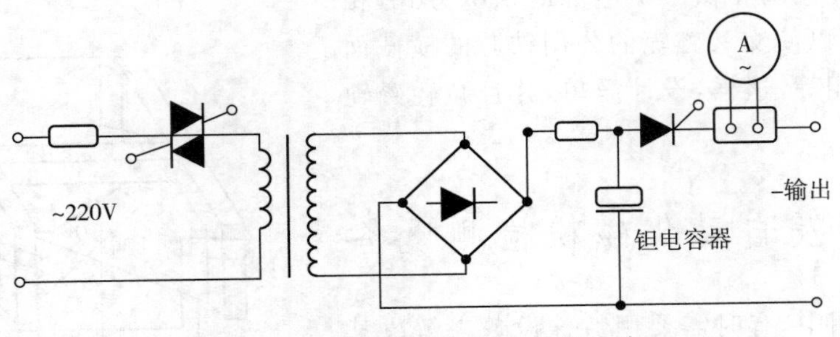

图 5-30　电容器放电磁化装置线路

5.4.3　单脉冲式探伤机

单脉冲式探伤机由 220 V 电源、可控硅整流器和负载构成回路，触发电路产生单脉冲触发可控硅，对交流电半波整流后对工件瞬时(1/100 s)输出一个单脉冲的电流，使工件磁化，其装置线路如图 5-31 所示。

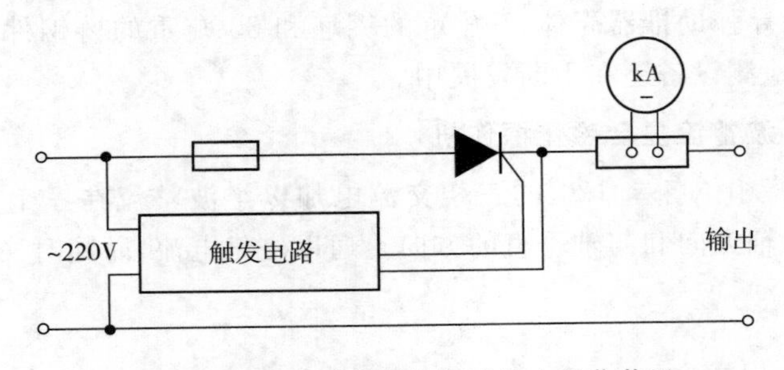

图 5-31　可控硅控制单脉冲放电磁化装置

单脉冲式探伤机装置的优点是重量轻、体积小、功率大；缺点是变压器与连线的容量不足，往往得不到所需的电流值，输出电压和输入电压都是 220 V，输出端不能接地，也不可用手接触，此设备只能用于剩磁法。

5.4.4　自动和半自动专用设备

(1)荧光磁粉半自动探伤机

该种设备多采用复合磁化装置，即利用纵向磁化装置和周向磁化装置同时对工件进行磁化；用荧光磁粉显示，工件的送入、缓放、喷液、定位、回转、夹紧、通电、退磁、送出全部自动化，即除了用肉眼观察外，全部工作自动化。TYC-3000 型车轮轴探伤机即属于此种类型，每 2 min 即可探伤一根车轴。

(2)荧光磁粉全自动探伤机

荧光磁粉全自动探伤机，也是采用复合磁化，荧光磁粉显示，其磁痕用微光电视摄像机摄取。因此，可实现全自动化。该探伤机可用于汽车连杆的探伤。

5.5　测量设备

在磁粉探伤中，涉及磁场强度的测量及照明装置的光照度测量，因而还需要一些测量设备。

5.5.1　磁场测量仪器

(1)高斯计(特斯拉计)

当电流垂直于外磁场方向通过半导体时,在垂直于电流和磁场的方向的物体两侧产生电势差,这种现象称为霍尔效应,其示意图如图 5-32 所示。高斯计是利用霍尔元件制造的用于测量磁感应强度的仪器。高斯计的探头是一只霍尔器件,它的里面有一块半导体薄片,如图 5-33所示。四根引线中有两根与外电源接通,以形成一定的电流,另外两根用以引出霍尔电势差。当电流一定时,霍尔电势差与探头所在处的磁感应强度成正比,于是,可以通过对霍尔电势差的测量而得出磁感应强度值,探头中半导体薄片与被测磁场中磁感应强度的方向垂直时,霍尔电势差最大,因此,在测量时要转动探头,使表头指针的指示值最大,这样读数才正确。

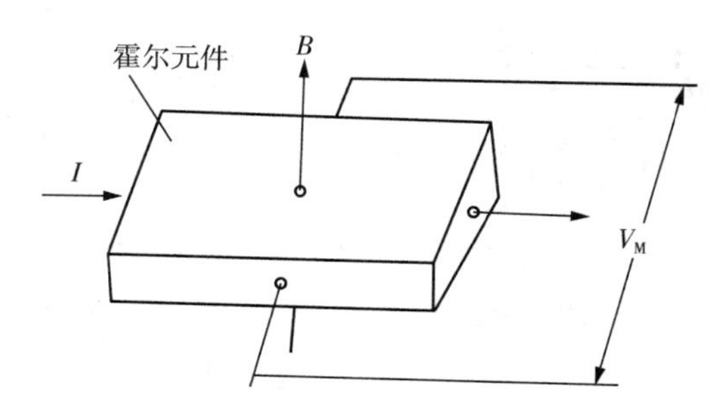

图 5-32　霍尔效应

国产高斯计有 CT-3 型、CT-5 型高斯计。

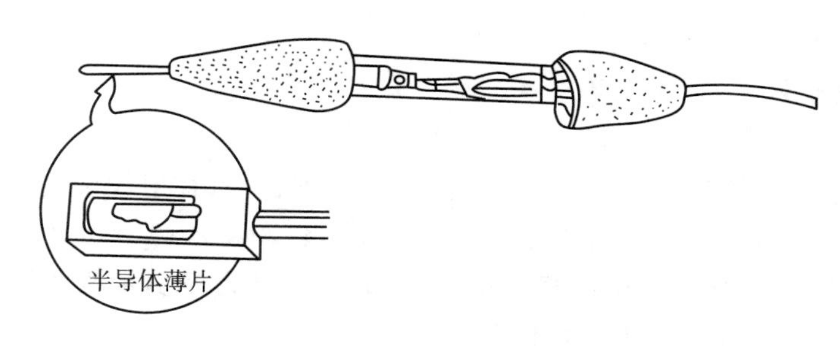

图 5-33　高斯计探头的构造

(2)弱磁场测量仪

弱磁场的测量是基于磁通门探头。弱磁场测量仪有两种探头,即均匀磁场探头和梯度探头,如图 5-34 所示。均匀磁场探头的励磁绕组为两个完全相同的绕组反向串联。均匀磁场探头感应绕组为两个相同绕组正向串联,用于测量直流磁场。梯度探头的初级绕组正向串联,次级绕组反向串联。梯度探头专用于测量磁场梯度,而与其周围均匀磁场无关。

(3)袖珍式磁强计

袖珍式磁强计是利用力矩原理做成的简易测磁仪,其外形如图 5-35 所示,尺寸为 Φ60×20 mm,它有两个永磁铁,一个是固定的,用于调零;另一个是活动的,用于测量。活动永磁体在外磁场和回零永磁体的双重磁场力作用下将发生偏转,带动指针停留在一定位置,指针偏转角度大小表示外磁场的大小。

该磁强计主要用于工件退磁后剩磁大小的快速直接测量,也可用于铁磁材料工件在探伤、加工和使用过程中剩磁的快速测量。

使用时,将磁强计靠近被测物体并将外壳上的箭头紧贴被测物体,指针的偏转代表了被测部位的剩磁量。

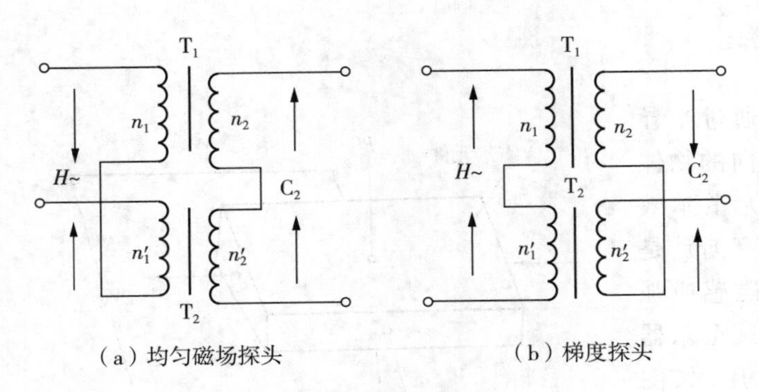

图 5-34　磁通门探头

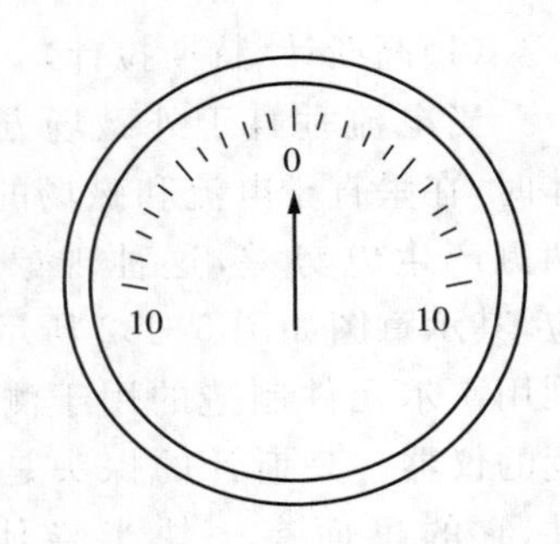

图 5-35　袖珍式磁强计外形

XCJ 型袖珍磁强计有三种规格，即 XCJ-A、XCJ-B、XCJ-C，测量分格分别为 0～10、0～20、0～50 等。

磁强计经亥姆霜兹线圈建立的标准均匀磁场校准，在标准磁场中，XCJ-A 和 XCJ-B 的最小分度为 0.1 mT(1 Gs)，XCJ-C 的最小分度为 0.05 mT(0.5 Gs)。

在非均匀磁场中，磁强计的动片只反映了受力的大小，与高斯计的指示值无对应关系。

该磁强计不能受强外磁场的作用；否则，精度将受影响，也不应受激烈碰撞。为消除地磁影响，一般应沿东西方向测量。

5.5.2　测光仪器

(1)白光照度计

白光照度计用于测量检验工件区域的白光强度。ST-80B 型数字式照度计，测量范围为 $1\times10^{-1}\sim1.999\times10^{5}$ lx，分四个量程：199.9×1 lx、199.9×10 lx、199.9×100 lx、199.9×1000 lx。需根据光的强弱选择适宜的量程。ST-85 型为自动量程照度计，测量范围为 $0\sim1999\times10^{2}$ lx。该仪器量程可自动调节。

(2)紫外光辐射照度计

紫外光辐射照度计用于测量在距紫外灯一定距离处的紫外辐射能量。由于紫外灯的辐射能量随着使用时间而衰减，所以，必须用紫外辐照计进行经常性的校验。

紫外辐照计由测光探头和读数单元两部分组成，探头的传感器是硅光电池器件，具有性能稳定的特点。探头的滤光片是特殊研制的优质紫外滤光片，能理想地屏蔽紫外光带以外的杂光。读数用数字显示。

UV-A 型紫外辐射计用于测量波长范围 320～400 nm，峰值波长 365 nm。测量范围分三个量程：0～1.999 $\mu W/cm^2$、0～19.99 $\mu W/cm^2$、0～199.9 $\mu W/cm^2$。

UVL 型长波紫外辐射计供紫外线强度测试之用。该设备屏蔽紫外线以外的杂光较好，不需要电源，放在测量处可直接读数，在暗室使用时可借磷光表面板照明读数。

5.5.3　磁粉与磁悬液测定仪器与装置

磁粉与磁悬液测定仪器与装置包括磁粉磁性检查装置、磁粉粒度测试装置和磁悬液浓度检查装置等。

(1)磁粉磁性检查装置

磁粉磁性检查方法有很多种，常用的有磁性称量和磁吸附方法。在实际工作中，主要是对磁粉的综合性能进行试验，要求能在标准缺陷处出现清晰的磁痕显示。

(2)磁粉粒度检查装置

磁粉粒度检查装置是用来测定磁粉悬浮性，反映磁粉的粒度。该方法使用一个长40 cm的玻璃管，其内径为10±1 mm，可在支座上用夹子垂直夹紧。管子上有两处刻度，一处在下塞端部水平线上，另一处在前一处刻度30 cm处，支座上竖有刻度尺，其刻度为0～30 cm。使用时在管内装上一定量的酒精并倒入规定量的磁粉试样摇晃均匀，利用酒精对磁粉的良好润湿性能，测量磁粉在酒精中的悬浮情况来表示磁粉粒度大小和均匀性。一般规定酒精磁粉悬浮液静止3 min后磁粉沉淀的高度不低于180 mm为合格。

(3)磁悬液沉淀管

该测量装置为一梨形或圆锥形，其上大下小，下部封口，测量液体从上部开口处注入。磁悬液在平静时，磁粉将发生沉淀，沉淀量随时间的增长而增多，当达到一定时间后，将完成全部沉淀。通过观察磁粉沉淀量及确定其与磁悬液浓度的关系，就能得到所测磁悬液的浓度。

复习题

5-1　磁粉检测设备主要分为几类？各类的特点是什么？

5-2　磁粉检测设备的命名规范是什么？

5-3　磁粉检测设备主要由哪几个部分组成？各部分具有什么功能？

5-4　磁化电源装置的作用是什么？

5-5　可见光、黑光和荧光的区别是什么？波长范围是多少？

5-6　紫外灯的结构是什么？使用时的注意事项有哪些？

5-7　如何选用磁粉检测设备？

5-8　常用的磁粉检测测量设备有哪些？各有什么用途？

第六章　磁粉检测器材

6.1　磁粉

磁粉是一种粉末状的铁磁物质，有一定大小、形状、颜色和较高的磁性。在磁粉检测中，磁粉是显示缺陷的手段，磁粉质量的好坏直接影响检测效果。应该正确地选择和使用磁粉，才能保证检测工作的质量。

6.1.1　磁粉的种类

磁粉的种类很多，分类方法也不同。常用的分类方法有两种：一是按磁痕显示光源的不同分为荧光磁粉和非荧光磁粉；二是按分散剂的不同，分为干式磁粉和湿式磁粉。

(1)荧光磁粉

荧光磁粉是以磁性氧化铁粉、工业纯铁粉、羰基铁粉等为核心，在铁粉外面粘合一层荧光染料树脂制成，是在紫外线(黑光)照射下观察磁痕显示所使用的磁粉。

磁粉的颜色、亮度及与工件表面颜色的对比度，对磁粉检测的灵敏度均有很大的影响。在这方面，荧光磁粉以其优良的光学性能远远胜于非荧光磁粉。荧光磁粉的光学性能系指在紫外光下所呈现的颜色和亮度。

人眼响应的光谱范围，大致为 380～720 nm，其灵敏度是波长的函数。日间视觉光见度的峰值为 550 nm，夜间视觉光见度的峰值为 510 nm，其相对光见度曲线如图 6－1 所示。此波长范围大致为黄绿色。国产 YC－2 型荧光磁粉的发光光谱曲线如图 6－2 所示。

荧光磁粉亮度为沿法线方向单位面积上产生的发光强度，在一定范围内，发光强度与紫外线辐射强度成正比。

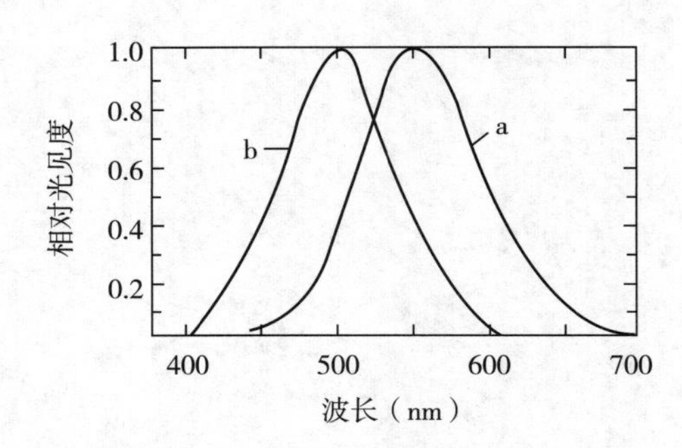

图 6－1　相对光见度曲线

a—日间视觉光见度；b—夜间视觉光见度

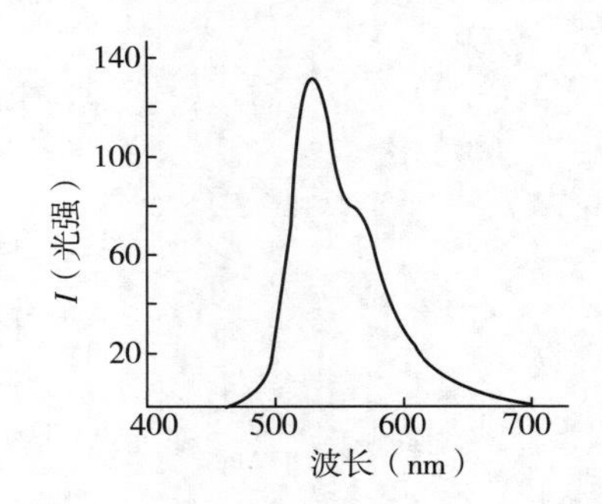

图 6－2　国产 YC－2 型荧光磁粉的发光光谱曲线

由于荧光磁粉在紫外线(黑光)照射下能发出波长为510～550 nm并为人眼所能接受的最敏感和色泽鲜明的黄绿色荧光，与工件表面的颜色形成很高的对比度，容易观察，适用于任何颜色的受检表面。荧光磁粉具有很高的检测灵敏度，能提高检测速度，国内外均已普遍使用。但荧光磁粉一般多用于湿法检验。

(2)非荧光磁粉

非荧光磁粉是在可见光(白光)下观察磁痕显示所使用的磁粉。常用的有四氧化三铁(Fe_3O_4)黑磁粉和γ三氧化二铁($\gamma-Fe_2O_3$)红褐色磁粉，这两种磁粉既适用于干法，又适用于湿法。干法用磁粉称作干式磁粉，是把磁粉分散在空气中吹成雾状喷洒在被检工件表面进行检测用的磁粉，粉粒直径一般为10～50 μm；湿法所用磁粉称作湿式磁粉，是将磁粉悬浮在以油或水作为载液配制成磁悬液后喷洒在被检工件表面进行检测用的磁粉。

以工业纯铁粉，如$\gamma-Fe_2O_3$或Fe_3O_4为原料，使用黏合剂使颜料或涂料包覆在粉末上制成的白色或其他颜色的非荧光磁粉，一般只用于干法。

JCM系列空心球形磁粉采用与普通磁粉完全不同的液化成形工艺制成，粉粒直径为10～130 μm。空心球形磁粉是铁铬铝的复合氧化物，具有良好的移动性和分散性，磁化工件时，磁粉能不断地跳跃着向漏磁场处聚集，探伤灵敏度高，高温不氧化，在400℃下仍能使用，可用于在高温条件下和高温部件的焊接过程中进行磁粉检测。空心球形磁粉只适用于干法。

在纯铁中添加铬、铝和硅制成的磁粉，也可用于300～400℃高温焊缝的缺陷检测。

磁粉一般都以干粉状态供货，但用于湿法使用的磁粉也有以磁膏(膏状磁粉)或浓缩磁悬液的形式出售，使用时应按比例进行稀释。

6.1.2 磁粉的性能

磁粉检测是靠磁粉聚集在漏磁场处形成磁痕来显示缺陷的，磁痕显示程度不仅与缺陷性质、磁化方法、磁化规范、磁粉施用时机、工件表面状态和照明条件等有关，还与磁粉本身的性能如磁性、粒度、形状、流动性、密度、识别度有关，因此选择性能好的磁粉十分重要。

(1)磁性

磁粉的磁性是磁粉被磁场吸引的能力，其大小与磁粉被漏磁场吸附形成磁痕的能力有关。磁粉应具有高磁导率的特性，以便被缺陷所产生的微弱漏磁场磁化和吸附。磁粉还应具有低矫顽力和低剩磁的特性，以便磁粉易于分散和反复使用。如果磁粉矫顽力过高或剩磁过大，在湿法检验中，一是磁粉被磁化后，因磁粉剩磁间的吸引而聚成大的磁粉团且不容易分散开；二是磁粉会被吸附到工件表面不易去除，形成过度背景，甚至会掩盖相关显示，造成缺陷难以辨认。若磁粉吸附在磁悬液槽和管道上，造成大量沉积损失，会降低磁悬液浓度及阻塞管道等。在干式检测中，干磁粉第一次磁化后就变成一个个小磁铁，由于磁铁的吸引会黏附在最初接触的工件表面上，使磁粉移动性变差，难以被缺陷处微弱的漏磁场所吸附，同样会形成过度背景，使缺陷难以辨认和识别。典型干磁粉的磁滞回线如图6－3所示。黑色磁粉和荧光磁粉配制成磁膏时的磁滞回线如图6－4所示。

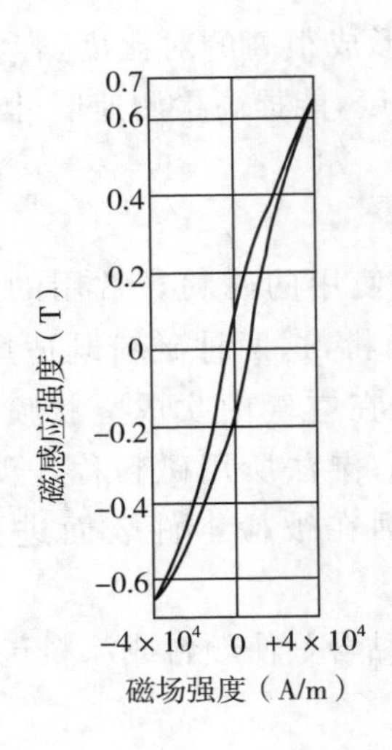

图 6-3　典型干磁粉磁滞回线

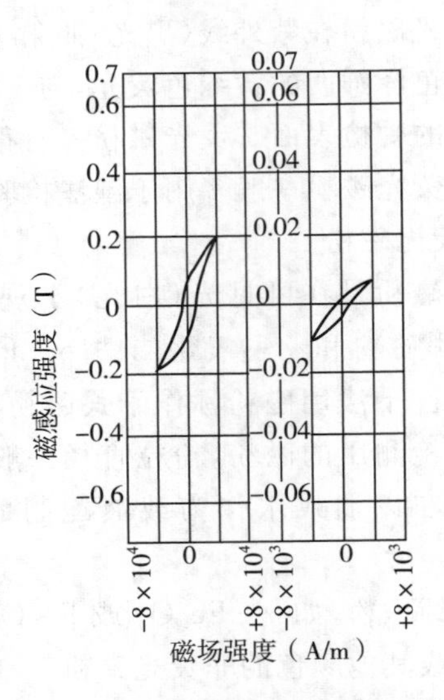

图 6-4　黑色磁粉和荧光磁粉配制成磁膏时的磁滞回线

在磁粉检测时，衡量磁粉的磁性好坏，没有必要绘制磁滞回线，通常采用磁性称量法（见本书 8.2 节），非荧光磁粉磁性要求在 7 g 以上，荧光磁粉可略低于此值。

(2)粒度

磁粉的粒度即磁粉颗粒的大小。粒度的大小影响磁粉在磁悬液中悬浮性和缺陷处漏磁场对磁粉颗粒的吸附能力。

选择适当的磁粉粒度时，应考虑缺陷的性质、尺寸、埋藏深度及磁粉的施加方式。检查暴露于工件表面的缺陷时，宜用粒度细的磁粉；检查表面下的缺陷时，宜用较粗的磁粉，这是因粗磁粉的磁导率较细磁粉的磁导率高。检查大的缺陷宜采用较粗的磁粉，因为粗磁粉可跨接大的缺陷；检查小的缺陷宜采用粒度细的磁粉，因为细磁粉可使缺陷的磁痕线条清晰，定位准确。采用湿法检测时，宜采用粒度细的磁粉，因为细磁粉悬浮性好；采用干法检测时，宜采用较粗的磁粉，因为粗磁粉容易在空气中散开，而细磁粉会像粉尘一样滞留在工件表面上，容易形成过度背景，影响缺陷辨认和识别及掩盖相关缺陷。在实际应用中，既要求发现大小不同的缺陷，也要求发现表面和近表面的缺陷，所以常常使用含有各种粒度的磁粉，这样对各类缺陷可获得较均衡的灵敏度。对于干法用的磁粉，常用的粒度范围为 10～50 μm，最大不超过 150 μm，灵敏度随着颗粒的减小而提高。对于湿法用的黑磁粉和红磁粉，粒度宜采用 5～10 μm，粒度大于 50 μm 的磁粉不能用于湿法检验，因为它很难在液体中悬浮，粗大的磁粉在磁悬液流动过程中，会滞留在工件表面干扰相关显示。

荧光磁粉因表面有包覆层，所以粒度不可能太小，粒度一般为 5～25 μm。但这并不意味着检测灵敏度会降低，因为荧光磁粉的可见度与对比度好，分辨力高，所以仍能获得较高的灵敏度。

(3)形状

磁粉有各种各样的形状，如条形、球形、椭圆形或其他不规则的颗粒形状。

一般说来，磁粉的形状以条形（长径比大）为好，这种形状的磁粉在漏磁场中易于磁化并形成磁极，容易被漏磁场吸附，这对于检测宽度比磁粉粒度大的缺陷和近表面缺陷是有利的。因为这类缺陷的漏磁场极为分散，聚集成磁粉链条才能形成明显磁痕。但如果磁粉完全由条状磁粉组成，就会产生严重的聚集而导致灵敏度的降低，还会导致磁粉的流动性不好。对于干法用磁粉，条形磁粉相互吸引还会影响喷洒和磁痕显示的形成。

球形磁粉能提供良好的流动性。尽管退磁场的影响不容易被漏磁场磁化，但球形磁粉能跳跃着向漏磁场聚集。

为了使磁粉既有良好的磁吸附性能，又有良好的流动性，所以理想的磁粉应由一定比例的条形、球形和其他形状的磁粉混合在一起使用。

(4)流动性

为了能有效地检出缺陷，磁粉必须能在受检工件表面流动，以便被漏磁场吸附形成磁痕显示。

在湿法检验中，是利用磁悬液的流动带动磁粉向漏磁场处流动。在干法检验时，是利用微风吹动磁粉，并利用交流电方向不断改变或单相半波整流电产生的单向脉冲磁场带动磁粉变换方向促进磁粉流动。由于其他直流电磁场方向不改变，不能带动磁粉变换方向，所以干法不能采用直流电流进行检验。

(5)密度

磁粉的密度指单位体积的磁粉质量。湿法用黑磁粉和红磁粉的密度约为 4.5 g/cm^3，干法用纯铁粉密度约为 8 g/cm^3，空心球形磁粉的密度为 0.7～2.3 g/cm^3。

磁粉的密度对检测结果有一定的影响，因为密度大的磁粉难以被弱的漏磁场吸附，而且在湿法检验中，若磁粉的密度大，则悬浮性差，易沉淀，降低了检测的灵敏度。密度大小与材料磁特性也有关，所以应综合考虑。

荧光磁粉的密度除了与采用的磁粉原料有关外，还与磁粉、荧光染料和黏接剂的配比有关。

(6)识别度

识别度系指磁粉的光学性能，包括磁粉的颜色、荧光亮度及与工件表面颜色的对比度。

对于非荧光磁粉，磁粉相对于工件的颜色对比越明显越好，这样磁痕才容易观察到，有利于缺陷识别；对于荧光磁粉，在黑光下观察时，工件表面呈暗紫色，只有微弱的可见光本底，而磁痕呈黄绿色，色泽鲜明，能够提供最大的对比度和亮度。因此它适用于不带荧光背景的任何颜色的工件。

总体来说，影响磁粉使用性能的因素有以上六个方面，但这些因素又是互相制约、互相关联的。如果孤立地追求某一方面而排斥其他方面，其结果有可能导致检测的失败。只有把这些因素综合一起考虑，才能取得较好的效果。最可靠的办法应该是通过综合性能（系统灵敏度）试验的结果来衡量磁粉的性能。

6.2　载液

对于湿法磁粉检测，用来悬浮磁粉的液体称为载液或载体，磁粉检测常用油基载液和水基载液，磁粉检测-橡胶铸型法则使用乙醇载液。

6.2.1　油基载液

磁粉检测用的油基载液是具有低黏度、高闪点、无荧光、无臭味、无毒性的煤油。

闪点是指易燃物质挥发在空气中产生的蒸气能够燃烧时的最低温度。若油的闪点低，磁悬液易被点燃，会造成探伤机、被检人员和工件的烧伤。

黏度是液体流动时内摩擦力的量度。黏度值随温度的升高而降低。油的黏度分为动力黏度和运动黏度两种。在一定的使用温度范围内，尤其在较低的温度下，若油的黏度小，磁悬液的流动性就好，检测灵敏度高。

例如常见的 LPW－3 号油基载液，其主要技术指标是：①按 GB/T 261—2008 测定时，闪点应不低于 94℃；②按 GB/T 265—1988 测定，38℃时运动黏度不大于 3.0 mm^2/s，在最低使用温度下运动黏度应不大于 5.0 mm^2/s；③荧光为不应超过 0.1 mol/L 硫酸中含 0.00002% 二水硫酸奎宁溶液所发出的荧光，即油基载液含有较低的荧光，使用荧光磁粉检测时，不至于干扰荧光磁粉的正常显示；④颗粒度按 SH/T 0093 测定，应不大于 1.0 mg/L；⑤总酸值按 GB/T 258—2016 测定，应不大于 0.15 mg KOH/L；⑥应无刺激性和令人厌恶的气味；⑦ 无毒性。

磁粉检测油基载液验收试验：要求测定闪点、运动黏度、荧光和气味。

磁粉检测油基载液绝对不允许使用低闪点的煤油载液。

油基载液优先用于如下场合：①对腐蚀应严加防止的某些铁基合金；②水可能会引起电击的地方；③在水中浸泡可能引起氢脆或腐蚀的某些高强度钢和金属材料。

6.2.2　水基载液

用水做悬浮液时，可降低成本且无着火的危险。但水不能单独作为载液使用，因为磁粉检测水基载液必须在水中添加润湿剂、防锈剂和消泡剂等，以保证水基载液具有合适的润湿性、分散性、防锈性及稳定性。

① 分散性：用水分散剂配制好的水磁悬液，磁粉能均匀地分散在水基载液中，在有效使用期内，磁粉不结成团。

② 润湿性：配置好的水磁悬液，在操作时能较迅速地润湿被检工件的表面，以便于磁粉的移动和吸引。合适的润湿性能应由水断实验确定。磁悬液 pH 值应为 8.0～10.0。

③ 防锈性：检测后的工件在规定的时间内存放不会生锈。

④ 消泡性：能在较短时间内自动消除由于搅拌作用引起的水基载液中的泡沫，以保证检测灵敏度。

⑤ 稳定性：在规定的储存期内，其使用性能不发生变化。

用水作为载液的优点是水不易燃，黏度小、来源广、价格低廉，但不适用于在水中浸泡可能引起氢脆或腐蚀的某些高强度钢和金属材料。

6.3　磁悬液

磁悬液是磁粉和载液按一定比例混合而成的悬浮液体。

6.3.1　磁悬液的浓度

每升磁悬液中所含磁粉的重量（g/L）或每 100 mL 磁悬液沉淀出磁粉的体积

(mL/100 mL)称为磁悬液浓度。前者称为磁悬液配置浓度,后者称为磁悬液沉淀浓度。

磁悬液浓度对显示缺陷的灵敏度影响很大,浓度不同,检测灵敏度也不一样。浓度太低,影响漏磁场对磁粉的吸附量,磁痕不清晰,会使缺陷漏检;浓度太高,会在工件表面滞留很多磁粉,形成过度背景,甚至会掩盖相关显示。

磁悬液浓度大小的选用与磁粉的种类、粒度、施加方式及被检工件表面状态等因素有关,一般磁悬液的浓度应符合 NB/T 47013.4—2015 中对磁悬液浓度的要求(见表 6－1 所列)。

表 6－1　磁悬液浓度

磁粉类型	配置浓度/(g/L)	沉淀浓度/(mL/100 mL)
非荧光磁粉	10～25	1.2～2.4
荧光磁粉	0.5～3.0	0.1～0.4

对于表面粗糙的被检工件,应采用浓度和黏度小一些的磁悬液进行检测;对于表面光亮的被检工件,应采用浓度和黏度大一些的磁悬液进行检测。

磁悬液浓度可用梨型沉淀管测定。新配置的磁悬液,其浓度应符合表中的要求,循环使用的磁悬液,每次开始工作前应进行磁悬液浓度测定。

6.3.2　磁悬液配制

(1)油磁悬液配制

先取少量的油基载液与磁粉混合,让磁粉全部润湿,搅拌成均匀的糊状,再按照表 6－1 比例加入余下的油基载液,搅拌均匀即可。

国外有一种浓缩磁粉,外表面包有一层润湿剂,能迅速地与油基载液结合,可直接加入磁悬液槽内进行使用。

(2)水磁悬液配制

非荧光磁粉水磁悬液配方见表 6－2 所列。

表 6－2　非荧光磁粉水磁悬液配方

物质	水	100# 浓乳	三乙醇胺	亚硝酸钠	28# 消泡剂	HK－1 黑磁粉
含量	1 L	10 g	5 g	10 g	0.5～1g	10～25 g

配制方法一:按照表 6－2 比例将 100# 浓乳加入 50℃温水中,搅拌至完全溶解,然后再加入三乙醇胺、亚硝酸钠和 28# 消泡剂,每加入一种成分后都要搅拌均匀,最后再加入磁粉并搅拌均匀。

荧光磁粉水磁悬液配方见表 6－3 所列。

表 6－3　荧光磁粉水磁悬液配方

物质	水	JFC 浓乳	亚硝酸钠	28# 消泡剂	YC2 荧光磁粉
含量	1 L	5 g	10 g	0.5～1g	0.5～2g

配制方法二:将润湿剂与 28# 消泡剂加入水中搅拌均匀,并按比例加足水,制成水载液,

取少量水载液与磁粉和匀，然后加入余量的水载液，最后再加入亚硝酸钠。

荧光磁粉磁悬液的水载液应进行严格的选择和试验，不应使荧光磁粉结团、剥离或变质。

6.4 反差增强剂

在检测焊缝及铸钢件等表面粗糙的工件时，由于被检工件表面粗糙、凹凸不平、缺陷磁痕与工件表面颜色对比度很低，会使磁痕显示不清晰，缺陷难以检出，易造成漏检。为了提高其对比度，检测前，可在工件表面上先涂一层白色薄膜，厚度为 25～45 μm，然后再磁化工件、喷洒黑磁粉磁悬液，其磁痕就会清晰可见。这一层白色薄膜就叫作反差增强剂。

反差增强剂可自行配制，市场上也有在售成品。反差增强剂的配方如表 6－4 所列。

表 6－4 反差增强剂的配方

成分 含量	工业丙酮	稀释剂 X－1	火棉胶	氧化锌粉
每 100 mL 中的含量	65 mL	20 mL	15 mL	10 g

施加反差增强剂的方法：整体工件检查可用浸涂法，局部检查可用刷涂法或喷涂法。

清除反差增强剂的方法：可用工业丙酮与稀释剂 X－1 配置的混合液（按 3∶2 配制）浸过的棉纱擦洗，或将整个工件浸入该混合液中清洗。

6.5 标准试块和试片

磁粉检测用试块和试片是检测时必备的工具，可用以检查探伤设备、磁粉、磁悬液的综合使用性能以及操作方法是否适当。此外，试片还可用于考察被检测工件表面各点的磁场分布规律，并可用以大致确定理想的磁化电流值。常用的试块和试片分为人工制造的标准缺陷试块和试片及自然缺陷试块。

6.5.1 试块

试块主要用于检验磁粉检测设备、磁粉和磁悬液的综合性能（系统灵敏度），也用于考察磁粉检测的试验条件和操作方法是否适当，还可用于检验各种磁化电流大小不同时产生的磁场在标准试块上大致的渗透深度。

试块不适用于确定被检工件的磁化规范，也不能用于考察被检工件表面的磁场方向和有效磁化范围。

（1）直流环形标准试块

直流环形标准试块又叫 B 型标准缺陷试块，与美国的 Betz 环等效，用于校准直流探伤机。试块材料为经退火处理的 9CrWMn 钢锻件，其硬度为 90～95HRB。直流环形标准试块的形状如图 6－5 所示，试块孔号及通孔中心距外缘尺寸见表 6－5 所列。

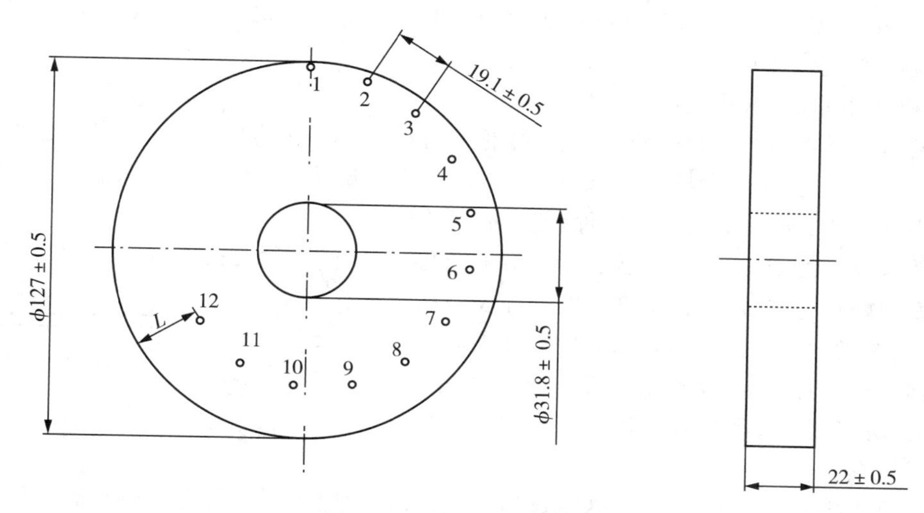

图 6-5　直流环形标准试块

表 6-5　试块孔号及通孔中心距外缘尺寸

孔　号	1	2	3	4	5	6	7	8	9	10	11	12
通孔中心距外缘距离 L(mm)	1.78	3.56	5.33	7.11	8.89	10.67	12.45	14.22	16.00	17.78	19.56	21.34

注:① 12 个通孔的直径 D 为 ϕ1.78 mm±0.08 mm;

② 通孔中心距外缘距离 L 的尺寸公差为±0.08 mm。

直流环形标准试块使用方法是:用铜棒做中心导体插入试块中心孔内进行磁化,用连续法检验,当通过规定的直流电流时,观察环的外部边缘磁痕显示清晰的孔数,其最小数量应符合要求。

(2)E 型标准试块

E 型标准试块用于校验交流磁粉探伤机。试块采用经退火处理的 10 钢锻制而成;用含碳量不大于 0.15%的软钢制成;钢环用胶木做衬垫,套在铜棒上。E 型标准试块的形状和尺寸如图 6-6 所示。钢环上钻有直径 1 mm 的 3 个通孔,孔中心距表面分别为1.5 mm、2.0 mm、2.5 mm。

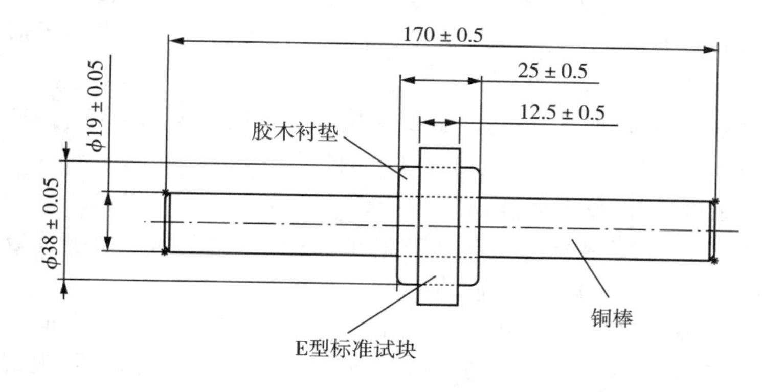

图 6-6　E 型标准试块的形状和尺寸

E 型标准试块使用方法：把试块夹在探伤机的两接触夹头之间，通电磁化，观察环的外部边缘应清晰显示一个以上缺陷孔的磁痕。

(3)磁场指示器(八角试块)

磁场指示器是用电炉铜焊将八块低碳钢与铜片焊在一起构成的，有一个非磁性手柄。如图 6-7 所示。它的用途与 A_1 型试片基本相同，但比试片经久耐用，操作简便。对于曲率半径较小、A_1 型试片无法粘贴的工件，使用磁场指示器仍然有效。由于这种试块刚性较大，不可能与工件表面很好贴合，难以模拟出真实的工件表面状况，所以磁场指示器只能作为表示被检工件表面的磁场方向、有效检测区以及磁化方法是否正确的一种粗略的校验工具，而不能作为磁场强度和磁场分布的定量依据。

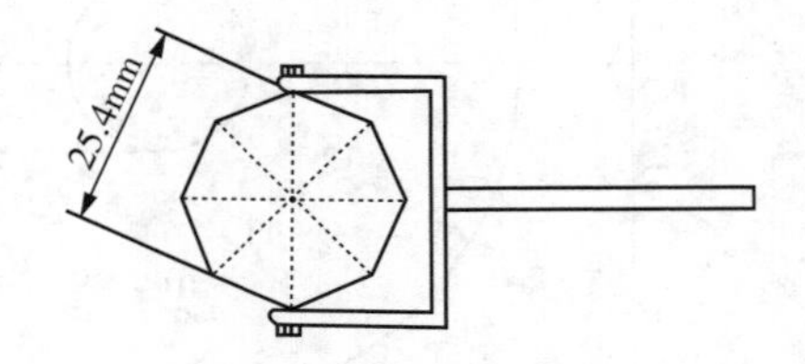

图 6-7　磁场指示器

使用时将指示器铜面朝上，八块低碳钢面朝下紧贴被检工件，用连续法给指示器铜面上施加磁悬液，观察磁痕显示。若检测微小缺陷，应选用铜片较厚的指示器；若检测较大的缺陷，应选用铜片较薄的指示器。

6.5.2　试片

(1)用途

标准试片是磁粉检测必备的工具之一，具有以下用途：

① 用于检验磁粉检测设备、磁粉和磁悬液的综合性能(系统灵敏度)；

② 用于了解被检工件表面大致的有效磁场强度和方向及有效检测区；

③ 用于考察所用的操作方法和检测工艺规程是否恰当；

④ 几何形状复杂的工件磁化时，工件各部位的磁场强度分布不均匀，无法计算磁化规范，若用小而柔软的试片贴在复杂工件的不同部位，可大致确定较理想的磁化规范。

(2)分类

日本使用 A 型和 C 型试片，美国使用的试片称为 QQI 质量定量指示器，我国使用的有 A 型、C 型、D 型和 M_1 型四种试片。

试片为 DT4A 超高纯低碳纯铁经轧制而成的薄片。加工的材料包括经退火处理和未经退火处理两种。试片分类符号用大写英文字母表示。热处理状态由下标的阿拉伯数字表示，经退火处理的为 1 或空缺，未经退火处理的为 2。型号名称中的分数，其分子表示试片人工缺陷的深度，分母表示试片的厚度，单位为 μm。常见的标准试片的类型、规格和图形见表 6-6 所列。

GB/T 23907 中规定了 A 型、C 型、D 型试片，这三种试片按不同依据分类如下：

① 按热处理状态分为经退火处理的试片和未经退火处理的试片。

② 按灵敏度等级分为高灵敏度试片、中灵敏度试片和低灵敏度试片；

注：按灵敏度等级进行分类，仅适宜于相同热处理状态的试片；同一类型和灵敏度等级的试片，未经退火处理的比经退火处理的灵敏度约高 1 倍。

M_1 型多功能试片是将三个槽深各异而间隔相等的人工刻槽，以同心圆样式做在同一试片上。其三种刻槽分别与 A_1 型试片的三种型号的槽深相同，这种试片可一片多用，观察磁痕显示差异直观，能更准确地推断出被检工件表面的磁化状态。

表 6-6　常见的标准试片的类型、规格和图形

类型	规格:缺陷槽深/试片厚度/μm		图形和尺寸/mm
A_1 型	A_1 -7/50		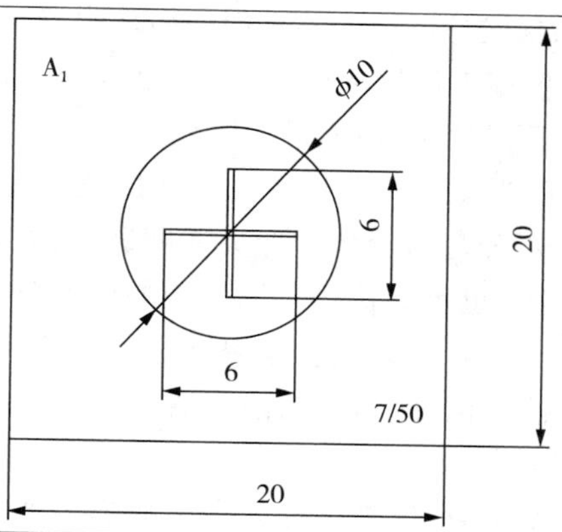
	A_1 -15/50		
	A_1 -30/50		
	A_1 -15/100		
	A_1 -30/100		
	A_1 -60/100		
C 型	C-8/50		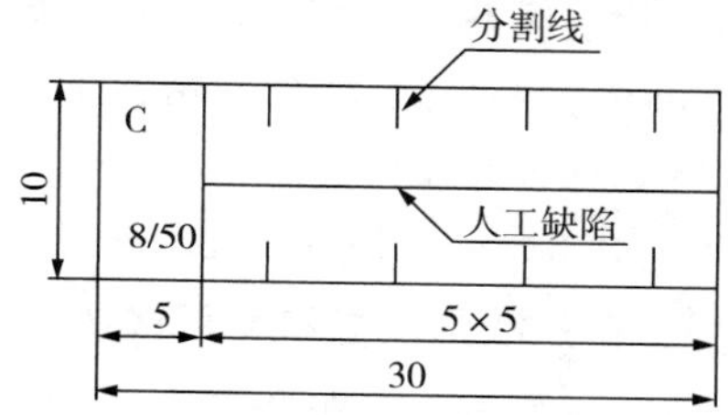
	C-15/50		
D 型	D-7/50		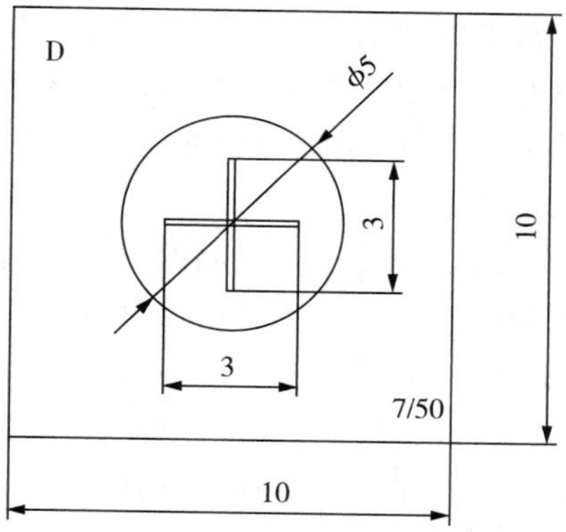
	D-15/50		
M_1 型	ϕ12 mm	7/50	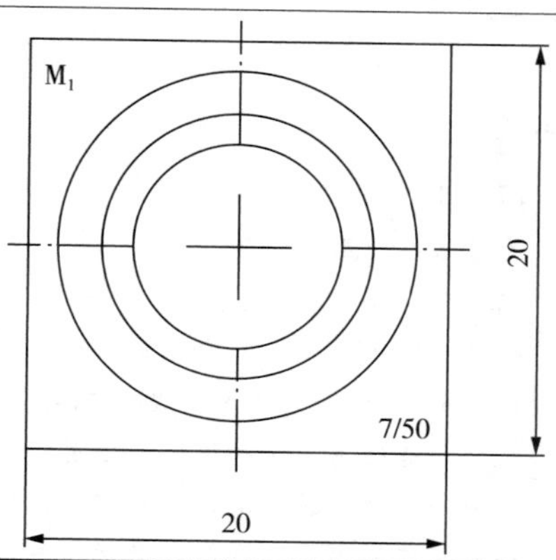
	ϕ9 mm	15/50	
	ϕ6 mm	30/50	

注:C 型标准试片可剪成 5 个小试片分别使用。

(3)使用

① 标准试片只适用于连续法检测,用连续法检测时,检测灵敏度几乎不受被检工件材质的影响,仅与被检工件表面的磁场强度有关。应注意:标准试片不适用于剩磁法检测。

② 根据工件检测面的大小和形状,选取合适的标准试片类型。检测面大时,可选用A型;检测面较窄或表面曲率半径较小时,可选用C型或D型。

③ 根据工件检测所需的有效磁场强度,选取不同灵敏度的试片。需要有效磁场强度较小时,选用分数值较大的低灵敏度试片;需要有效磁场强度较大时,选用分数值较小的高灵敏度试片。也可以选用不同类型的试片分别贴在工件磁场强度要求不同的部位。

④ 试片表面锈蚀或有褶纹时,不得继续使用。

⑤ 使用试片前,应用溶剂清洗防锈油。如果工件表面贴试片处凸凹不平,应打磨平整并除去油污。

⑥ 使用时,应将试片无人工缺陷的面朝外。为使试片与工件被检面接触良好,可用透明胶带靠试片边缘贴成"井"字形,并贴紧,注意透明胶纸不得盖住有槽的部位。

⑦ 也可选用多个试片,分别贴在工件的不同部位,可看出工件磁化后,被检表面不同部位的磁化状态或灵敏度的差异。

⑧ 试片用完后,可用溶剂清洗并擦干。等其干燥后涂上防锈油,放回原装片的袋内保存。

6.5.3 自然缺陷试样和专用试块

自然缺陷试样不是人工特意制造的,而是在生产制造过程中由于某些原因而在工件上形成的。常见的缺陷有各种裂纹、折叠、非金属夹杂物等,往往根据检测工作的需要进行选择。对带有自然缺陷的试样按规定的磁化方法和磁场强度检测,如果全部应该显示的缺陷磁痕显示清晰,说明系统综合性能合格,否则应检查影响显现的原因,并调整有关因素使综合性能满足要求。

自然缺陷试样最符合检测的要求。因为它的材质、形状都与被检工件一致,最能代表工件的检测情况。建议对固定的批量检测的工件有目的地选取自然缺陷试样。但自然缺陷试样仅对专门产品有效,使用时应加以注意。

另外,有时为了检测产品的方便,按照产品的形状和检测要求特地制作专用试块,这种专用试块只能在特殊规定场合下使用,一般只能进行综合性能鉴定,使用时应予以注意。

复习题

6-1 磁粉是如何分类的?

6-2 为什么要使用荧光磁粉?

6-3 磁粉有哪些性能要求?

6-4 磁粉应具有什么样的磁性特征?

6-5 什么是载液、磁悬液和磁悬液浓度?

6-6 配制水基磁悬液时的注意事项有哪些?

6-7 常用的有哪几种标准试块和试片?各自的作用是什么?

6-8 如何正确使用标准缺陷灵敏度试片?

6-9 什么是反差增强剂?反差增强剂有什么作用?

第七章　磁粉检测工艺

7.1　磁粉探伤工艺

工件实施磁粉检测，应该有特定的磁粉探伤工艺。详细规定磁粉探伤的各个技术参数及操作要领的文件为磁粉探伤工艺。正确执行探伤工艺，才能保证探伤的工作质量。根据磁粉探伤工艺，可绘制出探伤工艺流程图。磁粉探伤工艺流程的主要内容如图 7-1 所示。

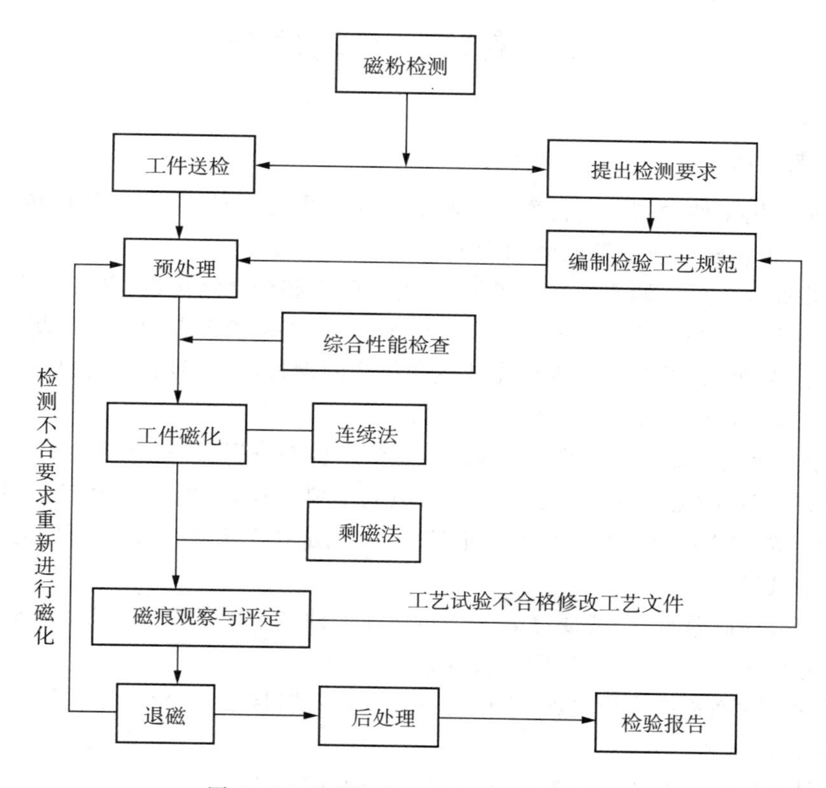

图 7-1　磁粉探伤工艺流程的主要内容

磁粉探伤的主要操作由六部分组成：工件预处理、磁化被探工件、施加磁粉或磁悬液、在合适的光照下观察和评定磁痕显示、退磁及后处理。

在施加磁粉或磁悬液过程中，根据施加时机不同，磁粉探伤方法分为剩磁法和连续法。两种探伤方法的操作程序有所差异。连续法是在磁化过程中施加磁粉或磁悬液，而剩磁法是在工件磁化后施加磁粉或磁悬液，其一般操作程序如图 7-2 所示。

根据磁粉所用的载液或载体不同，磁粉探伤方法分为干法和湿法。

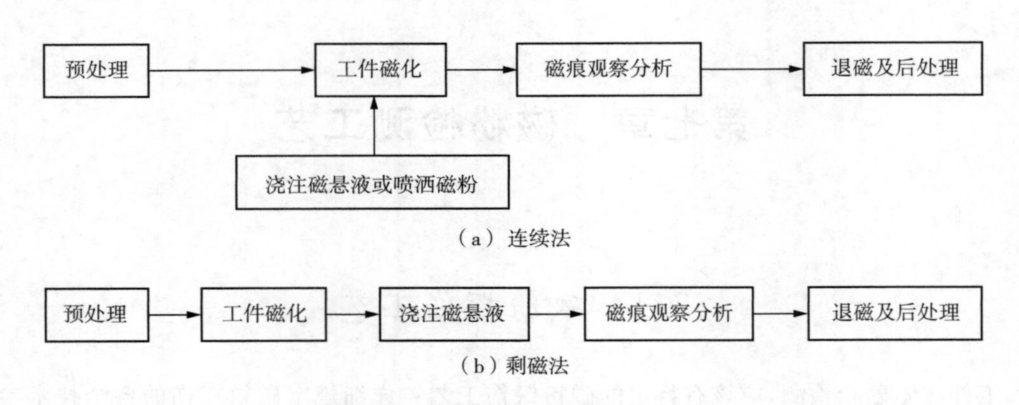

图 7-2　连续法和剩磁法操作程序

7.2　剩磁法与连续法

7.2.1　剩磁法

剩磁法是利用工件的剩磁进行磁粉检测的方法。先将工件磁化，待切断磁化电流或移去外加磁场后，再将磁粉或磁悬液施加到工件表面。

凡经过热处理（淬火、调质、渗碳、渗氮等）的高碳钢和合金结构钢，其材料的剩余磁感应强度 B_r 在 0.8 T(8000 Gs)以上，矫顽力在 800 A/m(10 Oe)以上者均可进行剩磁检验；低碳钢(10 号钢、20 号钢)以及处于退火状态或热变形后的钢材均不能用剩磁法检查。马氏体不锈钢用剩磁法检查的效果不如连续法。

剩磁法操作程序：预处理→磁化→施加磁悬液→检查→退磁→后处理。

采用剩磁法时，磁化所用的磁场强度的峰值起主要作用，通电时间没有必要很长，原则上在 1/4～1 s 范围内即可。但采用冲击电流时，应规定在 1/100 s 以上，要反复通电方能达到良好的检出效果。

往工件上浇注磁悬液，一般要浇 2～3 遍，保证工件各个部位充分润湿，或将工件浸入搅拌均匀的磁悬液中 10～20 s，取出后进行观察。

磁化了的工件在检查完毕之前，不应与任何铁磁材料接触，以免产生磁写入。

(1)剩磁法的优点

剩磁法是在宇航工业中使用的极其普遍的一种方法，优点如下：

① 检验效率高。利用剩磁法时，可将许多中小型工件浸入磁悬液槽中，一次处理一批工件；也可将许多工件排放一起，浇注磁悬液，而观察时则可数人同时进行，因此检验效率远远高于连续法。

② 判读磁痕容易。采用剩磁法时，只有少量磁粉沉积在划痕、铆接部位以及加工粗糙的表面上，所以，干扰真正缺陷磁痕的杂乱显示较少，有利于缺陷的解释和评定。螺纹部位最适宜采用剩磁法。

③ 目视检查的可达性好。工件磁化以后，可与磁化装置脱离，可以拿到光线最好、位置

及角度最合适的条件下观察。剩磁法特别适用于筒形工件内壁的检查和端面检查。

④ 可以达到足够的探伤灵敏度。对于具有足够矫顽力和剩磁的材料，用剩磁法也能进行高精度的探伤。剩磁法能满足宇航工业的重要工件的探伤要求。

剩磁法由于具有以上优点，只要钢材磁特性允许，且无特殊情况，可以优先考虑对其采用剩磁法。

(2)剩磁法的局限性

① 只用于矫顽力和剩磁均能满足要求的材料。

② 采用交流电磁化时，如果断电相位不加控制，剩磁有波动。

③ 剩磁法对复合磁化不适用。

④ 剩磁法一般不与干法配合使用。

7.2.2　连续法

连续法又称外加法，系在外磁场的作用下，将磁粉或磁悬液施加到工件上进行磁粉检测。对工件的磁痕观察和检查可在外磁场的作用下进行，亦可在中断磁场后进行。

低碳钢以及所有其他处于退火状态和经过热变形的钢均须采用连续法。此外，对于形状复杂的大型工件，如带肋或凸出部分不易获得所需的剩磁，或者 L/D 值太小及表面覆盖层较厚的工件，也宜采用连续法。

(1)连续法的操作程序

连续法的操作程序如图 7-3 所示。

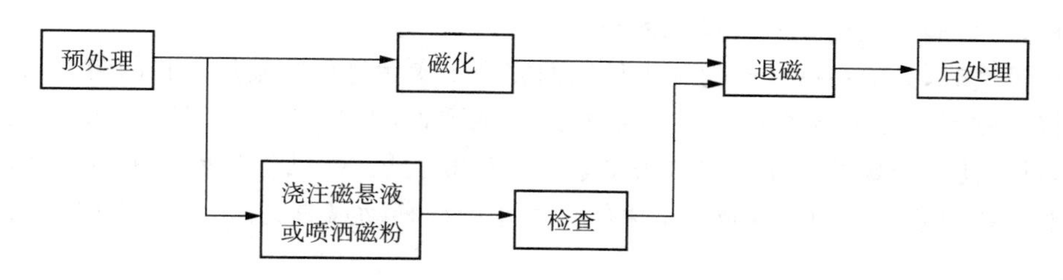

或者：

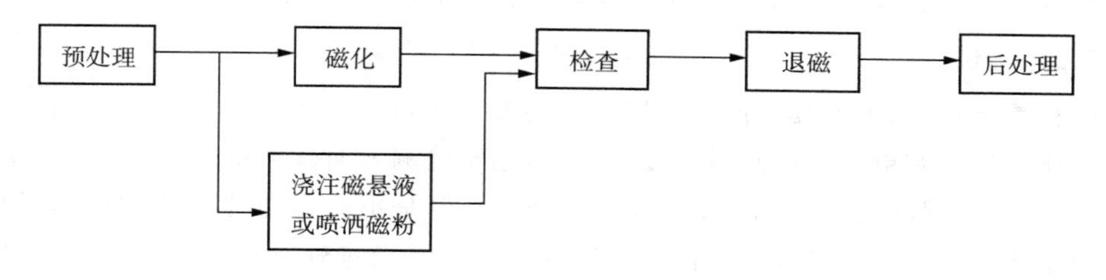

图 7-3　连续法的操作流程

(2)连续法的操作要点

① 采用湿法时，先将工件用磁悬液均匀润湿，然后接通电流 1～3 s，与此同时，浇注磁悬液。停止浇注后再通电数次，每次 0.5～1 s。

② 采用干法时，应在施加干磁粉之前就接通磁化电流，并在完成施加磁粉和吹掉多余的磁粉之后，方才中断电流。

(3)连续法的优点

① 适用于任何铁磁件材料。

② 具有最高的检测灵敏度。

③ 能用于复合磁化。

(4)连续法的缺点

① 检测效率较低。

② 易出现干扰缺陷评定的杂乱显示。

7.3 湿法与干法

对工件施加磁粉和磁悬液就是将适当数量、均匀分布的磁粉，缓慢地施加在有效探伤范围内的工件表面上，使之吸附在缺陷部位。探伤时，要根据工件的磁特性、形状、尺寸、表面状况、预计的缺陷特性、磁化方法及探伤环境，选择使用干法或湿法。

7.3.1 干法

用干燥磁粉进行探伤的方法叫干法。干法广泛地用于大型锻件和铸件毛坯、大型结构件和大型焊缝局部区域的磁粉检测。因为这些大型部件不便于放在固定式探伤机上，如果用湿法，不便于回收磁悬液，采用干法探伤可以就地检查，比较方便。另外，这些工件表面粗糙，一般不要求很高的灵敏度。干法在铁路系统普遍用于检修机车及车辆受力工件。干法常与支杆、马蹄形电磁轭等便携式设备并用。

采用干法时，必须在确认磁粉和工件表面完全干燥后进行。施加干粉的装置，必须以最小的力将干磁粉施加于被磁化工件的表面，并形成薄而均匀的粉末覆盖层。要避免局部堆积过多，可以使用干燥的压缩空气吹去多余的干磁粉。风压、风量和风口距离要掌握适当，注意不要干扰缺陷的磁痕。风吹时，要有顺序地连续移动风具，并从一个方向吹向另一个方向。

采用干法时需要特别注意的是：要在工件磁化之后施加磁粉，而在观察和分析磁痕之后再撤去磁场，对磁痕的观察应在施加干磁粉和去除多余磁粉的同时进行。

7.3.2 湿法

将磁粉悬浮在油、水或其他液体介质中使用便成为湿法。湿法适用于大批量工件的检查。湿法比干法具有更高的检测灵敏度，特别适用于检测表面微小缺陷。例如疲劳裂纹、磨削裂纹、发纹等。湿法经常与固定式设备配合使用，但是不排斥与移动式和便携式设备并用。用于湿法的磁悬液能循环连续使用。磁悬液通常是经过软管和喷嘴施加到工件上(浇法)，或者将工件浸入磁悬液内(浸法)。浇法的灵敏度略低于浸法，浇法通常与连续法配合使用。而采用剩磁法时，无论用浇法或浸法均很相宜。用浇法时液流流速要微弱，因为高速液流流过工件表面会冲刷掉缺陷显示。采用浸法时，要掌握好工件在磁悬液中浸放的时间，时间略长有利于缺陷磁痕的形成，但时间太长又会使衬底变坏。

使用水磁悬液时，应先进行“水断试验”。方法是使已含有润湿剂的水磁悬液漫过被检工件，如果工件表面磁悬液的薄膜是连续不间断的，称为“无水断表面”，说明水中已含有足够的润湿剂，可以进行探伤。如果工件表面磁悬液的薄膜是断开的，形成许多小水点，就不能进行探伤，应加入更多的润湿剂。一般说来，润湿表面光滑的工件要比表面粗糙的工件用更多的润湿剂，但润湿剂 pH 值不能超过 9.2。

关于磁悬液浓度，本书在上一章已推荐了常用的范围。但有时要根据具体情况进行变动。例如检查细牙螺纹，就要降低浓度，黑磁粉磁悬浮液可采用 5～7 g/L；而对于镀铬工件，黑磁粉磁悬液可采用 10～30 g/L，而且要提高磁悬液的黏度。

7.4　工序安排及预处理

7.4.1　工序安排

为了提高产品的质量，应在制造工序中的适当时期，例如在容易发生缺陷的加工工艺过程之后安排磁粉探伤。安排的原则是：

① 磁粉探伤一般应在各道加工工序完成以后进行，特别是在容易发生缺陷的加工工序（如冷变形、焊接、磨削、矫正和加载试验）后进行，必要时也可在工序间安排探伤。

② 电镀层、涂漆层、表面发蓝、磷化以及喷丸强化等表面处理工艺将使缺陷难以检出，一般应在这些工序之前检测，尤其要求精密探伤的宇航工件须在之前进行探伤。

③ 磁粉探伤应在涂漆、涂油脂和干膜润滑剂前进行，返修工件允许带漆探伤。

④ 需要发蓝、磷化、喷锌、电镀等表面处理的工件，磁粉探伤一般应在表面处理前进行。如必须在表面处理后进行，则表面覆盖层厚度一般不得超过 50 μm，但对一些细微缺陷（如发纹）的显示可能有影响。如果镀层可能产生缺陷（如电镀裂纹），则在电镀工艺前后都应进行检测，以便明确缺陷产生的环境。

⑤ 镀铬层厚度大于 50 μm 的重要工件，电镀前后都必须进行磁粉探伤。

7.4.2　预处理

因为磁粉探伤是用于检查工件表面缺陷的，工件表面状态对磁粉探伤的操作和灵敏度有很大影响，如在干法和湿法检验中，光滑表面会让磁粉较容易移动，而有油污和铁锈的表面则会阻碍磁粉移动，还会污染磁悬液。为了提高探伤灵敏度、获得较为满意的探伤效果，探伤前应对工件进行预处理。

① 清除工件表面的油污、铁锈、毛刺、氧化皮、金属屑和砂粒等。清除方法根据需要可用蒸汽清洗、溶剂清洗，还可用喷砂或金属刷去除，对焊缝可用砂轮修整。但不要使用有绒毛的擦布擦拭工件，因为绒毛留在工件上会滞留磁粉，给缺陷判断带来困难。干法探伤时，工件表面应充分干燥；使用油磁悬液时，工件上不应有水分；使用水磁悬液时，工件表面要认真除油。

② 有非导电覆盖层的工件需通电磁化时，应将电极接触部位的覆盖层打磨干净或清洗掉漆层后再通电，因非导电覆盖层不仅会隔断磁化电流，还容易在通电时产生电弧烧伤工件。清除漆层可用丙酮或其他溶剂，但不能使用金属刷以防划伤工件表面，给缺陷判断带来困难。

③ 对装配件应将其分解后探伤，因为装配件一般形状和结构复杂，磁化和退磁均困难，分解后探伤容易操作。另外，装配件的动作面如果流进磁悬液则难以清洗，会造成工件动作面磨损。分解后探伤不仅能观察到所有的探伤面，而且还可避免在交界处产生假象。滚球轴承之类的工件，如果检查后不能将磁粉清除干净，最好不要进行磁粉探伤。

④ 对盲孔或孔穴、内腔等磁粉难清除的部位,必要时应在探伤前用软木塞、聚氯乙烯塞、硬脂或布把孔封堵上。但对使用过的工件探伤时不能封堵孔,以防掩盖孔周围的疲劳裂纹。

7.5　磁化规范

工件磁化时,根据工件所用材料的磁性能、工件的尺寸、形状、表面状况、缺陷的性质(种类、形状、大小、位置、方位等)确定以下参量:检验方法(连续法、剩磁法)、磁场方向和磁场强度、磁化方法、磁化电流的种类、电流值及有效探伤范围。选择磁化电流值或磁场强度值所遵循的规则,称为磁化规范。

制定一个工件的磁化规范时,首先要根据工件的材料和热处理状态确定采用剩磁法还是连续法。然后再根据工件的尺寸、形状、表面光洁度以及应探出缺陷的位置、形状和大小确定磁化方法和磁化电流值。因为这些因素变动范围很宽,所以对每个具体工件做出磁场强度的精确规定是有困难的。但是,在长期的生产实践中,人们制定了周向磁化和纵向磁化规范,将磁场强度控制在合理的范围内,能使工件得到有效的磁化。实际应用时,磁化规范按照灵敏度一般可分为以下三个等级:

① 标准磁化规范。在这种规范下,能清楚显示工件上所有的缺陷,如深度超过0.05 mm的裂纹、表面较小的发纹及非金属夹杂物等,这种规范一般在要求较高的工件检测中采用。

② 严格磁化规范。在这种规范下,可以显示出工件上深度在0.05 mm以内的微细裂纹、皮下发纹以及其他的表面与近表面缺陷。这种规范适用于特殊要求场合,如承受高负荷、应力集中及受力状态复杂的工件,或者为了进一步了解缺陷性质而采用。在这种规范下若处理不好时可能会出现伪像。

③ 放宽磁化规范。在这种规范下,能清晰地显示出各种性质的裂纹和其他较大的缺陷。这种规范适用于要求不高工件的磁粉探伤。

7.5.1　周向磁化规范

(1)通电法或穿棒法的规范

圆柱形或圆筒形工件用通电法或穿棒法进行周向磁化时,可按下述公式计算磁化电流值:

$$I=\frac{HD}{320} \tag{7-1}$$

式中:H——磁场强度(A/m);D——工件受检部分的直径(mm)。

对于形状不规则的工件进行磁化时,计算磁化电流值的近似方法是用工件的当量直径,所谓当量直径是指与该工件的周长相同的圆棒直径,即

$$D=\frac{周长}{\pi}$$

【例7-1】　一截面为50 mm×50 mm、长为500 mm的钢棒,要求表面磁场强度为8000 A/m,求所需的磁化电流值。

解:钢棒的当量直径

$$D=\frac{200}{\pi}\approx 64(\text{mm})$$

所需的磁化电流值

$$I=\frac{8000\times 64}{320}=1600(\text{A})$$

【例 7－2】 一直径远大于厚度的盘形件，直径为 250 mm，要求表面磁场强度达到 2400 A/m，求直接通电所需电流值。

解：盘形件当量直径

$$D=\frac{250\times 2}{\pi}\approx 160(\text{mm})$$

所需电流值

$$I=\frac{2400\times 160}{320}=1200(\text{A})$$

【例 7－3】 一钢板长 0.5 m，厚度很薄，宽度为 150 mm，要求表面磁场强度达到 2400 A/m，求所需电流值。

解：钢板当量直径

$$D=\frac{150\times 2}{\pi}\approx 95(\text{mm})$$

所需电流值

$$I=\frac{2400\times 95}{320}=712.5(\text{A})$$

我国几十年来普遍采用的周向磁化标准规范是：工件表面磁场强度剩磁法为 8000 A/m，连续法为 2400 A/m。承受高负荷的工件采用高于此值的严格规范，受力小的粗加工工件或毛坯件采用低于此值的放宽规范，具体见表 7－2 所列。按照我国的习惯，表 7－2 中的电流值为工频正弦交流电的有效值，采用各种类型的电流时要加以换算（见表 7－3 所列）。

表 7－2 工件的周向磁化规范

规范名称	适用工件	能发现的缺陷	检验方法	工件表面磁场强度			工件磁化电流计算公式		
				(A/m)	(A/cm)	(Oe)	圆筒形	圆板	板材
标准规范	表面光洁度较高的高负荷工件	深度超过 0.05 mm 的表面缺陷，以及埋藏深度在 0.5 mm 之内表面下较大缺陷	剩磁法	8000	80	100	$I=25D$	$I=16D$	$I=16S$
			连续法	2400	24	30	$I=8D$	$I=5D$	$I=5S$

（续表）

规范名称	适用工件	能发现的缺陷	检验方法	工件表面磁场强度			工件磁化电流计算公式		
				(A/m)	(A/cm)	(Oe)	圆筒形	圆板	板材
严格规范	弹簧喷嘴管等高负荷工件及工件上应力高度集中区	在抛光表面上，凡深度在0.05 mm之内的细小发纹和磨削裂纹均可全部发现，亦即实际上可发现所有缺陷	剩磁法	14400	144	180	$I=45D$	$I=30D$	$I=30S$
放宽规范	承受静力和重复静力（拉伸、压缩）的表面粗加工面工件	能发现所有危险缺陷（表面裂纹、延伸于金属深处的发纹），也能部分发现细小缺陷	连续法	4800	48	60	$I=15D$	$I=10D$	$I=10S$
			剩磁法	4800	48	60	$I=15D$	$I=10D$	$I=10S$

注：I——磁化电流(A)；D——工件直径(mm)；S——板材宽度(mm)。

表 7-3　周向磁化标准规范的换算

工件形状	检验方法	交流电（有效值）	直流电（平均值）	单相全波整流电（平均值）	单相半波整流电（平均值）	三相全波整流电（平均值）	三相半波整流电（平均值）	一切波形（峰值）
圆柱（筒）形	剩磁法	$I=25D$	$I=35D$	$I=23D$	$I=11.5D$	$I=33D$	$I=29D$	$I=35D$
	连续法	$I=8D$	$I=11D$	$I=7D$	$I=3.5D$	$I=10.5D$	$I=9D$	$I=11D$
圆板形（沿直径通电）	剩磁法	$I=16D$	$I=22.5D$	$I=14D$	$I=7D$	$I=21D$	$I=18D$	$I=22.5D$
	连续法	$I=5D$	$I=7D$	$I=4.5D$	$I=2.3D$	$I=6.6D$	$I=6D$	$I=7D$
板材（沿板长通电）	剩磁法	$I=16S$	$I=22.5S$	$I=14S$	$I=7S$	$I=21S$	$I=18S$	$I=22.5S$
	连续法	$I=5S$	$I=7S$	$I=4.5S$	$I=2.3S$	$I=6.6S$	$I=6S$	$I=7S$

注：I——磁化电流(A)；D——工件直径(mm)；S——板之宽度(mm)。

表 7-2 中的标准磁化规范得到了我国各工业部门的承认。它来源于苏联，是苏联航空材料研究院通过大量试验制定出来的，俄罗斯及东欧各国至今沿用此规范，长期实践证明它是合理的。英国最新标准(BS 6072)中提出工件表面施加 2400 A/m 的磁场强度即能满足探伤要求，与此规范基本相吻合。日本认为探伤所需要的磁场强度也与此规范要求非常接近。可以说，该规范已得到世界大多数国家的认可。

如果工件表面有覆盖层，如铬层、镍层、锌层、镉层和漆层时，磁粉检测的灵敏度将下降。如果覆盖层的厚度在 25 μm 以下，可以采用上述规范；如果超过 25 μm，磁化时就要增大电流值。试验证明，用湿式连续法检查硬镀铬层工件，当工件表面达到 4800～6400 A/m (60～80 Oe)的磁场强度时，能发现深度为 20～270 μm 的细小磨削裂纹。在铬层厚度为

100 μm 时，能发现深度 0.15 mm 的疲劳裂纹；铬层厚度为 130 μm 时，能发现深 0.3 mm 的疲劳裂纹。硬镀铬工件在电镀之后，为了修复尺寸，有时要进行磨削，磨削会使电镀层下的金属烧伤，产生细小的磨削裂纹，因此应采用特殊的磁粉检测工艺检查这些裂纹。

(2)偏置芯棒法规范

用穿棒法检查空心工件时，只要导体位于工件中心，便可采用前述规范。如果工件直径过大，设备功率不足，导体置于中心达不到所需磁场值时，可将工件挂在导体上磁化。换句话说，就是将导体贴近工件内壁放置，即所谓偏置。在此情况下，工件上形成磁极。要考虑到退磁场的影响，磁化时，依次将导体放在工件不同位置，亦即将工件在导体上转动。当导体直径为 50 mm 时，根据工件的不同壁厚用连续法时，偏置芯棒法依据表 7－4 所列的规范取如下电流值：壁厚大于 14 mm 的工件，厚度每增加 3 mm，磁化电流增加 250 A。有效磁化区约为导体直径的 4 倍。

表 7－4　偏置芯棒法规范

工件壁厚(mm)	电流值(A)
2～5	1000
5～8	1250
8～11	1500
11～14	1750

(3)支杆法磁化规范

用支杆法进行焊缝或大型部件的局部检查，当支杆间距 150～200 mm 时，磁化电流可按 $I=4L$ 计算，式中 I 为磁化电流，L 为两支杆间距。

(4)环形件缠绕通电电缆规范

环形件用电缆缠绕通电周向磁化时，电流则可按下列公式求出：

$$I=\frac{HD}{320N} \tag{7-2}$$

式中：N——缠绕匝数。

如果工件具有不同的直径或截面，厚度变化不超过 30%时，可一次磁化；厚度变化大于 30%时，可以分段磁化、分段检查；但决定报废时，应用与截面相应的磁化电流值检查。

7.5.2　纵向磁化规范

螺管线圈内的磁场强度，可按下述公式求出：

$$H=\frac{NI}{\sqrt{L^2+D^2}} \tag{7-3}$$

式中：L——螺管线圈长度(m)；D——螺管线圈直径(m)；N——线圈匝数；I——电流(A)。

在线圈的匝数及尺寸一定的情况下，令

$$K=\frac{N}{\sqrt{L^2+D^2}} \tag{7-4}$$

则 $H=KI$。

工件在线圈内进行纵向磁化时，端头形成磁极，退磁场对外磁场起削弱作用，有效磁场低于外磁场，减弱的程度取决于 L/D 值。

线圈磁化时，采用剩磁法磁化，磁场强度推荐值列于表 7-5 中。

表 7-5　纵向磁化规范

L/D	线圈中心磁场强度		
	(A/m)	(A/cm)	(Oe)
≥10	12000	120	150
$2<L/D<10$	20000	200	250
盘形件	36000	360	450

连续法的磁化规范，可利用下式：

$$NI=\frac{45000}{L/D} \tag{7-5}$$

式中：N——线圈匝数；I——磁化电流(A)。

例如工件的 L/D 值为 10，线圈为 5 匝，那么所需磁化电流为 900 A。

磁化长工件时，在线圈外距线圈端头 200 mm 之内为有效磁化区，长度超过 450 mm 的工件要分段磁化。

7.5.3　磁化规范与材料磁性能

上述规范只考虑了工件的尺寸和形状，而未将材料的磁性能包括进去，这是因为大多数工程用钢，在相应的磁场强度下，其相对磁导率均可在 240 以上。用上述规范磁化，均可得到所要求的探伤灵敏度。再者，钢材的品种是很多的，要测绘包罗万象的各种钢种、各种热处理状态下的磁化曲线，暂时还做不到。原兵器工业部新技术推广所编写的《常用钢种磁特性曲线汇编》中，列举了 90 种钢材、246 个不同热处理状态下的磁特性参数，并绘出磁特性曲线图，这是一本很有参考价值的资料。但是，也还远远没有把所有钢种包括进去。因此，那种认为只有根据工件材料的磁化曲线才能制定磁化规范的想法是不易实现的，而且也不是完全必要的。

但是，随着钢材品种的增加，钢材磁特性的差异也会愈来愈大。例如用 2400 A/m 的磁场强度磁化钢材时，30CrMnSiA 和 30CrMnSiNi2A 的磁感应强度分别为 1.3 T 和 1.2 T，而 65Si2WA、WNi-3、9Crl8、WNiSi-5 磁感应强度则分别为 0.66 T、0.20 T、0.05 T、0.02 T。显然，它们用同一规范磁化是不合适的，即不能保证大体上一致的检验灵敏度。因此，对于那些与普通结构钢的磁性差别较大的钢材，最好是在测绘它的磁化曲线后制定磁化规范。

在制定周向磁化规范时，如何利用磁化曲线呢？我们可将磁化曲线分为五个区域：Ⅰ为初始磁化区，Ⅱ为激烈磁化区，Ⅲ为近饱和区，Ⅳ为基本饱和区，Ⅴ为饱和区，如图 7-4 所示。对于标准磁化规范，剩磁法要磁化到基本饱和，连续法所用的磁场强度要大于出现最大相对磁导率的磁场强度 $H_{\mu m}$；对于严格规范，剩磁法要磁化到饱和，连续法可磁化到近饱和。一般说来，无论标准规范或严格规范，周向磁化连续法所用的磁场强度约为剩磁法的 1/3。

对于工件内的磁感应强度值，一些国家有具体的建议，如日本建议将材料磁化到饱和磁感应强度的80%，英国建议将材料磁化到饱和点以下，但不应小于饱和点的1/3，并提出工件内磁感应强度达到0.72 T即能满足检验要求。苏联认为用连续法时，矫顽力是主要考虑的参数。图7－5中之曲线b，相当于标准规范，即工件表面的外加磁场强度等于2400 A/m（30 Oe），从曲线中可看出，随着材料矫顽力的增加，工件表面的外加磁场强度也应有所增加。

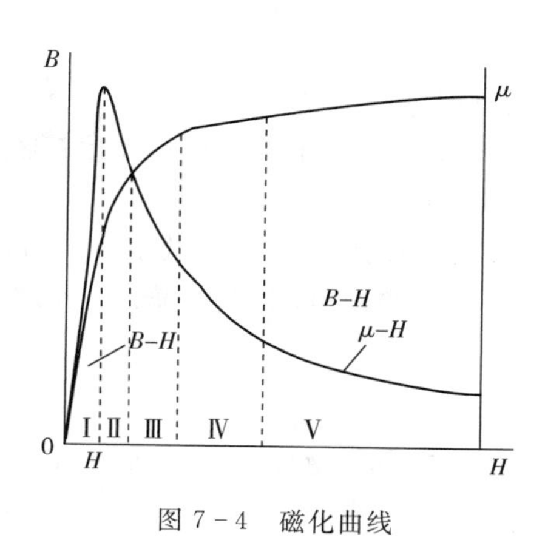

图7－4　磁化曲线

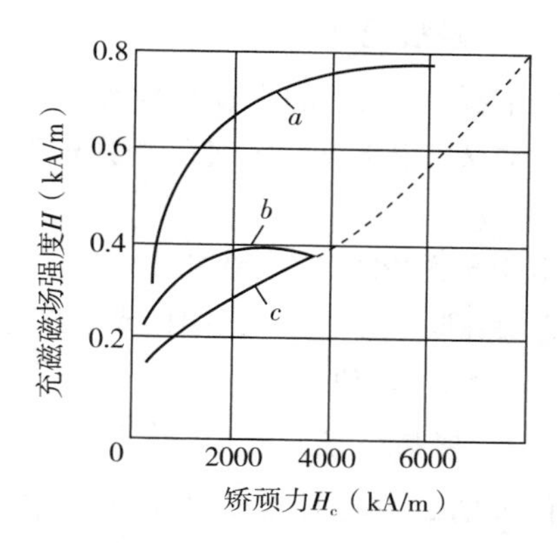

图7－5　连续法选取磁化规范的曲线

在实际应用中，由于工件形状的复杂性，很难计算出各个部位的磁场强度，有些国家用仪表实测工件各部位的磁场强度，或者将人工缺陷试片放置在工件的不同部位，以人工缺陷的显示情况估计充磁程度，这些都是可行的。

7.6　磁粉介质的施加

不同磁粉检测方法，对磁粉介质的施加方法和时机要求不同。

剩磁法探伤时，工件要用磁悬液均匀润湿，有条件时应采用浸入的方式。工件浸入均匀搅拌的磁悬液中数秒（一般3～20 s）后取出，然后静置数分钟后再进行观察。采用浇液方式时应注意液压要微弱，可浇2～3次，每次间隔10～15 s，注意不要冲掉已形成的磁痕。

连续法探伤时，工件磁化的同时施加磁粉或者磁悬液。停止施加后才能停止磁化。

干法探伤时，先进行磁化，在磁化过程中再均匀喷洒磁粉和用干燥空气吹去多余的磁粉，在完成磁粉施加并观察磁痕后才能停止磁化。干法必须在工件表面和磁粉完全干燥的条件下进行，否则表面会黏附磁粉使衬底变差，影响缺陷观察。施加磁粉时，干粉应呈均匀雾状分布于受检工件表面，形成一层薄而均匀的磁粉覆盖层。然后用压缩空气轻轻吹去多余的磁粉。吹粉时，要有顺序地移动风具，从一个方向吹向另一个方向，注意不要干扰缺陷形成的磁痕，特别是弱磁场吸附的磁粉。

湿法探伤时，磁悬液应均匀，并通过了“水断试验”确保磁悬液能均匀润湿被检工件。湿法的施加方式有浇淋和浸渍。所谓浇淋是通过输液软管和喷嘴将液槽中的磁悬液均匀施加到工件表面，或者用毛刷或喷壶将搅拌均匀的磁悬液涂洒在工件表面。浸渍是将已被磁化的工件浸入搅拌均匀的磁悬液槽中,在工件被均匀润湿后再慢慢从槽中取出来。采用浇淋法时,要注意液流不要过猛,以免冲掉已形成的磁痕;采用浸渍法时,要注意在液槽中的浸放时间和取出方法的正确性,浸放时间过长或取出太快都将影响磁痕的形成。

7.7 磁痕观察与记录

7.7.1 磁痕观察

一般情况下,工件的观察与检查在磁痕形成后立即进行。

使用非荧光磁粉时,必须在能够充分识别磁痕的日光或照明灯下进行,在检查区域的照度应达到 1000 lx 以上。

使用荧光磁粉时,应在紫外光(黑光)下进行,检查区域的辐照度不应低于 1000 $\mu W/cm^2$,而且检查要在暗区进行,暗区的白光照度应不大于 20 lx。当检测人员进入暗区工作前,要有 3 min 以上的暗区适应时间。

7.7.2 磁痕记录

工件上的磁痕有时需要保存下来,作为永久性记录。记录缺陷磁痕一般采用以下几种方法。

(1)照相

用照相摄影记录缺陷磁痕时,要尽可能拍摄工件的实际尺寸,可拍摄工件全貌或某一特征部位,以了解磁痕的位置。为了解磁痕的大小和形状,可和刻度尺一起拍摄,以便读取尺寸。工件表面如果高度抛光,则应注意避免强光,分散磁粉要用无光的介质。

如果使用黑色磁粉时,最好先在工件表面喷涂一层很薄的白色反差增强剂,这样才能拍摄出清晰的缺陷磁痕。

如果使用荧光磁粉,其磁痕不能用一般照相法记录。因为观察荧光磁粉的磁痕需在暗室内用紫外光照射,并应做以下工作:

① 在照相机镜头前增加 $520^{\#}$ 淡黄色滤光片,以滤去散射的紫外光,而使其他光线进入照相机镜头。

② 在工件下面放一块荧光板(即荧光增感屏),使工件背衬发亮而增加衬托光,使工件轮廓清晰可见。

③ 最好用两台紫外线灯同时照射工件和缺陷磁痕。

④ 曝光时间一般在 1～3 min,光圈放在 8～11,具体情况应根据缺陷大小和磁痕发荧光的强度来定。

通过以上措施,即可拍出理想的照片。

(2)贴印

贴印是用透明胶纸复制磁痕的方法。将工件表面彻底清洗,施加上酒精配制的低浓度黑色磁悬液,待磁痕形成、工件表面干燥之后,将透明胶纸贴在试验面上,仔细按压后揭下,贴在白纸上衬托出磁痕。

(3)磁粉检测-橡胶铸型法

这是记录磁痕的最好方法,具体阐述见本章第 7.11 节。

(4)可剥性涂层

在试验面上喷以快干可剥性涂层,取下涂层观察印取的磁痕。此法只适用于几何形状简单的工件。

(5)热固性塑料涂层

将工件加热到适当的温度(一般为 150℃)后立即浸入配有磁粉的热固性塑料中,然后慢慢取出,让液体流掉,让塑料固化,最后剥下带有缺陷磁痕的涂层,观察与工件接触一面的磁痕显示。此法使用黑磁粉比荧光磁粉效果好。

*7.7.3　不确定度

从词义上理解,检测不确定度就是对检测结果可信性、有效性的怀疑程度或不肯定程度,是定量说明检测结果的质量的一个参数。实际上由于检测不完善和人们的认识不足,所得的被测量值具有分散性,即每次测得的结果不是同一值,而是以一定的概率分散在某个区域内的许多个值。虽然客观存在的系统误差是一个不变值,但由于我们不能完全认知或掌握,只能认为它是以某种概率分布于某个区域内,而这种概率分布本身也具有分散性。测量不确定度就是说明被测量之值分散性的参数,它不说明测量结果是否接近真值。

为了表征这种分散性,测量不确定度用标准(偏)差表示。在实际使用中,往往希望知道测量结果的置信区间,因此规定:测量不确定度也可用标准(偏)差的倍数或置信水准的区间的半宽度表示。为了区分这两种不同的表示方法,分别称它们为标准不确定度和扩展不确定度。

磁粉检测受检测仪器设备、周围环境和人为因素的影响,具体的不确定度计算方法可参照其他专用教材。

7.8　退磁

7.8.1　退磁的重要性

工件在以下情况下都会被不同程度地磁化,如磁粉检测时将工件磁化、当工件的长轴与地磁方向一致并受到冲击或振动载荷时会被地磁场磁化以及工件在磨削、电弧焊接、低频加热、与强磁体接触时被磁化等。只在个别情况下,工件上的剩磁才有用处,如石油钻杆在旋转过程中被地磁场磁化,其上的剩磁可被用来发现缺陷,但在绝大多数情况下,工件上的剩磁都是有害的,故应该进行退磁。退磁就是将工件内剩磁减小到不妨碍使用的程度。

工件在以下情况下应退磁:

① 工件上的剩磁会影响装在工件附近的罗盘、仪表等计量装置的精度和正常使用。

② 轴承等运转工件上如果剩磁大,会吸附铁屑或铁磁性粉末,造成轴承磨损,使其运转困难。

③ 油路系统如果剩磁大,会吸附铁屑或铁磁性粉末,影响供油回路畅通。

④ 需要继续加工的工件,剩磁将使铁屑吸附在刀具或工件表面上,影响加工表面的光洁度。

⑤ 对有很大剩磁的工件进行电弧焊接时,剩磁会引起电弧的偏转,造成焊位偏离。

⑥ 工件上剩磁大会给清除磁粉带来困难。

⑦ 当工件进行两个以上方向磁化，若后道工序的磁化不能克服前道工序剩磁影响时，中间应退磁。

但有些工件上虽然有剩磁，它既不妨碍工件使用，也不影响后道工序，则可以不退磁。以下情况可不退磁：

① 被检工件还要承受电磁铁的夹持作用。

② 被检工件将处于强磁场区附近。

③ 后道工序是热处理，工件将要加热到居里点温度以上。

④ 交流电在一个方向磁化后，接着要在另一个方向磁化。

⑤ 直流电在一个方向磁化后，接着要在另一个方向磁化，而且所用的磁场更强。

⑥ 用高磁导率的电磁软铁制造的工件。

⑦ 有剩磁不影响使用的工件，如锅炉压力容器等。

7.8.2 退磁原理

工件的退磁有许多种方法。但无论哪种方法都是将工件置于交变磁场中，并将磁场的幅值逐渐降到零。图 7－6 说明了退磁的原理。

工件置于交变磁场中，产生磁滞回线，当交变磁场的幅值逐渐递减时，回线的轨迹也越来越小；当磁场降到零时，工件中残留的磁场也接近于零。

应用此原理退磁，开始时，磁场必须足以克服矫顽力，并足以使工件上原来的残余磁场颠倒过来，而且外磁场递减的量尽可能得小，以便工件上每次残余的磁场都能得到翻转。

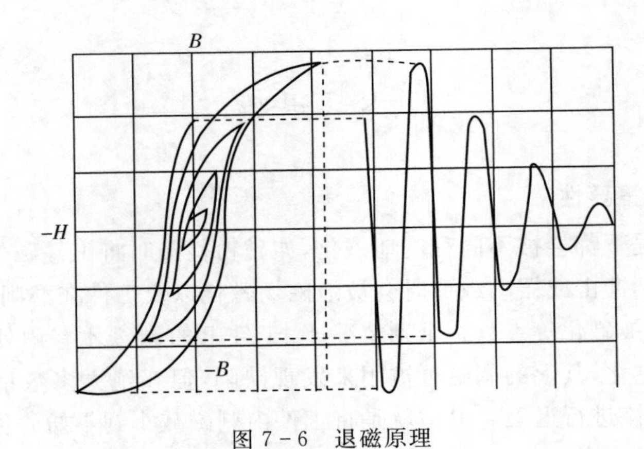

图 7－6　退磁原理

7.8.3 退磁方法

退磁可用交流电，也可用直流电。前者称为交流电退磁，后者称为直流电退磁。

(1)交流电退磁

常用的交流电退磁方法是将工件从一个通有交流电的线圈中通过，并且沿轴逐渐远离线圈至 1.5 m 以外，然后再切断线圈中的电流。或者将工件置于线圈中，逐渐地将电流降到零，也可达到同样的效果。交流电衰减波形如图 7－7 所示。

在工件夹于探伤机两接触极之间，通以交流电进行磁化或用芯棒法进行磁化后，可不必取下工件，将其放在原位，用电流逐渐降到零的方法退磁。

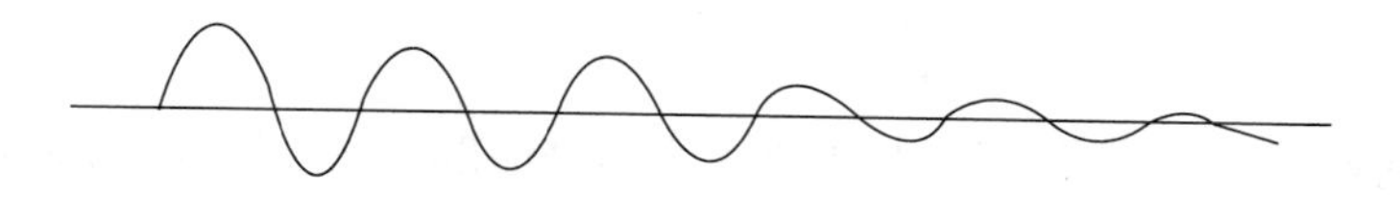

图 7-7　交流电衰减波形

退磁时，给予工件的反转磁场强度最好不比工件磁化时磁场强度小。

小工件退磁时，应采用与产品相符合的退磁线圈。线圈中心的磁场强度应为 16～20 kA/m(200～250 Oe)。工件放在木制和胶木托盘里，由线圈内拉出。

用线圈对长形的工件进行退磁时，应考虑地磁的影响。地磁会给工件产生附加磁化，这一点对退磁因子小的工件尤其明显。所以退磁线圈最好东西放置，使线圈轴与地磁线成直角。

某些特别工件，不可能用固定式线圈退磁。此时应采用特别的移动式退磁器，如扁平的活动线圈或交流磁轭。

直径大的柱形工件，可用软电缆线在工件上绕 3～4 匝，再通以交变电流，其安匝数为 4500～5000，然后将电流降低到零。

用支杆法探伤时，检查完后将支杆放于原位，再将交变电流降低到零即可退磁。

(2)直流或超低频电流退磁

用直流电退磁时，既要减弱磁场，又要反转磁场方向，即得到低频的换向电流。图 7-8 为 5 Hz 低频衰减波形。

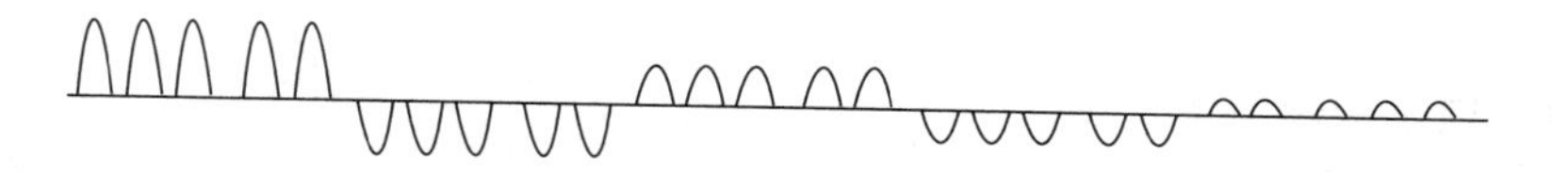

图 7-8　5 Hz 低频衰减波形

(3)振荡电流退磁

振荡电流是换向衰减电流的一种形式，将一个电容跨接在退磁线圈上，就构成了振荡回路。线圈用直流电激励，切断电流时，电路便以自己的谐振频率产生振荡，并逐渐减弱到零。

退磁要在工件组装之前进行，因为组装后工件之间相互影响，并产生磁屏蔽，使退磁困难。

7.8.4　剩磁测定

即使使用同样的退磁装置，不同形状和尺寸的工件，其退磁程度仍有不同。因此，必须对工件退磁后的剩磁进行测定。这一点，对于大型、外形复杂的工件尤为重要。

退磁程度可用 XCJ 型袖珍式磁强计测量，要求精密测量时，可用 RC-1 型弱磁场测量仪。工件退磁后，剩磁一般要求不大于 0.3 mT(3 Gs)。

周向磁化的工件，因无磁通泄漏于工件外部，因此工件是否已退掉磁，用上述仪器是无法检测出的，但周向磁化的工件仍然要进行退磁；否则，这些工件与其他铁磁体接触时将产生漏磁。

已退磁的工件不要留在退磁器或磁化装置附近。

7.9　后处理

工件探伤完毕后,要进行清理。如果检查用的是油磁悬液,可用汽油等溶剂去掉工件上残留的磁粉。若检查用的是水磁悬液,则工件先要用水清洗,然后在含有防锈剂的水溶液中漂洗。

如果使用水磁悬液探伤,为了防止工件生锈,也可使用脱水防锈油进行防锈处理。脱水防锈油是使用 5# 复合剂和煤油按 1∶2 的容积比混合配制所成。脱水防锈油槽如图 7-9 所示,可以自制。槽上边应加盖,以防油挥发,下边设有放水阀,以便随时放水。检验过的工件只要放在脱水防锈槽中浸一下,工件表面的水分即被脱下,连同磁粉一起沉淀到油槽下部。脱水防锈油浮在上面,这时工件表面就会敷上了一层防锈油。

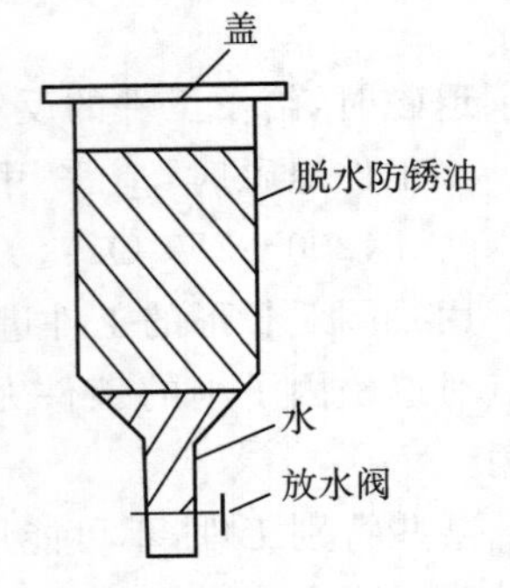

图 7-9　脱水防锈油槽

使用中,应定期打开放水阀排掉水,煤油挥发会影响脱水防锈性能,所以应经常补充煤油,调整好比例。

将工件清洗和干燥之后,必要时可涂上防护油。旋转部件的滑动部分所残留的磁粉将使滑动面损伤,必须将其充分清洗掉。

7.10　记录和标记

7.10.1　记录检测结果

磁粉检测的试验条件和方法的不同,会给试验结果带来很大的影响,因此探伤完后应将探伤结果与试验条件加以较详细的记录,其内容包括:

① 工件图号、数量、售货方和购货方、材料、验收级别、合格数和拒收数(指不符合验收标准,需有关方面处理)及处理日期。

② 不合格工件应记录工件号和缺陷性质。

③ 接受检验时工件的加工阶段。

④ 磁化方法(直接通电法、支杆法、线圈法和磁轭法等。线圈法应记录线圈尺寸和匝数,磁轭法应记录磁铁的全磁通,支杆法应记录极棒间距和扫描方式)。

⑤ 磁化电流种类(交流电、直流电和整流电等)。

⑥ 磁化电流值。

⑦ 检验方法(连续法、剩磁法)。

⑧ 磁粉种类(型号、颜色和粒度)和磁粉的分散方式(干式、湿式,水磁悬液、油磁悬液)。

⑨ 磁悬液浓度。

⑩ 使用的试片。

⑪ 有关文件。

⑫ 检验日期。

⑬ 检验者。

此外,对抽检的工件,应保存抽检样品的记录,并注明批号。

7.10.2 合格工件的标记

(1)标记注意事项

① 经磁粉检测后所有合格的工件和材料均应百分之百地标记。

② 标记的方法及部位应由设计部门事先同意。

③ 标记的方法应不影响工件的使用或有碍以后的检验工作。

④ 标记必须经得起经常装卸。

⑤ 标记应防止擦掉或沾污。

⑥ 如果着色和标记都做不到,则售货方应提供一个内容包括试验条件、工艺方法、抽检比例和探伤结果的报告,并说明所有工件均符合购货方所规定的标准。

⑦ 对合格的螺钉、螺帽,每一批都应做出醒目的标记。

(2)标记方法

① 打钢印。按说明书或图纸要求将钢印打在产品上或金属挂签上,印记应位于工件号附近。

② 腐蚀。用腐蚀法给工件做标记,所用的腐蚀介质对工件应无害。

③ 刻印。用风动笔或电笔刻上标记。

④ 着色。不宜用以上方法做标记的螺钉螺帽,应染上绿色标记。

⑤ 盖胶印。用特制墨水将胶印盖于工件以及质量证明文件或非金属挂签上。

⑥ 拴标签、装纸袋。滚珠、滚筒、衬套等光洁度很高的工件,从结构、光洁度和使用要求都不允许使用上述方法标记,应在标签或纸袋上注明工件合格。

⑦ 包装件标记。对于不能单个标记的工件和紧固件,包装后应在包装件上打上统一的合格标记。

⑧ 铅封。铅封用于合格的装箱和包装工作。

7.11 磁粉检测-橡胶铸型法

磁粉检测以观察磁痕为前提,而飞机上某些部位却难直接观察到。为了解决这类难题,美国 Convair 航空公司在 20 世纪 70 年代初,首创了磁橡胶探伤法(MRI),后被许多国家引入。该法系将磁粉散于室温硫化硅橡胶中,加入固化剂后,倒入经适当围堵的受检部位。在缺陷漏磁场的作用下,磁粉在橡胶液内迁移和排列。取出固化的橡胶,即可获得一个重现出缺陷的铸件,然后可在光学显微镜下进行磁痕观察。

我国原航空工业部 621 研究所在 MRI 的基础上发展了一种新型的无损探伤方法,它是将磁粉检(Magnetic Testing)与橡胶铸型(Rubber Cast)结合使用,故被命名为磁粉检测-橡胶铸型法,简称 MT-RC。

MT-RC 区别于 MRI 之处,在于橡胶内并没有混入磁粉,橡胶仅用来复制磁粉检测所显示的缺陷磁痕。

橡胶铸型所用的材料为室温硫化硅橡胶,这种硅橡胶加入适量的交链剂和触媒,在室温条件下,能够固化成为具有弹性的橡皮,其物理性能如下:

硬度(邵氏)	30～40
抗张强度(kg/cm^2)	15～20
伸长率(%)	100～250
抗撕强度(kg/cm^2)	3～5

7.11.1 MT－RC工艺过程

MT－RC的操作程序如下：

① 清洗受检表面。工件表面的灰尘、油污、铁屑、锈斑等应当清除，然后用蘸有酒精或汽油的干净抹布将其彻底擦拭干净；否则，固化的橡胶铸件会被污染，妨碍观察。

② 磁化。按常规选择磁化方法，给工件施加一个适当方向的磁场。检查内孔时，多用穿棒法。选取电流值时，严格规范按照 $I=45D$，一般规范按照 $I=25D$ 进行。

③ 浇注磁悬液。选用磁性好、粒度细的优质黑磁粉，用无水乙醇做介质配成磁悬液，其浓度要较常规低，可根据具体情况，在1～3 g/L范围内选用。

④ 干燥。工件表面的磁悬液要充分干燥，否则会使橡胶铸件上的磁痕模糊，或出现假象。

⑤ 围堵。为了不使橡胶液体泄漏，要用胶布、软木塞、塑料塞子等将受检面或通孔围起来或堵起来，可根据具体情况制作专用夹具。

⑥ 浇铸橡胶。根据用量要求，在一定量的橡胶液中加入固化剂，充分搅拌均匀，注入受检部位。橡胶固化速度与固化剂用量及温度和湿度有关。固化时间系指从加固化剂开始到能够将铸件从工件中取出为止的时间。在温度15～20℃、相对湿度65%～80%的情况下，固化剂用量与固化时间的关系大致见表7－6所列。

表7－6　固化剂用量与固化时间的关系

固化剂比例	固化时间
5%～6%	3～4 h
7%～8%	2～3 h
9%～12%	1～2 h

环境的温度、湿度越低，固化速度越慢；反之，越快。

⑦ 观察。取出的橡胶铸件，根据缺陷大小，可用肉眼、放大镜或实体显微镜观察。

7.11.2 MT－RC与MRI的比较

MT－RC与MRI都是为了解决同样的难题而产生的，其用途基本相同。但是，MT－RC克服了MRI的某些固有的弱点，而且在以下方面显示出更大的优越性。

(1)理想的对比度

MRI的对比度差，橡胶中一旦加进磁粉便被染色，磁粉粒度愈细，染色愈深，磁痕和本底的对比度不良，需要在强光下观察。而MT－RC的橡胶本底为乳白色，磁痕黑色，黑白分明，对比度很理想。近年来，美国又对MRI进行了改进，使橡胶本底为黄色，即使这样，对比度也远远比不上MT－RC。

(2)更高的灵敏度

美国对MRI的灵敏度给予很高评价，认为在放大镜下可检测的裂纹长度为0.5 mm。

但苏联却认为，可检测的裂纹长度平均为磁粉检测的70%～75%。我们在剩磁法试验中，发现MRI的灵敏度不如磁粉检测。

MT－RC由于对比度好，并且不存在磁粉在黏稠的橡胶中移动困难的问题，灵敏度高于MRI。

MT－RC利用放大镜能够可靠地检查出长度为0.05 mm的裂纹。

(3)稳定的可靠性

MRI的灵敏度在很大程度上依赖于橡胶的固化时间，这是因为磁粉在胶液中需要较长的时间才能聚成磁痕。如上所述，影响固化时间的因素是很多的。于是，出现了这种现象：早期检出的疲劳裂纹，其后却检查不出来；温度低时检出的裂纹，在温度高时出现误差。在实际应用时，精确的固化时间是很难保证的。

MT－RC不存在上述问题，检测结果的重复性很好。

(4)良好的工艺性

采用MRI时，橡胶的黏度、固化剂用量、固化时间以及磁场持续时间的长短皆对灵敏度有影响。而MT－RC的灵敏度却与这些无关，因此，操作进易于掌握和控制。MT－RC可用于连续法，但更适宜用于剩磁法，而MRI用剩磁法时，固化时间需长达6～8 h。

MT－RC与MRI的对比见表7－7所列。

表7－7 MT－RC与MRI的对比

	磁粉检测-橡胶铸型探伤法(MT－RC)	磁橡胶法(MRI)
方法差别	橡胶内无磁粉，用酒精做磁悬液	磁粉散布在橡胶液中，用橡胶作磁悬液
应用性能与工艺性能差别	灵敏度高于常规的磁粉检测，可检出裂纹长度0.05 mm	灵敏度低于常规磁粉检测，发现裂纹长度平均为磁粉检测的70%～75%
	对比度极为良好(黑白对比)	对比度差(黑灰或黑黄对比)
	稳定性好，裂纹的复现性好	不稳定，飞机飞行发现的疲劳裂纹，继续飞行可能不复现
	灵敏度与橡胶固化速度无关	灵敏度受橡胶固化速度影响
	灵敏度与工作环境的温度湿度无关	灵敏度受工作环境温度、湿度的影响
	裂纹长度可较准确测量	不能反映裂纹真实长度
	工件的磁化无特殊要求，可用于剩磁法和连续法，尤其适用于剩磁法	要求强磁场磁化，主要用于连续法，用于剩磁法则要求较长固化时间
	要求光线良好，但不要求特殊强光	要求在强光下观察
	工艺简单，适用于外场检查	工艺过程不易控制，外场检查有困难

7.11.3 MT－RC的应用

MT－RC的用途有以下几个方面：

(1)用于视线不可达或可达性差的部位

这些部位因观察困难，使磁粉检测的应用受到限制，特别是直径很小的内孔，检查起来难度就更大。

飞机在服役过程中，大梁螺栓孔内会出现疲劳裂纹，裂纹的方向与轴线平行，集中出现于孔的受力部位，铰刀震颤而产生的轴向刀痕也常常引起疲劳开裂。早期的疲劳裂纹很小（长度大都在 1 mm 以下），螺栓孔细而深，用磁粉法很难观察和判断，裂纹尺寸不好估计，结果难于记录。

MT－RC 成功地用于飞机大梁螺栓孔的检查。橡胶铸件展现出螺栓孔内表面的全貌并记录下全部缺陷。可在读数显微镜下精确测定磁痕的长度，并可将铸件照相，将照片与铸件一起作为永久记录长期保存。

(2)监视疲劳裂纹的起始和发展

金属在反复加载的周期应力作用下，便可产生疲劳裂纹。疲劳裂纹是由微观到宏观逐步发展起来的。在强度试验室，感兴趣的常常是长度在 0.2 mm 以下的早期疲劳裂纹。在此之前，没有一种方法能保证以高度的可靠性将其检测出来，而 MT－RC 因可将铸件用显微镜观察而能圆满地完成这一任务，它还可以监视和记录疲劳裂纹的扩展过程。

(3)用于缺陷磁痕的复印

在磁粉检测过程中，常遇到需要记录的情况。例如锅炉和压力容器，有时需要记录裂纹的长度，以监视其扩展速度；还有飞机在服役过程中、发动机在试车过程中，都需要记录缺陷，存档立案。MT－RC 远远胜于用透明胶纸或塑料薄膜等记录方法，即使表面不平整亦无妨碍。

复习题

7－1　连续法与剩磁法的优点各自有哪些？

7－2　剩磁法有哪些局限性？

7－3　连续法有哪些局限性？

7－4　干法检验时，应该如何施加磁粉？

7－5　配制磁悬液时，磁悬液的浓度如何定义？

7－6　磁悬液浓度过大，会导致什么后果？

7－7　在水磁悬液中添加润湿剂的目的是什么？

7－8　实施磁粉探伤前，应该如何进行预处理？

7－9　磁粉检验工序应如何安排？

7－10　影响连续法灵敏度的主要因素是什么？

7－11　要使直径 40 mm、长 200 mm 的圆钢棒的表面磁场强度达到 8000 A/m，用通电法进行周向磁化时，电流值应取多少？

7－12　工件的长度为 200 mm，直径 25 mm，该工件的 L/D 的值是多少？

7－13　一工件长 225 mm，直径 25 mm，放在 5 匝线圈中磁比，利用 $NI=\frac{45000}{L/D}$ 公式，则磁化电流值是多少？

7－14　磁化时，如何选择磁化电流值？

7－15　磁粉检测时，有效磁场的影响因素有哪些？

7－16　对于检查早期微小的疲劳裂纹，如何正确施加磁粉或磁悬液？

7－17　检查螺钉的细牙螺纹，效果最好的方法是什么？

7－18　检查硬镀铬工件，正确的工艺规范是什么？

7-19　工件在镀铬前已进行过磁粉探伤，镀后再次进行磁粉探伤，原因是什么？
7-20　为了检查非常微细的缺陷，使用荧光磁悬液连续法探伤，正确施加磁悬液的方法是什么？
7-21　为什么荧光磁粉磁悬液的浓度比非荧光磁粉的磁悬液的浓度低10倍？
7-22　周向磁化与纵向磁化过的工件如果不退磁，哪种磁化保留的剩磁更有害？
7-23　退磁工件应远离磁场多远距离进行退磁？
7-24　有多条生产螺钉的自动线，磁化后最好的退磁设备是什么？
7-25　在磁粉检测中，磁强计用来测定哪个物理量？
7-26　如何进行退磁？
7-27　磁粉检测中，如何记录缺陷磁痕？
7-28　磁粉检测后，应如何进行工件清理？
7-29　磁粉检测中，清洗、防锈的目的是什么？
7-30　MT-RC采用的磁悬液是什么？
7-31　在外磁场存在的情况下，施加磁粉的检测方法是什么？
7-32　在外磁场去掉后，施加磁粉的检测方法是什么？
7-33　剩磁法适用于剩磁不小于多少T或不小于多少Gs、矫顽力不小于多少A/m或不小于多少Oe的材料？
7-34　用标准磁化规范磁化圆钢棒，剩磁法交流电流值取多少？连续法交流电流值取多少？
7-35　用荧光磁粉检测时，工件表面的紫外辐照度不宜低于多少$\mu W/cm^2$？
7-36　用非荧光磁粉检测时，白光照度不宜低于多少lx？
7-37　装配件为什么最好分解后再探伤？
7-38　检测完毕后，工件为什么要退磁？
7-39　记录磁痕有哪些方法？
7-40　试述磁粉检测-橡胶铸型探伤法的特点及运用范围。

第八章 质量管理与安全防护

为了保证磁粉检测的灵敏度、分辨率和可靠性，满足检测质量要求，必须对影响磁粉检测的多种因素加以控制，如磁化设备及辅助设备的精度要满足性能要求，探伤所用材料也应满足质量要求，从工件磁化到磁痕显示的整个工艺过程都必须严格执行标准和规范，检验人员必须具有一定的专业知识、经验和通过相应的资格鉴定，检测环境也需满足要求，等等。总的来说，要做好磁粉检测的质量管理，必须在设备、材料、工艺方法、检验人员、检测环境这五个方面进行全面质量控制。

8.1 设备的质量管理

8.1.1 电流表和通电时间继电器校验

探伤机上的电流表和通电时间继电器应至少每半年校验一次，最好是在探伤机上校验。校验方法如下：

(1)交流电流表的精度校验

使用标准交流电流表和标准电流互感器在探伤机上进行校验，交流电流表校验原理图如图 8-1 所示。如果探伤机的额定周向磁化电流是 9000 A，则应使用 9000/5 的标准电流互感器和5 A的标准交流电流表。可将一根长为 500 mm、直径不小于 25 mm 的铜棒穿在标准电流互感器中，并夹于探伤机的两极之间，调节探伤机，使电流从零增加到额定值。均匀选择不少于三个测量点，在标准电流表和被校交流电流表上读取电流值。通过比例换算，将被校交流电流表读数与标准电流表的读数进行比较，被校交流电流表的读数误差不超过±10%为合格。如果探伤机使用峰值电流表，标准交流电流表用的是有效值电流表，则应通过换算后进行校验，换算系数为$\sqrt{2}$。

(2)直流电流表的精度校验

使用标准电流表和标准分流器在探伤机上校验，直流电流表原理如图 8-2 所示。

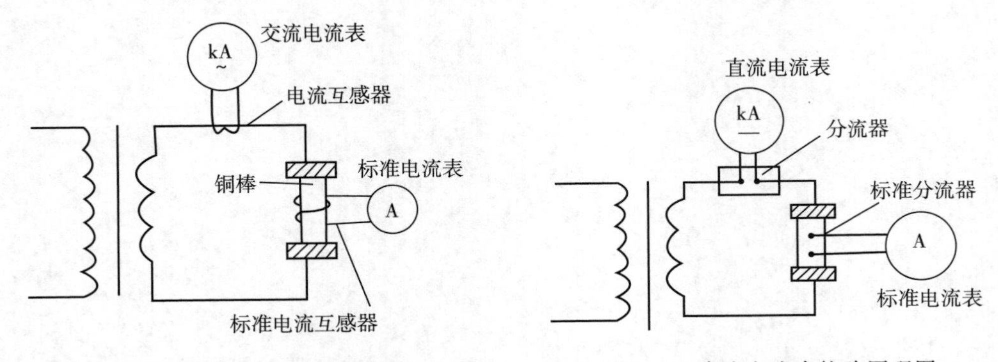

图 8-1 交流电流表校验原理图　　图 8-2 直流电流表校验原理图

将标准分流器夹于探伤机的两极之间，同样调节探伤机，使电流从零增加到额定值。均匀选择不少于三个测量点，将联在标准分流器上的标准电流表的读数与探伤机上的直流电流表进行比较，被校直流电流表误差不超过±10%为合格。

(3)时间继电器校验

在某些设备上用时间继电器来控制电流的持续时间，当怀疑其准确性时，应将其与频率计连接，并通电三次进行校验，其误差小于10%为合格。

8.1.2 设备内部短路和电流载荷的校验

应定期对设备的电气及机械部分进行检查和维修。此外还要进行以下检查：

(1)设备内部短路的检查

磁粉检测设备有时出现内部短路的情况，电流表虽有指示，但工件并未得到磁化，造成成批漏检，后果极其严重。为此，要定期检查设备内部是否短路。其方法是将设备的调节装置调至最大输出位置，两接触夹头之间不放置任何导体，将磁化开关接通，电流表如有任何偏转，都说明设备内部发生短路，需立即检修。设备内部短路检查至少每半年检查一次。

(2)电流载荷试验

电流值载荷试验方法是将长为400 mm、直径为25～38 mm的标准铜棒夹于磁化夹头间通电，观察电流表指示值，检查最小电流值能否达到足够小，以不致在检查小工件时烧伤工件；检查最大电流能否达到探伤机的额定输出，如果达不到，应用标签指示出实际达到的电流值。

8.1.3 退磁设备的校验

测量和验收各种退磁装置的退磁效果，可按《无损检测磁粉探伤机》(JB/T 8290)的规定，使用标准退磁样件进行。标准退磁样件材料用45号钢，规格为$\Phi30\times300$ mm，状态是用860℃水淬火，480℃回火，洛氏硬度38～42 HRC。退磁后，剩磁不得大于0.2 mT(2 Gs)。

退磁设备的校验也可用缺陷样件进行。校验方法是将样件磁化，用剩磁法检验。观察到缺陷后擦除磁痕。退磁后重新施加磁悬液，磁痕不再出现，证明退磁机工作正常。

剩磁用磁强计或高斯计测量，磁强计或高斯计应至少每年校验一次。

8.1.4 照明强度的校验

(1)白光强度鉴定

磁粉检测工作区域的白光强度可使用ST-85型或ST-80型照度计测量，在被检工件表面的白光强度至少应达到1000 lx(1 ft烛光=10.764 lx)。如果由于条件所限，进行现场检测，白光强度应不低于500 lx。

(2)紫外光强度鉴定

紫外光强度可使用UV-A型或UVL型紫外辐照计测量。测量方法是将紫外灯打开，预热10 min，将紫外辐照计置于灯下38 cm处，测量紫外光强度至少应达到1000 $\mu W/cm^2$(1英尺烛光=8.26 $\mu W/cm^2$)。当使用荧光磁粉检验时，检验区域的白光照度最大不应超过20 lx。

白光照度计和紫外辐照计也应至少每年校准一次，以保证精度要求。

8.1.5 电磁轭提升力校验

电磁轭提升力校验方法是：当电磁轭极间距为50～150 mm时，交流电磁轭至少有

4.5 kg的提升力；直流电磁轭的极间距为 50～100 mm 时，至少有 13.5 kg 的提升力；或者当极间距为 100～150 mm 时，至少有 22.5 kg 的提升力。交叉磁轭应至少有 9 kg 的提升力。电磁轭提升力的校验至少每半年校验一次。

8.1.6　快速断电校验

快速断电校验仪适用三相全波直流电路，测试过程需要使用一个合适的示波器或采用专门的快速断电测量装置进行校验，应至少每半年校验一次。

8.2　磁粉和磁悬液的质量管理

8.2.1　磁粉的性能试验

(1)磁粉的磁性能

磁粉的磁性能试验最常用的是磁性称量法，即采用标准电磁铁吸附磁粉，通过所吸磁粉重量来评价其磁性能。

磁性称量法所使用的仪器是磁性称量仪(如图 8－3 所示)。称量仪系由 220 V 的交流电磁铁组成，磁性称量仪电磁铁骨架如图 8－4 所示。

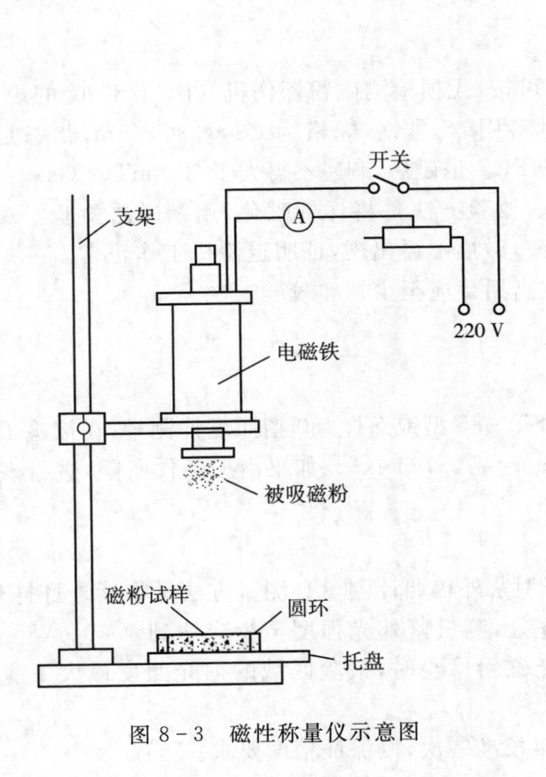

图 8－3　磁性称量仪示意图

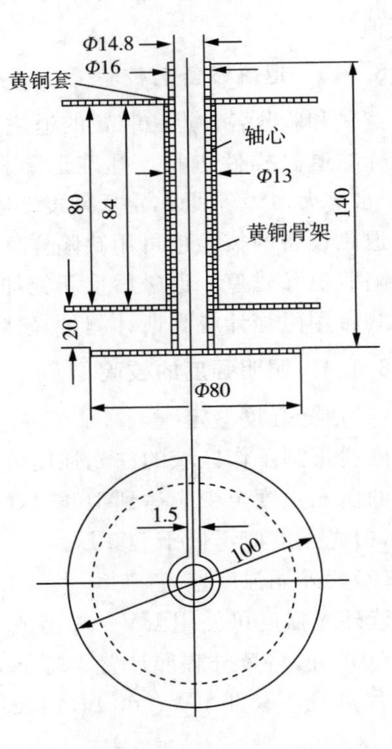

图 8－4　磁性称量仪电磁铁骨架

在其线路上串联有开关、50 Ω 变阻器和 3 A 交流电表。电磁铁是用直径为 0.86 mm 的漆包线，在黄铜骨架上绕 2650 匝而制成的，骨架内嵌有黄铜套，在套底部焊上一铜盘，套内放有 25 号钢制成的铁芯，铁芯和黄铜套紧密地放于线圈骨架内，圆盘与线圈的底部平面保持 20 mm 距离。

电磁铁固定在非磁性材料制成的支架上，其轴垂直安放，轴套的圆板位于下面。

检验程序如下：

① 将内径为 70 mm、高度为 10 mm 的圆环放在 10 cm×10 cm 的托盘上。圆环和托盘均用非磁性材料制成。

② 将磁粉倒入圆环内，用直尺刮平磁粉，使之与圆环边缘齐平，但不得往下压紧。

③ 使电磁铁通电，利用变阻器将电流强度调整到 1.3 A，随即关闭电源。

④ 将装有磁粉的圆环连同托盘移向电磁铁的铜盘下，使圆环的上部边缘与铜盘相接触，然后接通电流 5 s。

⑤ 将装有磁粉的圆环连同托盘，缓慢地向下移动至原处，这时在电磁铁的铜盘下残留有一些被吸住的磁粉。

⑥ 在 1 min 内，使被吸住的磁粉稳定下来，这时可能掉下来少量磁粉。

⑦ 电磁铁断电。这时，被吸住的磁粉落入事先准备好的纸上，将残留在铜盘上的磁粉一起收入纸中，用工业天平称其重量。

⑧ 按上述步骤进行三次测量，每次均需更换新磁粉。

⑨ 求出三次测量结果的平均值，称出试样的重量不少于 7 g 为合格。

磁粉磁性测量仪，必须用标准磁粉定期校正。用标准磁粉在该仪器上所测得的磁性测量数据，应符合标准磁粉证明书的要求。

如果所得的磁性称量数据不符合标准磁粉证明书中所注明的数值，则需调节铜盘与电磁铁骨架下底盘之间的距离，使其符合标准数据，方可使用。

荧光磁粉用称量法衡量磁性，其称量值允许略低于非荧光磁粉，可暂记为 6 g。

(2)磁粉的粒度

① 酒精沉淀法。用酒精沉淀法检验磁粉粒度，其测量装置如图 8－5 所示。该方法系用一根长 40 cm 的玻璃管，管子内径为 10±1 mm，垂直固定于支座上，用夹子夹紧。管子上有两个刻度，一个在下面端部水平线上，另一个在距前一刻度 30 cm 处。管外支柱上竖有刻度尺，其刻度为 0～30 cm。检验程序如下：

a. 用工业天平称出 3 g 未经磁化的磁粉试样；

b. 从夹子上抽出玻璃管并拔去上塞；

c. 往管内注入酒精至管子的一半高度处；

d. 将称好的磁粉倒入管内，用力摇晃直到均匀混合；

e. 往管内注入酒精至 30 cm 处，堵上塞子，反复倒置玻璃管，使之充分混合；

f. 摇晃停止，立即开动秒表；

g. 不摇晃并迅速地将玻璃管固定于夹子上，使管子上端刻度对准刻度尺的 30 cm 处；

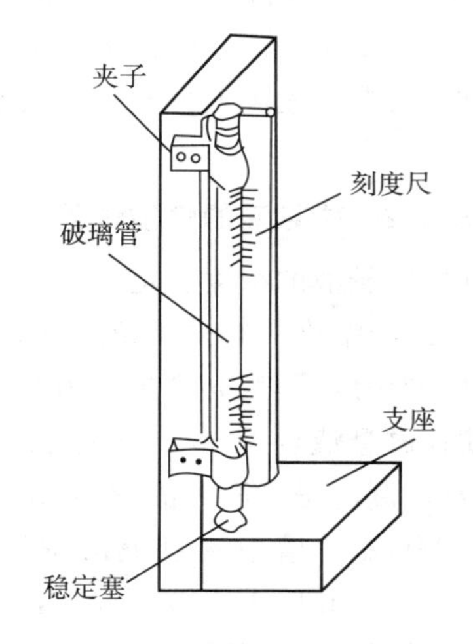

图 8－5　用酒精沉淀法检验磁粉粒度的测量装置

h. 静置 3 min,测量分界明显处的磁粉柱高度,不低于 18 cm 为合格;

i. 按上述步骤试验三次,每次更换新的磁粉,然后取平均值。

在检验过程中,仔细观察磁粉悬浮情况(如图 8-6 所示)。测量后不应用水,而应用酒精冲洗管子。

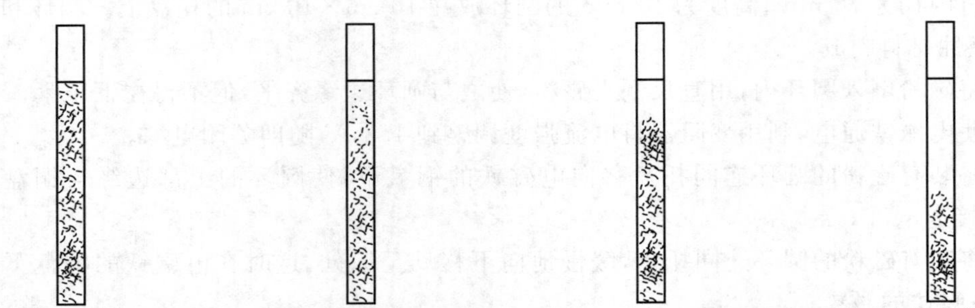

(a) 悬浮于酒精中的磁粉　(b) 粒度不均匀的磁粉沉淀　(c) 粒度均匀的磁粉沉淀　(d) 均匀粗大的磁粉沉淀

图 8-6　酒精沉淀法磁粉悬浮情况

② 过筛法。将磁粉通过标准筛,规定必须通过的百分比和未通过的百分比来控制磁粉粒度。美国规定荧光磁粉 98%的重量都要通 320 目的筛子,筛子孔径尺寸见表 8-1 所列。

表 8-1　标准筛的孔径尺寸

目	200	300	320	400	500
孔径(mm)	0.076	0.054	0.043	0.0385	0.031

③ 显微镜法。用含有表面活性剂的水或其他液体将少量磁粉分散开来,然后放在光学显微镜下(1 μm 以下的磁粉要用电子显微镜)照相,定向测定 1000 个以上的磁粉粒径,将结果整理后,绘出磁粉粒子的累计数曲线。

④ 用微粒分析仪测定。微粒分析仪是一种快速测定微粒体积分布的仪器,可测量直径在 0.6～800 μm 范围的微粒。由于读数是基于数以万计的粒子数目,因此具有较高的统计准确性,仪器荧光屏上可显示出微粒粒子分布曲线,利用 XY 记录仪可将示波器上的曲线记录下来。

8.2.2　磁悬液的性能试验

(1)磁悬液的浓度测定

磁悬液浓度一般采用梨形沉淀管测量容积的方法来测定,沉淀管如图 8-7 所示。关于沉淀管的刻度值,荧光磁悬液为 0.05 mL,非荧光磁悬液可为 0.1 mL。测量方法是:启动油泵,搅拌磁悬液至少 30 min,磁悬液搅拌均匀后,取 100 mL 注入沉淀管,使其沉淀。无味煤油和水配制的磁悬液需静置 30 min,变压器油配制的磁悬液需静置沉淀 24 h。沉淀在管底的容积代表了槽中磁悬液的浓度。一般情况下,荧光磁粉的推荐沉淀容积值为 0.1～0.4 mL/100 mL,非荧光磁粉的沉淀容积值为 1.2～2.4 mL/100 mL。也可根据所采用的磁粉,先制订出坐标图,再从坐标图上求出沉淀容积值的范围。例如用 10 g/L 和 25 g/L 浓度的磁悬液,分别求出其沉淀高度,绘出如图 8-8 的坐标图。对使用的磁悬液求出其磁粉沉淀高度后,就可从坐标图上查出磁悬液浓度。还可用计算的方法,例如,已知给定的磁悬

液浓度 x_1 和沉淀高度为 h_1，当读出被测磁悬液的磁粉沉淀高度 h_2 时，可利用下列公式：

$$x_2 = \frac{x_1 h_2}{h_1} \tag{8-1}$$

求出被测磁悬液的浓度 x_2。

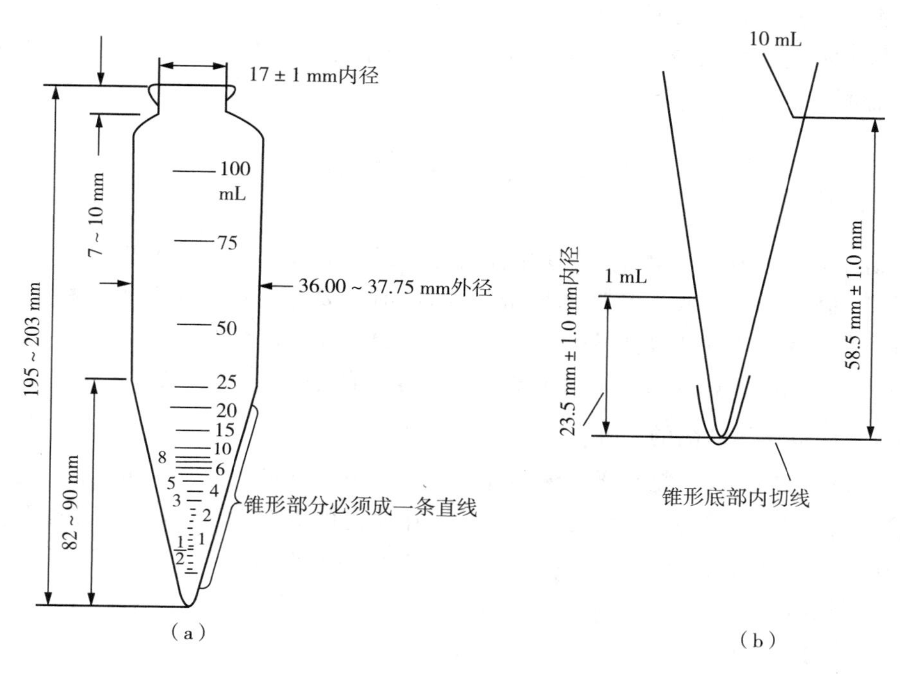

图 8-7　梨形沉淀管

(2)磁悬液的运动黏度测定

磁悬液的黏度可使用黏度计来进行测量。在 20℃时无味煤油的黏度应小于 5×10^{-6} m²/s (5 cS)，变压器油的黏度应小于 2×10^{-5} m²/s (20 cS)。

油的运动黏度的法定单位名称为二次方米每秒，符号为 m²/s，其换算关系是：1 S=100 cS=10^{-4} m²/s。

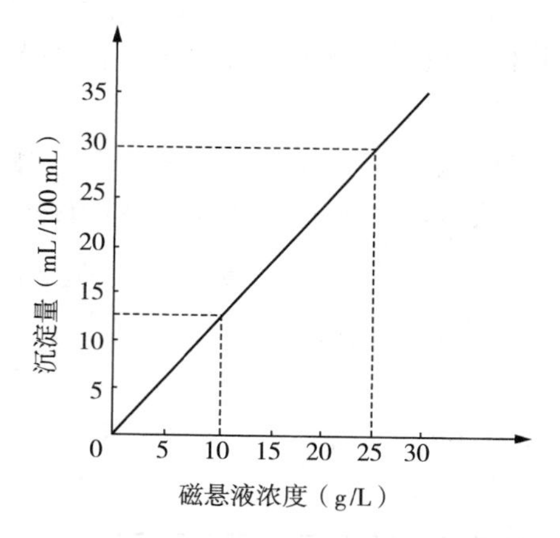

图 8-8　磁悬液浓度坐标图

(3)磁悬液的污染检查

磁悬液在使用过程中，会受到灰尘、氧化皮、油、纤维等物质的污染；油或水分散剂的化学作用也会引起荧光磁粉的结团、变质；油泵搅拌的机械力会使荧光磁粉的颜料剥落，干扰磁痕的显示。因此，需要定期检查磁悬液的使用效果。检查的方法是：用使用中的磁悬液检查已知缺陷的试件，记录其结果。用新配制的磁悬液再做一次检验，比较两者缺陷的显示情况。如果缺陷显示明显变差，或荧光亮度显著降低，应将槽中的磁悬液排尽，并清洗磁悬液槽,擦干后换入新的磁悬液。

如果出现以下情况,也要更换磁悬液:荧光磁粉沉淀后,而载液却明显地发荧光;用沉淀法测定浓度时,沉淀物明显地分成两层,而上层高度超过了下层高度的 50%。

8.2.3　磁悬液润湿性能试验

磁悬液润湿性能试验是将磁悬液施加在被检工件表面,如果磁悬液的液膜是均匀连续的,则磁悬液的润湿性能合格;如果液膜断开,则磁悬液润湿性能不好,此时需添加润湿剂或清洗工件表面,使其达到完全润湿。

8.3　综合性能测试

每个班次在进行磁粉检测前,应使用标准样件或标准试片测试探伤设备、磁粉和磁悬液的综合性能,以检验磁粉和磁悬液的质量好坏,同时还要检验探伤机和退磁机是否正常工作。标准样件可采用带有自然缺陷(如磨裂、发纹)的工件或带有人工缺陷的标准试块;标准试片有 A_1 型、C 型、D 型和 M_1 型,在磁粉检测中常用的是 A_1 型标准试片。

8.3.1　带有自然缺陷的工件

检验磁粉检测设备、磁粉和磁悬液的综合性能和灵敏度最有效和最可靠的方法,是利用带有自然缺陷的工件(其缺陷应能代表生产检验中常见的类型,而且具有不同的严重程度),按规定的磁化方法和磁化规范进行检验,如果全部缺陷磁痕显示清晰,说明综合性能合格,能满足探伤要求。

8.3.2　环形试块

环形试块用穿棒法进行磁化,是评定磁粉、磁悬液和设备综合性能的良好方法。

用 Betz 环进行试验时,要用直流电或整流电通过穿在孔中的中心导体,使试块磁化,与此同时,将磁粉或磁悬液施加于环的外缘上,其显示的磁痕数量表示所使用的检验系统的灵敏度。

湿法检验时 Betz 环上应显示的磁痕数见表 8-2 所列。

干法检验时 Betz 环上应显示的磁痕数见表 8-3 所列。

表 8-2　湿法检验时 Betz 环上应显示的磁痕数

磁悬液类型	全波整流磁化电流值(A)	应显示的孔的磁痕数
荧光或非荧光	1400	3
	2500	5
	3400	6

表 8-3　干法检验时 Betz 环上应显示的磁痕数

全波整流磁化电流值(A)	应显示的孔的磁痕数
500	4
900	4

（续表）

全波整流磁化电流值(A)	应显示的孔的磁痕数
1400	4
2500	6
3400	7

如用交流环形试块的话，则将标准块夹于探伤机的两极之间，通以 800 A 的交流电，用连续法检查，三个人工孔都显示清晰才算性能合格。

8.3.3 标准试片

将标准试片有人工缺陷的一面紧贴在被检工件上，必要时用胶带粘贴标准试片边部，进行磁化和湿式连续法检验，按检测要求的灵敏度等级，磁痕应能清晰显示。

8.4 人员资格要求

磁粉检测作为一项重要检测手段，它既保证了产品质量，也起到安全监督的作用。想要保证探伤结果的准确可靠，除了对探伤设备、材料和工艺方法加以质量控制外，人的因素也是重要环节，所以应对探伤人员进行必要的培训和资格鉴定。按照无损检测人员资格鉴定与认证的要求，从事无损检测工作的人员必须经过培训，考核合格后取得资格证书才能进行探伤工作。按照人员的能力水平，资格证书分为三个等级，每一个等级人员只能从事与其资格相对应的工作。还要求探伤人员掌握磁粉检测专业知识和了解金属材料制造、机械加工工艺中产生缺陷的基本知识，以及具有较丰富的检测经验和熟练的操作技能。此外，由于磁痕显示需通过目视进行检查，因此还要求探伤人员应具有良好的视力。无论是否经过矫正，一直或两只眼睛的近视力应能读出少 Jaeger 1 或 Times New Roman 4.5 或同样大小字符(高为 1.6 mm)；色弱和色盲患者、带有心脏起搏器患者不允许从事荧光磁粉检测；且探伤人员应每年进行一次视力检查。

8.5 检测环境控制

采用非荧光磁粉检测时，检测地点应有充足的自然光或白光，其中干法磁粉检测还需要保证检测环境通风良好；采用荧光磁粉检测时，要有专门的暗室或暗区，暗室或暗区的环境光照度应不大于 20 lx，当检测人员进入暗区工作前，至少要有 3 min 以上的暗区适应时间。另外检测环境应干净整洁。

*8.6 文件记录控制

磁粉检测的技术文件主要有：磁粉检测委托单，被检产品进行磁粉检测的验收技术要求，相关磁粉检测的标准、制度和规定，工艺规程，检验情况记录，检测报告，检测设备及辅助材料的校验记录，等等。需要对这些文件记录进行备案，并加以控制，以保证工作程序满足要求。

8.6.1　磁粉检测委托单和产品验收技术要求

在磁粉检测中，被检对象由委托单位委托检验单位进行检验。委托单位应将被检对象名称、材质、尺寸、表面状况、关键部位、灵敏度等级等写在委托单中，提交给检验单位。检验单位根据要求和相关标准、规范编写工艺规程，对检测方法和要求做出明确规定，指导检测人员实施检测，从而保证磁粉检测结果的一致性和可靠性。

对产品的验收，其技术要求由产品设计部门或相关部门提出。必要时，可与无损检测人员协商。如果是新产品，设计部门应根据用途、材质和制作工艺，明确提出检测方法和检测要求以及相应检查条件下工件不允许存在的缺陷大小、数量和位置。对于一些允许存在或可修复的缺陷，设计部门应给予相应规定。对于制造过程中由于工艺原因需临时检查的，可由相关工艺部门提出检查要求和验收要求。对于使用中的产品，由使用单位根据设计及使用情况，提出检测和验收要求。

8.6.2　磁粉检测方法标准和工艺规程

检测方法标准和验收技术标准是编制产品工艺规程的依据。方法标准有通用标准和专用标准，企业也可结合自己产品检测工艺规程制定本企业的检测工艺标准。在新产品研制或新工艺试验或新材料试用时，若没有适当的质量验收标准和检测方法标准，可采用以下方法：

① 制定该产品专用的产品检测方法和质量验收标准。

② 根据某个通用检测方法标准中不同的验收等级，采用某一等级验收产品。

③ 采用某个检测方法标准，规定具体的产品验收技术要求。

磁粉检测工艺规程是执行检测操作的工艺文件。工艺规程有磁粉检测规程和工艺卡两种，其区别为：磁粉检测规程是根据委托书的要求结合工件特点及有关标准编写的，内容比较详细，以文字描述为主；磁粉检测工艺卡，是根据检测规程和有关标准，针对某一工件编写，具体指导检测人员进行检验操作和质量评定用，内容比较具体。检测工艺规程包含以下内容。

① 总则：适用范围、标准名称代号和对检验人员要求。

② 被检工件：工件材质、形状、尺寸、表面状态、热处理状态和关键检测部位。

③ 设备和器材：设备的名称和规格，磁粉和磁悬液种类。

④ 工序安排和检测比例。

⑤ 检验方法：采用湿法、干法、连续法还是剩磁法。

⑥ 磁化方法：有通电法、线圈法、中心导体法、触头法、磁轭法或交叉磁轭法。

⑦ 磁化规范：磁化电流、磁场强度或提升力。

⑧ 灵敏度控制：试片类型和规格。

⑨ 磁粉探伤操作：从预处理到后处理，每一步的主要要求。

⑩ 磁痕评定及质量验收标准。

8.6.3　检测记录和结论报告

检测记录由检测人员填写。记录应真实准确，主要包含以下内容。

① 工件：名称、尺寸、材质、热处理状态及表面状态。

② 检测条件：所用检测装置、磁粉种类、检验方法、磁化电流、磁化方法、标准试块、磁化规范等。

③ 磁痕记录：缺陷磁痕大小、位置、磁痕等级、标准名称及要求。

④ 其他：检测时间、地点及检测人员姓名与技术资格等。

检测报告是检测结论的正式文件，应根据要求由检测人员出具，并由检测责任人签字。检测报告应按相关要求制定。

8.6.4 设备器材校验记录

仪器等器材应根据有关技术标准和规程进行校验，出具校验记录，不符合相关要求的设备和器材不能使用。记录应包括：校验内容、日期、有效期、标准值、实测值、校验者、核对者等。

以上各种技术文件都应记录在册，编号保存，以便随时进行核查，其保存期限按有关规定执行。

8.7 安全防护

磁粉检测涉及电流、磁场溶剂、可燃性油及粉尘等，操作有可能在高空、野外、水下或容器中进行。因此，探伤时应重视安全防护问题，否则会导致火灾、触电等事故，所以应特别注意以下问题：

① 使用直通接电法和支杆法磁化时，电接触要好，接触部位不应有锈蚀和氧化皮，也不应在通电时移去电极，以防引起电弧。用铜或锌制的触头，要防止产生电弧，以免造成工件污染和冶金损伤。

② 只有在通风良好的条件下才可使用铅接触头，因为铅接触头过热时产生的有毒蒸气会使人头昏眼花。

③ 应避免在有限的空间使用喷雾剂，因低浓度气雾对人体有害，蒸发的喷射剂及其内含物质会造成气体污染。

④ 要做到在高空、野外、水下或球罐中等特殊环境的安全防护。必须学会在这些场所进行检测时的安全知识，保护自身不受伤害。

⑤ 长期接触油磁悬液或有机溶剂，会引起皮下脂肪溶解、干裂，重则会发展成皮肤病，所以应对磁悬液与手接触的部位加以保护，如涂防护软膏、戴医用手套或液体手套。

⑥ 使用水磁悬液时，设备接地必须良好，以免发生触电事故。

⑦ 使用冲击电流法磁化时，不要用手接触高压电路，以防高压伤人。

⑧ 使用干磁粉检测时，也许有磁粉飘浮在空气中，所以应戴防护罩或使用吸尘器。

⑨ 用煤油做分散剂时，工作区附近应避免出现火源，以防引起火灾。

⑩ 使用紫外灯时，人眼应避免直接注视紫外光源，防止造成眼球损伤，必要时可以戴上预防紫外线的眼镜。应经常检验滤光板，以防出现裂纹，因为波长小于 320 nm 的紫外线辐射对身体是十分有害的。

⑪ 注意不要将机械手表和仪表置于强磁场周围。

⑫ 测试设备线路的绝缘电阻,要保证电器无短路和接线无松动。

⑬ 不应在超过额定输出下使用设备,以防设备损坏。

⑭ 对废水应及时回收进行净化处理,达到环保要求后方可排放。

复习题

8-1　影响磁粉检测质量的因素有哪些?如何对这些因素进行质量控制?

8-2　直流电流表和交流电流表的校验需要什么类型的仪器?

8-3　如何进行磁悬液浓度的测定?

8-4　简述电磁轭提升力的校验方法。

8-5　磁粉检测安全防护包括哪些内容?

第九章　磁痕分析及评定

9.1　磁痕的分析及意义

磁粉检测是利用磁粉聚集来显示工件上的不连续性及缺陷的。通常把探伤时磁粉聚集而形成的图像称为磁痕。材料均质状态受到的破坏称为不连续性，影响工件使用性能的不连续性称为缺陷。

虽然缺陷的漏磁场会吸引磁粉而形成磁痕，但形成磁痕的原因却是各种各样的。通常把缺陷处产生的磁痕称作相关显示，而把由于工件截面变化、材料性质差异等原因，或者对工件无害的缺陷所形成的磁痕称作非相关显示。无论相关显示或非相关显示都是由漏磁场产生的。除此之外，还有一些磁痕不是由于漏磁场产生的，称作伪显示。这就要求检验人员具有较丰富的经验，能够结合工件的材料、形状、加工工艺进行磁痕鉴别。但磁痕种类繁多，千变万化，有时很难判断其性质，必要时须借助其他无损检测方法或金相试验，进行综合分析。所以磁痕分析的意义很大，主要体现在以下几方面：

第一，正确的磁痕分析可以避免误判。如果把相关显示误判为非相关显示或伪显示，则会产生漏检，造成重大的质量隐患；相反，如果把非相关显示或伪显示误判为相关显示，则会造成合格的工件被拒收或报废，造成不必要的经济损失。

第二，由于磁痕显示能反映出不连续性和缺陷的位置、大小、形状和严重程度，并可大致确定缺陷的性质，所以磁痕分析可为产品设计和工艺改进提供较可靠的信息。

第三，在工件使用后进行磁粉检测，可用于发现疲劳裂纹，并可间断检测和监视疲劳裂纹的扩展速率，可以做到及早预防，避免设备和人身事故的发生。

9.2　伪显示

工件上磁粉聚集而形成的磁痕，如果不是由于磁力的作用，即不是由于漏磁场而产生的，就叫作伪显示。出现伪显示的情况有以下几种：

① 工件表面粗糙(例如焊缝两侧的凹陷，粗糙的机加工表面和铸造表面)会滞留磁粉而形成磁痕，但其磁粉的堆集很松散，如果将工件在煤油或水分散剂内漂洗可将磁痕除去。

② 工件表面的氧化皮和锈蚀以及油漆斑点的边缘上会出现磁痕。

③ 工件表面不清洁，存在油、油脂、纤维等脏物都会粘附磁粉而形成磁痕，这种情况在干法中尤其常见，通过清洗工件表面可以消除磁痕。

④ 磁悬液浓度过大，施加磁悬液方式不恰当，都可能造成伪显示。

9.3　非相关显示

非相关显示不是来源于缺陷，但却是由于漏磁场而产生的。其形成原因很复杂，一般与工件本身材料、工件的外形结构、采用的磁化规范、工件的制造工艺等因素有关。有非相关显示的工件,其强度和使用性能并不受影响,所以它对工件不构成危害。但是,这类显示容易与相关显示混淆,不如伪显示那么容易识别。

如若不慎,将非相关显示误判为相关显示,就会使合格的工件报废掉而造成经济损失;相反,如果把相关显示误判为非相关显示,也会造成质量隐患。引起非相关显示的原因是多方面的。

9.3.1 工件形貌引起的非相关显示

工件内存在孔洞、键槽、齿条等断面突变的部位,由于局部截面缩小,迫使一部分磁力线跑出工件形成漏磁场,其磁痕松散,具有一定的宽度、轮廓不清晰,且有规律的重复出现在同类的工件上。对这一类磁痕应结合工艺过程和工件几何形状分析,防止杂乱显示掩盖真正缺陷的磁痕。图 9-1 为空心轴内部键槽外的磁痕。

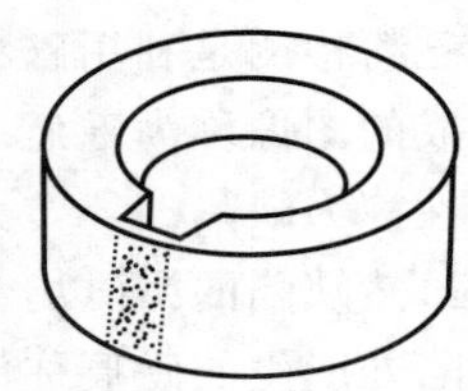

图 9-1 空心轴内部键槽外的磁痕

工件的螺纹根部或齿根部位也常常会产生非相关显示,这种磁痕与缺陷的磁痕很难区分。只有检验人员积累了大量经验才能识别。如果采用剩磁法、低浓度磁悬液并适当增加磁悬液的施加时间,将有利于这类磁痕的消除。

9.3.2 加工产生的非相关显示

(1)划伤和刀痕

如果磁化电流过大,划伤也会吸附磁粉,聚集的磁粉虽然不浓但有重复性。由于其在凹处有金属光泽,因此可与裂纹相区别。这类磁痕的特征是:磁痕成规则的线状,较宽而直,两端不齐,磁粉图像轮廓不清晰,磁粉沉积稀薄而浅淡,重复磁化时,图像的重复性差;降低磁化磁场强度,磁痕不明显。擦去磁痕后,肉眼或放大镜可以观察到划痕或刀痕的底部。在铰孔时,由于铰刀变钝,孔的内表面会产生刀痕,磁痕密集成排,常常成为疲劳裂纹的起源。另外,工件表面粗糙也容易黏附磁粉形成非相关显示。

(2)加工硬化

金属在冷加工后,产生加工硬化现象,未经退火处理进行探伤,会在加工硬化与未加工硬化的交界处产生材料磁导率变化,在其变化处会出现散淡的磁粉图像。硬度较大的工件,特别是渗碳表面,在受到锤击或碰撞时容易出现磁痕。砂带打磨和抛光时,产生残余应力,也会吸附磁粉,其磁痕宽而松散,磁粉带间距相等。粗抛光造成的磁痕,形状短而宽,间距不等。这些磁痕都有重复性。工件在低温矫正时产生的组织应力也会引起磁痕。冷加工产生的磁痕,经再结晶退火处理可以消除。

9.3.3 材料内部组织结构产生的非相关显示

(1)碳化物带状组织

高碳钢和高碳合金钢的钢锭凝固时,所产生的树枝状偏析导致钢的化学成分不均匀,在枝晶间隙中形成碳化物,这些碳化物在轧制过程中沿压延方向被拉成带状。带状组织导致组织的不均匀性,其中铁素体磁导率最大,珠光体磁导率次之,合金碳化物磁导率最小,这些组织的磁导率相差很大,便引起磁感应线发生畸变,从而形成磁痕。

(2)金相组织不均匀

金相组织的变化经常发生在焊接件上。当焊缝熔敷金属与热影响区的基体金属有不同的金相组织相邻存在时,就会产生漏磁场并形成磁痕。工件在淬火时有可能产生组织差异,探伤时形成磁痕。由于冷却速度不均而导致组织差异，在淬硬层表面出现有规律的间距，所形成的磁痕也是有规律的。马氏体不锈钢的金相组织为铁素体和马氏体，由于两者磁导率的差异，沿组织分界处会吸附磁粉，在冲模分模区上低倍组织不均匀处也会出现磁痕。

(3)两种材料交界处

在焊接过程中，将两种磁导率不同的材料焊接在一起，或基体金属与焊条的磁导率截然不同(例如用奥氏体钢焊条焊接铁磁性材料)，在焊缝上就会产生浓密的磁痕，其磁痕有的松散，有的亦很清晰，类似裂纹，因此要结合焊接工艺加以鉴别。

(4)金属流线

钢锭固有的枝晶偏析及非金属夹杂物，经热加工变形沿金属的轧制方向延伸，变为纤维状组织，这种组织被称为流线。流线的磁痕呈不连续的线状，沿着金属纤维方向分布面积大，常常遍及整个工件。流线在使用连续法、磁化电流过大的情况下极易出现，降低电流值时，磁痕会减弱或消失。

9.3.4　其他非相关显示

(1)磁写

当两个已磁化的工件互相摩擦或用一钢块在一个已磁化的工件上划一下，在接触部位便会发生磁性变化，这就叫磁写。磁写可以在任何部位出现，磁痕松散，线条不清晰。将工件退磁后重新磁化检验，磁痕一般不再出现，但严重者必须仔细地多方向退磁方能消失。

(2)应力

几何形状复杂、冷却速度相差悬殊的工件，在应力集中处会产生磁粉聚集。焊接时，由于温度剧烈改变而造成的内应力也会产生磁痕。使用过的工件，例如小孔周围或缺口的尖角等应力较大部位都可能产生磁痕，其磁痕一般多而密，但较松散，个别的也与裂纹类似。

(3)电极和磁极

采用支杆法探伤时，由于支杆电极附近的电流密度过大，工件上会出现磁痕。电磁轭探伤时，磁极与工件接触处的漏磁也会吸引磁粉。但这些磁痕松散，容易与缺陷区分，退磁后改变电极或磁极的位置，该部位的磁痕就不再出现。

9.4　相关显示

相关显示是由于缺陷漏磁场形成的。本节将介绍磁粉检测常见的缺陷以及它们的产生原因和磁痕特征。

9.4.1　原材料缺陷磁痕

(1)发纹

发纹是磁粉检测经常遇到的一种原材料缺陷。钢中非金属夹杂物、气孔在轧制和拉拔过程中随着金属的变形伸长而形成发纹。经解剖分析，绝大多数发纹都伴有非金属夹杂物，例如硫化物、硅酸盐和链状分布的氧化物等。发纹对工件材料的力学性能无显著影响，但在要求严格的工件上，有可能成为疲劳裂纹的裂纹源。发纹的磁痕特征如下：

① 发纹沿金属纤维方向分布，呈细而直的线状，有时亦随着纤维走向而微弯曲。

② 发纹因深度较浅，磁痕一般均匀而不浓密。

③ 发纹一般不太长，多在 20 mm 以下，但有少数发纹长度可达 100 mm 左右，有的呈连续线状，也有的呈断续分布。

(2)分层

分层也是板材中常见缺陷，如果钢锭中存在缩孔、疏松或密集的气泡，而在轧制时又没有轧合，则钢板在纵向或横向剪切时，可能发现金属分为两部分，形成分层，有时亦称为夹层。钢锭内有非金属夹杂物，轧制时被压碎，也能产生分层。分层是一种内部缺陷，但在钢板的侧面有可能露到外面。分层的特点是其平行于轧制面。钢板在气割组焊之前，或由板材制成的工件上，有时能检测出分层。分层的磁痕呈条状或断续分布。图 9-2 为分层图形。

(3)材料裂纹

坯料上有裂纹或皮下气泡、夹杂物以及冷拔变形量选择不适当等原因，钢材上会产生裂纹。裂纹磁痕一般呈直线状，有时也分叉，多与拔制方向一致，但也有其他方向。图 9-3 为材料裂纹图形。

图 9-2 分层

图 9-3 材料裂纹

(4)拉痕

由于模具表面光洁度不高，残留有氧化铁皮或润滑条件不良等原因，在钢板通过轧制设备时，便会产生划痕。划痕呈直线沟状，肉眼可见到沟底，分布于钢材的局部或全长。宽而浅的拉痕在探伤时不吸磁粉，但较深者有时会吸附磁粉。

(5)白点

白点是对钢材危害极大的一种内部缺陷。白点在材料机械加工后可暴露在表面上。在钢材断口上，白点一般都分布在距表面一定距离处。白点表现为圆形或椭圆形的银白色斑点，故取名白点。图 9-4 为白点图形。

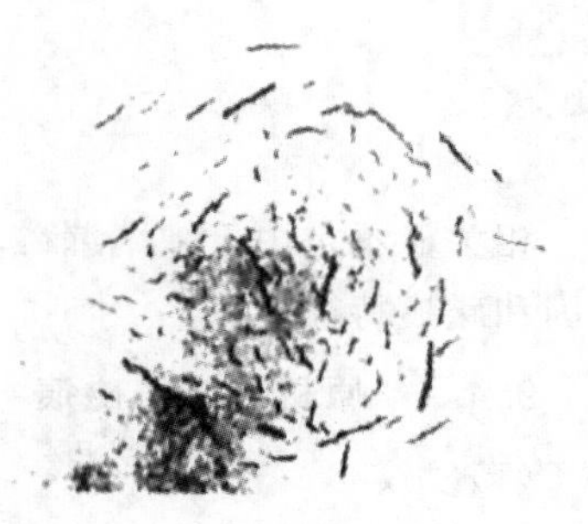

图 9-4 白点

白点的产生原因是：经热加工的合金钢，随着温度的降低，氢在钢中的溶解度显著减少，过饱和原子来不及扩散脱溶而合成分子氢滞留在钢的显微间隙或疏松中，形成巨大的局部内压力，当该局部压力超过钢的强度时，便形成近似圆片状裂纹。同时，氢能使钢的塑性降低，钢轧制后快速冷却产生的应力，不能为塑性变形抵消时，金属便破裂而产生白点。

含碳大于 0.3%、铬大于 1%、镍大于 2.5%的马氏体铬镍钢及铬镍钼(钨)钢对白点的敏感性最大，如 34CrNi3Mo(W)就是最容易产生白点的钢。含碳量约为 1%的滚动轴承铬钢也较容易产生白点。白点的产生还与材料的尺寸有一定关系，例如横截面小于 30 mm 的钢就不容易产生白点。

露于表面的白点磁痕清晰。在轧制棒材的横截面上白点乃是各种方向不同的细小裂纹，有时多呈辐射状或无规则的分布。在材料的纵向表面上，白点磁痕较直，略带角度，大多为锯齿状磁粉堆积。

(6)非金属夹杂物

钢中的非金属夹杂物主要是铁元素和其他元素与氧、氮等作用形成的氧化物和氮化物以及硫化物、硅酸盐等。同时，由于冶炼和浇注的疏忽，混入钢中的钢渣和剥落的耐火材料都带来非金属夹杂物。钢在液态及其凝固过程中，由于复杂的化学反应生成各种氧化物，或者是由于冶炼时耐火材料混入钢中而形成非金属夹杂，这些夹杂物以镶嵌的方式存在于钢中，降低了钢的力学性能，给金属破裂创造了条件，非金属夹杂物的磁痕特征是：沿纤维状分布，呈短直线状或断续线状，两端不尖锐，一般情况下磁粉堆积不很浓密，颜色较浅淡，当擦去磁粉后，一般看不出痕迹。磁痕一般呈分散点状或弯曲的线状。

9.4.2　锻钢件缺陷磁痕

某些原材料缺陷会带入锻钢件。例如，非金属夹杂物带入锻件后，磁痕沿锻造流线分布，大多数呈线状，有时呈链状或块状。含有白点的钢经锻造成型后，裂纹为短线状并成群出现。皮下气孔锻造后形成短而浅的裂纹，磁痕呈齐头的线状分布。钢中分层经模锻挤入毛边，切边后在分模面上出现分层，磁痕沿着毛边截面以线状出现。

原材料成分不当，也会在锻造时形成缺陷。例如材料含铜量过高，当含量超过千分之五时，铜在锻造过程渗入晶界，引起红脆，磁痕呈明显的网状龟纹分布。

剪切裂纹是在下料时产生的缺陷，由于剪切时温度过低和剪切机刃具老化引起，裂纹常贯穿剪切断面，磁痕为粗直线状。

锻造时产生的缺陷，常见的是锻造裂纹和锻造折叠。

(1)锻造裂纹

锻造裂纹产生的原因很多，属于锻造过程本身的原因有加热不当、操作不正确、终锻温度太低、冷却速度太快等。还有加热速度过快，因热应力而出现裂纹；锻造温度过低，因金属塑性变差而导致撕裂。锻造裂纹一般都比较严重，具有尖锐的根部或边缘，磁痕浓密清晰，呈折线或弯曲线状。图 9－5 为锻造裂纹。

(2)锻造折叠

折叠的特征是一部分金属被卷折或搭叠在另一部分金属上。图 9－6 为锻造折叠。

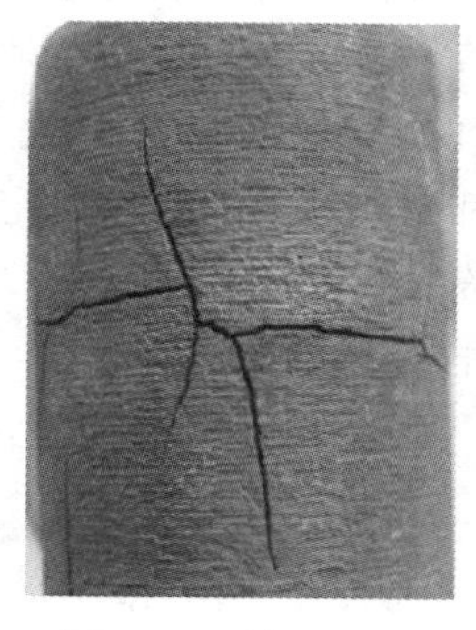

图 9－5　锻造裂纹

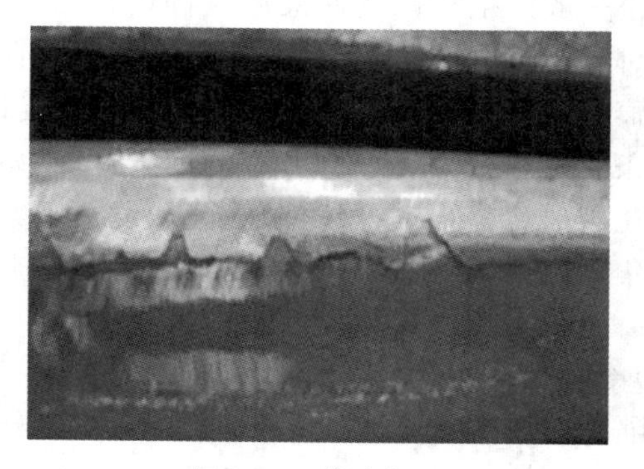

图 9－6　锻造折叠

折叠产生的原因如下：

① 由于模具设计不合理，金属流动受阻，被挤压后形成折叠，多发生在倒角部位，其磁痕呈纵向直线状。

② 预锻时打击过猛，在滚光过程中嵌入金属，其磁痕呈纵向弧形线。

③ 锻件拔长过度，入型槽终锻，两端金属向中间对挤形成横向折叠，多分布在金属流动较差的部位，其磁痕呈圆弧形。

经金相解剖，折叠两侧有脱碳，且与表面成一定角度。

9.4.3　铸钢件缺陷磁痕

(1)铸造裂纹

金属液在铸型内凝固收缩过程中，表面和内部冷却速度不同产生很大的铸造应力，当该应力超过金属强度极限时，铸件便产生破裂。根据破裂时温度的高低又分为热裂纹和冷裂纹两种。热裂纹在1200～1400℃高温下产生，并在最后凝固区或应力集中区出现，一般是沿晶扩展，呈很浅的网状裂纹，亦称龟裂。其磁痕细密清晰，稍加打磨，裂纹即可排除。冷裂纹在200～400℃低温下产生。低温时由于铸钢的塑性变坏，在巨大的热应力和组织应力的共同作用下产生裂纹，一般分布在铸钢件截面尺寸突变的部位，如夹角、圆角、沟槽、凹角、缺口、孔的周围等部位。这种裂纹一般穿晶扩展，有一定深度，一般为断续或连续的线条，两端有尖角，浓密清晰(如图9-7所示)。

(2)疏松

疏松也是铸钢件上的常见缺陷。金属液在凝固收缩过程中得不到补缩，因而出现极细微、不规则的分散或密集的孔穴，称为疏松。图9-8为疏松裂纹。

图9-7　铸造裂纹

图9-8　疏松裂纹

疏松一般产生在铸钢件最后凝固的部位，例如在冒口附近、局部过热或散热条件差的内壁、内凹角和补缩条件差的均匀壁面上。在加工后的铸钢件表面，更容易发现疏松。疏松磁痕有时呈现稀疏的片状，有一定面积，当改变磁化方向时，磁痕也明显改变。更常见的是条状疏松，形状较规则，有的近于直线，始端和末端都不出现尖角，有一定深度，磁粉堆集比裂纹稀疏。剖开铸件，在显微镜下观察可见到不连续的微孔。疏松一般不产生在应力集中区和截面急剧变化处，因该处的疏松在应力作用下已形成裂纹，通常称为缩裂。

(3)冷隔

冷隔是因金属液未融合在一起，被氧化皮隔开而形成的有圆角的缝隙或凹痕。由于它产生在铸件上较大的水平面和转角处、凸台处，因此其磁痕较淡。

(4)夹杂

铸造时由于合金中的熔渣未彻底清除干净以及浇注工艺或操作不当等原因,在铸件上出现微小的熔渣或非金属夹杂物,如硫化物、氧化物、硅酸盐等,称为夹杂。夹杂在铸件上的位置不定,易出现在浇注位置上方,其磁痕呈分散的点状或弯曲的短线状。

(5)气孔

铸钢件中的气孔,是熔化金属在冷却凝固过程中,其中的气体未及时排出形成孔穴。其磁痕呈圆形或椭圆形,显示不太清晰。磁痕的浓度与气孔的深度有关,皮下气孔一般使用直流电方能检测出来。

9.4.4 焊接件缺陷磁痕

焊接构件是经过一系列工序的加工才完成的,其主要工艺流程是:下料、成形、坡口加工、组装、焊接及检验等。在构件制作过程中的不同工艺阶段,由于工艺和操作不当有可能产生相应的工艺缺陷。焊接件的工艺缺陷有以下几种。

(1)气割裂纹

下料和坡口加工多数采用火焰切割的方法。火焰切割是个热过程,当气割工艺不当或环境温度过低、冷却速度过快时,对于强度较高的钢就容易产生气割裂纹。这种裂纹的方向是不定的,其深度一般在百分之几毫米到十分之几毫米不等。

(2)电弧气刨裂纹

在进行双面焊接时,为确保焊透避免造成根部缺陷,需先从一面焊接,然后从反面用电弧气刨进行清根,把根部清除干净后再进行焊接。另外,为清除焊缝内部缺陷时,也需要用电弧气刨把缺陷部位刨开,待缺陷清除干净后再进行补焊。

电弧气刨是以碳棒为电极与钢板产生电弧,从而把钢熔化,同时用气流把钢水吹掉。在这个过程中,磷要向钢材表面过渡,造成气刨面的增碳。如果冷却速度过快就会在电弧气刨面产生裂纹。这种裂纹的方向是任意的,深度一般在百分之几毫米到十分之几毫米不等。

(3)焊接裂纹

磁粉检测的主要目的是检查焊缝及热影响区的裂纹。焊接裂纹可能在焊接过程中产生,也可能在焊后,甚至在放置一段时间以后产生。因此焊缝探伤要求在焊接完毕 24 小时后进行。焊接裂纹形成的主要原因有以下几种:

① 母材金属的碳含量或硫、磷含量过高时,其焊接性变差,容易产生裂纹。

② 焊条、焊剂等焊接材料中的合金元素和硫、磷含量越高时,产生裂纹的倾向也就越大。

③ 低温或有风的情况下焊接,致使焊缝冷却速度过快也容易产生裂纹。

④ 焊接厚板或其结构的刚性大也容易产生裂纹。

焊接裂纹从不同角度有不同的分类方法。按形成裂纹的温度可分为热裂纹和冷裂纹。

① 热裂纹一般产生在 1100～1300℃高温范围内的焊缝熔化金属内,由于焊缝凝固过程的拉应力和晶界上低熔点共晶体的存在,导致焊缝上产生裂纹并沿晶扩展,有的延伸至基体金属内。热裂纹有纵向裂纹和横向裂纹,露出工件表面的热裂纹断口有氧化色,热裂纹浅而细,磁痕清晰而不浓密。

② 冷裂纹一般产生在 100～300℃低温范围内的热影响区(基体金属和熔合线上),由于焊缝冷却过程的收缩应力,敏感的淬硬组织和由氢气造成的接头脆化,导致在热影响区和弧

坑上产生冷裂纹。冷裂纹可能在焊完马上产生,也可能在焊完后数日、数月才开裂。大多数冷裂纹是纵向的,一般深而粗大,磁痕浓密清晰。露出工件表面的冷裂纹断口未氧化,发亮,容易引起脆断,危害最大。

据裂纹产生的部位,焊接裂纹可分为三类:

① 焊缝裂纹。焊缝裂纹是焊接裂纹中常见的一种,它产生在焊缝金属中。按其形态与取向主要有三种,即纵向裂纹(平行于焊缝方向)、横向裂纹(垂直于焊缝方向)和树枝状裂纹(或放射状裂纹)。图 9-9、图 9-10 分别为焊缝纵向裂纹和焊缝横向裂纹。

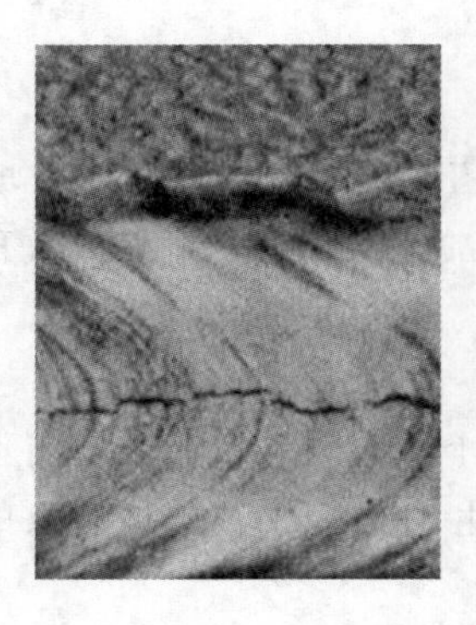

图 9-9　焊缝纵向裂纹

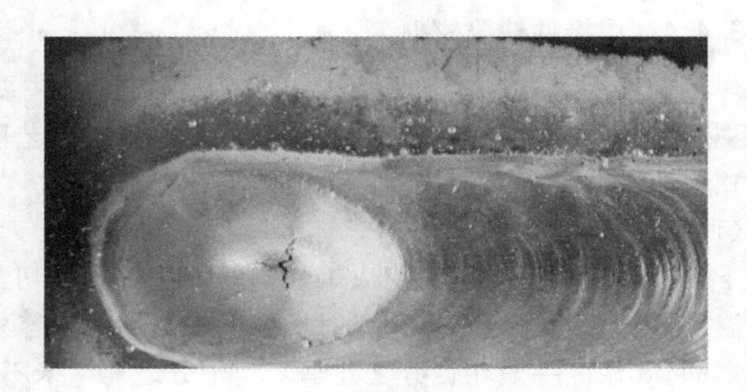

图 9-10　焊缝横向裂纹

② 热影响区裂纹。它产生在母材的热影响区内。这类裂纹多数向母材方向扩展,而止于熔合线,个别情况也有穿过焊缝的。

③ 熔合线裂纹。它产生在焊缝与母材的交界处即熔合线上。

当焊件被固定时,在焊后的冷却过程中由于收缩应力的关系而产生应力裂纹。它可以是横向的或纵向的,有时延伸到热影响区。在单道焊接时,所出现的应力裂纹通常是横向的,在多道焊接时,所出现的应力裂纹通常是纵向的。

在开始焊接或停止焊接时,由于热源使用不当常可产生火口裂纹。此时检查,要注意焊接开始的地方和焊接停止的地方。火口裂纹具有不同的形状和方向,有星状裂纹、横向裂纹和纵向裂纹。

焊接裂纹的大小不一,长度由几毫米至数百毫米,深度较小者为几毫米,而较大者可穿过整个焊缝厚度。探伤时其磁痕一般浓密、清晰可见,有的呈直线状,有的较弯曲,也有的呈树枝形状。

(4)未焊透

熔化金属与基体金属间及焊缝层间的没有熔合部分称为未焊透。

未焊透主要是由以下原因产生的:

① 电弧的电流和电压不足,而焊接速度又过快。

② 基体金属未充分加热就开始焊接。

③ 焊工技术不熟练或工作粗心。

④ 因有锈蚀、熔渣和氧化皮等污垢,影响基体金属边缘熔化。

⑤ 坡口开度过小,电弧达不到坡口底部等。

未焊透的磁痕较松散,多呈带状。

(5)气孔

焊缝上的气孔是在焊接过程中,气体在熔化金属冷却之前来不及逸出而保留下来的孔穴。

产生气孔的主要原因有:

① 基体金属含气体过多或表面有油污、铁锈存在。

② 焊药或熔剂过于潮湿。

③ 焊接速度过快,熔化金属的快速冷却妨碍气体逸出,以及埋弧自动焊时没有熔剂保护。

这些气孔有的单独出现,有的成群出现。其磁痕特点及检验方法与铸钢件气孔相同。

(6)夹渣

夹渣通常是由于气割后没有将焊接边缘的氧化铁皮或其他不洁物去净。点焊时熔渣没有充分清除,以及在多层焊接情况下未将上一层的熔渣充分清除等原因所造成的。另外是由于熔化金属溶液中的某些化合物在其冷却和凝固过程中沉淀于焊缝内,以及焊缝金属加入成分的氧化所致。

夹渣在焊缝内分布情况、尺寸、数量及其性质是各不相同的。夹渣的化学成分决定于焊条涂料的成分、填充棒的质量以及熔池内反应过程的温度条件等。点状夹渣常存在于金属焊缝中,位置不固定;长条夹渣和间断夹渣在焊缝的层间或熔合线上以及手工焊与自动焊交接处、多层焊的层与层之间。此种缺陷往往与未熔合同时存在。

9.4.5　热处理缺陷磁痕

(1)淬火裂纹

热处理是改变钢的性能的重要手段。通过加热、保温及冷却三个连续的工艺过程,促使钢的内部组织发生变化,以获得需要的各种物理、化学性能。钢在加热过程中产生的裂纹,主要是淬火冷却时形成的,因为钢自高温快速冷却时的热应力与组织应力可达很高的数值。当这些应力超过钢的抗拉强度时,则引起开裂。图 9-11 为淬火裂纹。

淬火裂纹主要是由以下原因产生:

① 材料本身的原因。如钢的化学成分的偏离或内部存在夹杂物及冶金缺陷等。

② 热处理方面的原因。如加热温度过高或冷却过于激烈等。

③ 设计和加工制造方面的原因。如工件厚薄相差太悬殊、设计制造时带有尖角、加工刀痕过深、淬火冷却时具有复杂的内应力、均会引起淬火裂纹。

图 9-11　淬火裂纹

淬火裂纹一般出现在工件的应力集中部位,如孔、键、夹角及截面尺寸突变处,其磁痕特征是:

① 一般呈细直的线状,尾端尖细,棱角较多。

② 渗碳淬火裂纹的边缘呈锯齿形。

③ 工件锐角处的淬火裂纹呈弧形。

④ 淬火裂纹一般比较深,磁痕浓密清晰。

(2)渗碳裂纹

结构钢工件渗碳后冷却过快,在热应力和组织应力的作用下形成渗碳裂纹,其深度不超过渗碳层。其磁痕呈线状、弧形或龟裂状,严重时会造成块状剥落。

(3)表面淬火裂纹

为提高工件表面的耐磨性能,可进行高频、中频、工频电感应加热,使工件表面的很薄一层迅速加热到淬火温度,并立即喷水冷却进行淬火,在此过程中,由于加热冷却不均匀而产生喷水应力裂纹。其磁痕呈网状或平行分布。面积一般较大,也有单个分布的。感应加热还容易在工件的油孔、键槽、凸轮桃尖、齿轮齿部产生热应力裂纹。油孔、键槽从应力集中处开裂,其磁痕呈辐射状,齿轮处则易成弧形。

9.4.6　机械加工缺陷磁痕

(1)磨削裂纹

淬硬或表面硬化的工件,为了获得较高的光洁度,热处理后需要进行磨削加工,常会产生磨削裂纹。图 9-12 为磨削裂纹。

磨削裂纹产生的主要原因有:

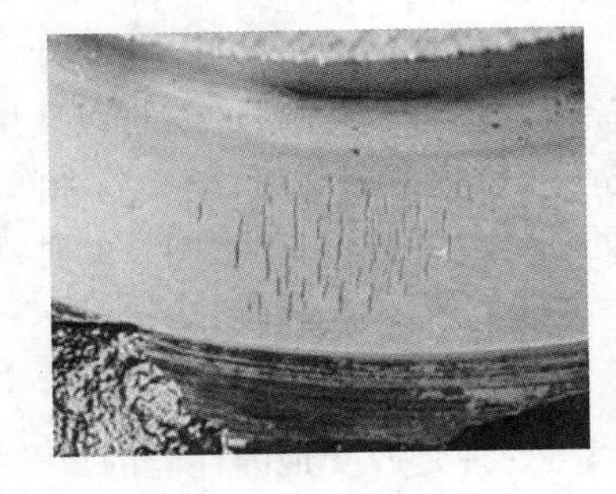

图 9-12　磨削裂纹

① 材质的影响。当工件材料内部组织分布不均匀,呈网状或带状时,易在磨削过程中沿脆性组织分布方向产生磨削裂纹。

② 热处理不当的影响。如淬火温度过高,使工件热处理后残余应力增加,在磨削过程中,残余应力与磨削应力叠加在一起产生磨削裂纹。

③ 磨削不当的影响。磨削加工时,若磨削过度,产生的磨削热会使工件表面层局部温度达到 800℃以上,随后在冷却液的作用下迅速冷却形成“重硬”,相当于二次淬火,使热应力和组织应力增加而产生瞬时拉应力,当它超过材料拉伸强度时即产生磨削裂纹。

④ 其他。高强度合金钢当瞬时拉应力未超过材料拉伸强度时,磨削加工后并不立即开裂,有延迟现象。电镀、氧化等表面处理或加载荷会加速这种裂纹的暴露。

磨削裂纹一般出现在工件不易散热的部位,其缺陷及磁痕特征是:

① 磨削裂纹方向一般与磨削方向垂直,由热处理不当产生的磨削裂纹有的与磨削方向平行。

② 磨削裂纹磁痕呈网状、鱼鳞状、放射状或平行线状分布,渗碳表面产生的多为龟裂状。

③ 磨削裂纹一般比较浅,磁痕轮廓清晰,均匀而不浓密。

(2)矫正裂纹

矫正裂纹是经热处理后变形或弯曲的工件在矫直过程中,因矫正工艺不当而产生的金属破裂。在矫直过程中,施加压力会使工件内部产生塑性变形,压力愈大,塑性变形愈大,塑性变形达到最大值时再继续增大压力,则会产生与受力方向垂直的矫正裂纹。磁痕浓密清晰,由最大开裂处向两侧发展,中间粗大,两头尖细。

必须指出,矫正工艺会产生塑性变形,使工件局部晶格扭曲引起较大的应力。若不进行处理而直接钳修或研磨，可能由于应力叠加而产生新的裂纹，所以矫正工件都应当进行消除内应力处理。

9.4.7 脆性开裂磁痕

由于钢的脆性开裂而产生的脆化裂纹危害极大，它主要由以下原因产生：

① 合金化学成分的影响。钢中的硫、磷、铜等元素的含量偏高，会使晶粒间的结合力破坏，锻轧时造成钢的脆裂。

② 热加工的影响。热加工时，巨大的内应力及钢的长期加热或过烧都会造成钢的脆裂。

③ 化学作用的影响。工件在电镀、酸洗等表面处理过程中，酸与金属发生反应，所析出的氢原子导致钢中渗氢，使钢脆化，产生脆化裂纹。

脆化裂纹的磁痕特征是：

① 裂纹不单个出现，而是大面积成群出现。

② 裂纹走向纵横交错，形成近似于梯形、矩形的小方框，呈折线状发展，网纹粗大，磁粉堆集浓密。

9.4.8 疲劳裂纹磁痕

疲劳裂纹是在工件运行中产生的。机械设备的许多零部件都承受着交变应力，如内燃机的连杆、曲轴、飞机的起落架、内燃机车的车轴等都是在不同形式的交变负荷下工作。钢的成分及组织不均匀，钢中存在的冶金缺陷都可能成为疲劳源。表面加工情况如缺口、划伤等，也可能在交变应力作用下形成疲劳裂纹。疲劳裂纹一般出现在应力集中处，其方向与受力方向垂直。图 9－13 为疲劳裂纹。

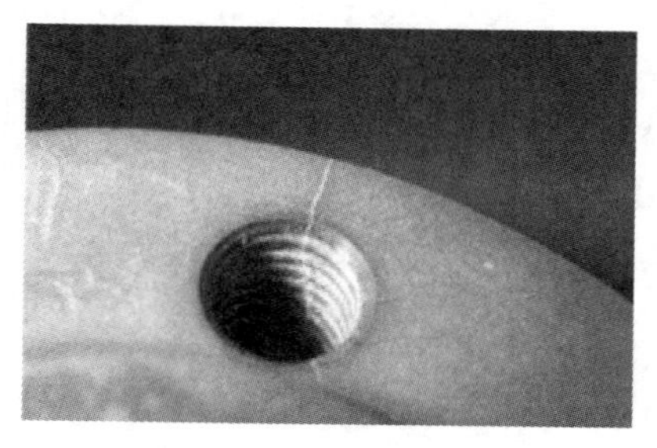

图 9－13 疲劳裂纹

疲劳裂纹的磁痕特征是：裂纹中间粗，两头细，中部磁粉聚集较多，而两端逐渐减少，显示清晰。有时成群出现，在主裂纹的旁边还有一些平行的小裂纹。

9.5 缺陷磁痕显示的评定方法

磁粉检测中，相关缺陷磁痕显示的图像是由缺陷的漏磁场形成，它反映了工件材料的有关信息，应当对缺陷磁痕作出合适的评定。评定时，应根据产品验收技术条件对磁痕的大小、形状和性质给予评定，以确定产品是否合格。

磁痕评定一般是将缺陷按一定形状和大小及其分布进行分类并评级。如《磁粉探伤方法》(GB/T 15822)中将缺陷磁痕按其形状和集中程度分为以下 4 种情形：

① 裂缝状磁痕。为呈线状或树枝状、轮廓清晰的磁粉痕迹。

② 独立分散状磁痕。为呈分散的单个缺陷磁痕。有两种情况：一是线状缺陷磁痕，其长度为宽度 3 倍以上的缺陷磁痕；二是圆状缺陷磁痕，除线状缺陷磁痕以外的缺陷磁痕。

③ 连续状缺陷磁痕。多个缺陷磁痕大致在同一直线上连续存在，且其间距又小于 2 mm时，可将缺陷磁痕长度和间距加在一起看作是一个连续的缺陷磁痕。

④ 分散缺陷磁痕。是在一定区域内同时存在几个缺陷的磁痕。

国内的一些专业标准不仅规定了缺陷磁痕的形状和分布，还考虑了缺陷的性质。如在机械行业标准《焊缝磁粉检验方法和缺陷磁痕的分级》中，根据缺陷磁痕的形态将其大致分为圆型和线型两种。在线型显示中明确指出了裂纹、未焊透、夹渣或气孔等缺陷性质；在圆型显示中指出了夹渣或气孔等缺陷性质。除对磁痕种类进行分类外，该标准还将磁痕按其使用要求分成了 4 个质量等级，在每个等级中对以上性质缺陷都做出了明确的要求。

复习题

9-1　磁痕分析的重要性是什么？

9-2　试述非相关显示的产生原因。

9-3　列举磁粉检测常见缺陷的名称。

9-4　试述发纹的磁痕特征。

9-5　试述白点的磁痕特征。

9-6　根据裂纹产生的部位不同，焊接裂纹可分成哪几类？

第十章　磁粉检测的应用

磁粉检测技术被广泛应用于航空、航天、汽车制造、铁路、冶金等行业。磁粉检测技术发展迅速，各种不同的磁化方法及专用检测设备也在不断完善。磁场检测时，应根据工件的结构特点、使用要求、加工工艺及材质，选择适当的检测方法和检测设备。本章通过一些实例，介绍磁粉探伤在锻钢件、铸钢件、焊接件、管材、棒材、方坯、在役工件、特殊工件等方面的应用。

10.1　锻钢件的检测

锻钢件是通过把钢加热后锻造或挤压成型，然后再经过机械加工成为制品。锻造工艺能够节省钢材、生产效率高，在机械零件生产中占有很大比例。由于锻钢件加工工序较多，在生产上容易产生不同性质的缺陷，这就要求我们把锻钢件在制造工艺过程中产生缺陷的不合格品挑出来，确保锻钢件的质量。

10.1.1　锻钢件检测基本特点

锻造加工成型方法粗略分为自由锻造和模锻两种形式，工艺过程一般由下列工序组成：加热—锻造—热处理—表面处理—探伤—机械加工—表面热处理—机械加工—探伤—成品。

锻钢件多数不仅形状复杂，而且经历冷热加工工序，容易产生各种性质的缺陷，其缺陷来源有以下几个方面：

① 锻造过程产生的缺陷。包括原材料不良、夹渣、气孔、疏松、缩孔等以及下料剪切和锻造操作工艺不当、模具设计不合理等产生的缺陷。

② 热处理过程产生的缺陷。在提高锻件强度消除锻造应力而进行热处理时，由于热处理工艺不当、工件异型尺寸变化大引起热应力集中以及材料锻造缺陷在热处理中扩展等原因产生的缺陷。

③ 机械加工过程产生的缺陷。包括磨削裂纹、矫正裂纹等。

④ 表面热处理过程产生的缺陷。包括感应加热工艺不当引起的应力裂纹以及孔等部位热应力不均引起的淬火裂纹等。

10.1.2　锻钢件探伤方法选择

选择锻钢件的探伤设备和工艺时，应考虑工件的尺寸形状、材料磁性、检验部位、灵敏度要求、生产效率等因素，原则上建议做如下考虑：

① 常见锻造机械零件，在尺寸不大、有一定生产批量时，一般采用固定式磁粉探伤机进行探伤。

② 不能搬上固定式探伤设备进行探伤的大型工件，采用支杆或磁轭法进行局部探伤。

③ 形状复杂且较大的轴类工件（例如曲轴等）采用连续法轴通电和线圈开路分段磁化，建议不采用剩磁法。

④ 尺寸较小的轴类、销子、转向接臂、齿圈、刀具等可分别选用轴通电法、穿棒法以及线圈开路或闭路磁化法。至于哪些工件采用剩磁法，可根据工件的形状、材料磁性和热处理状态来确定。对于批量大的工件最好用传送带进行半自动检验，以提高工效。

10.1.3　锻钢件探伤实例

(1)曲轴

曲轴有模锻和自由锻两种，以模锻居多。由于曲轴形状复杂且有一定的长度，可采用连续法轴通电方式进行周向磁化、线圈法分段进行纵向磁化，如图 10－1 所示。

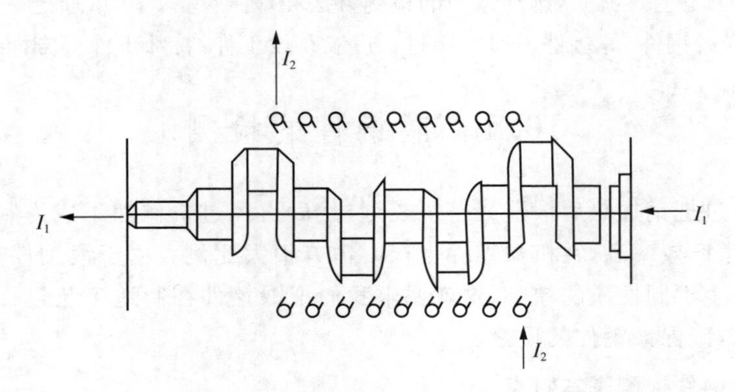

图 10－1　曲轴探伤

曲轴上的缺陷特征为：

① 剪切裂纹。一般分布于大小头端部，横穿截面明显可见。

② 原材料发纹。沿锻造流线分布，长的贯通整个曲轴，短的为 1～2 mm。其出现部位无规律，且与整批钢材质量有关。发纹在淬火中常常发展为淬火裂纹，两侧无脱碳，借此可与锻造裂纹相区别。

③ 皮下气孔锻造裂纹。呈短而齐头的线状分布。

④ 锻造裂纹。裂纹磁痕曲折粗大，聚集浓密。

⑤ 折叠。主要在锻造滚光和拔长对挤时形成，前者磁痕与纵向成一角度出现，后者在金属流动较差部位呈横向圆弧形分布。

⑥ 感应加热裂纹。裂纹呈网状，成群分布在圆周过渡区。长度从几毫米开始，深度一般不超过 0.1 mm，磁痕很细，探伤工艺不当容易漏检。

⑦ 油孔淬裂。由于感应加热时热应力分布不均而产生，深度一般大于 0.5 mm，长度不等，裂纹由孔向外扩展，个别位于油孔附近。可单个存在，或多条呈辐射状分布。裂纹始端在厚薄过渡区，而不是在最薄部位。

⑧ 矫正裂纹。裂纹多集中在淬硬层过渡带。

⑨ 磨削裂纹。由于曲轴感应加热时已存在一定程度的热应力，在粗磨和精磨过程中又叠加组织应力和热应力，导致开裂。裂纹垂直于磨削方向呈平行分布。

在曲轴的检测技术条件中，对曲轴各部分按其使用的重要性进行了分区。检测时，应注意各部分对缺陷磁痕显示的要求。

(2)连杆

连杆以模锻为主，个别采用自由锻方式。连杆在交变应力负载下工作。杆身为危险断面，不进行机械加工，所以探伤工序放在热处理后对毛坯件进行检查，机械加工后的二次探伤根据具体情况而定。

连杆一般是调质或正火处理，材料组织的磁性相对较差，同时连杆受形状去磁因子的影响，探伤工艺应采用连续法轴通电方式进行周向磁化。纵向磁化以线圈闭路磁化进行较方便，也可用开路线圈磁化，如图 10－2 所示。设备可用固定式探伤机，也可用立式旋转多工位设备。为提高对比度和分辨率，最好采用荧光磁粉，对喷丸处理后的连杆用黑磁粉也可得到较好的结果。

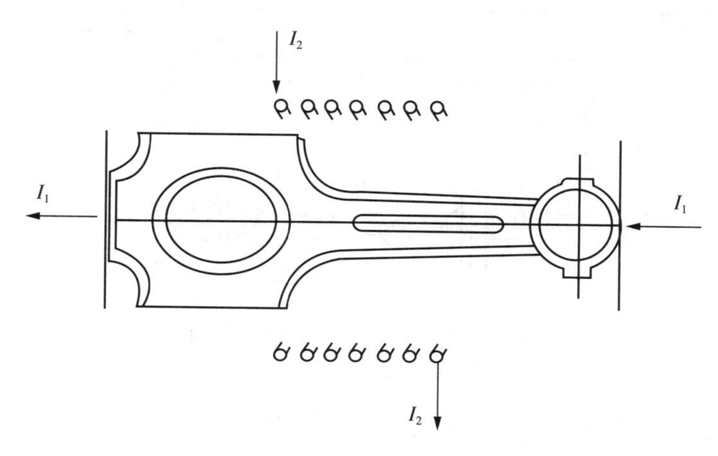

图 10－2　连杆探伤

连杆的缺陷特征为：

① 因操作不当引起纵向折叠分布在杆身部位，磁痕呈纵向弧形线状。横向折叠则分布在杆棱上或在金属流动大的过渡区，磁痕呈一定角度的弧线状。由模具设计不合理引起的折叠多发生在杆棱的圆角部位，磁痕呈纵向直线状，金相解剖与表面构成一定角度。

② 淬火裂纹多数发生在大小头的圆角根部，磁痕呈清晰明显的圆弧形。材料缺陷或锻造折叠在热处理时，出于应力集中也会开裂，磁痕曲折浓粗。

③ 锻造裂纹部位长度不一，磁痕为浓粗、较大的直线或曲线。

④ 剪切裂纹分布在连杆大小头两侧。

⑥ 发纹长度不一，有时贯穿整个连杆，沿锻造流线分布。

(3)凸轮轴

凸轮轴以模锻为主。用连续法轴通电方式进行周向磁化，纵向磁化用线圈开路磁化或用线圈闭路磁化，但长度大于一米的凸轮轴，建议只用开路线圈分段磁化。

凸轮轴缺陷特征为：

① 由于凸轮轴锻造变形量不大，锻造裂纹与折叠缺陷出现概率较少。常见的是材料缺陷和热处理产生的缺陷。

② 凸轮轴在表面感应加热时，在“桃尖”厚薄过渡区容易过热形成半圆弧开裂，严重者可使整个“桃尖”脱落。磁痕呈半圆弧的清晰线状。

③ 凸轮轴在磨削加工过程，因工艺不当而引起磨削裂纹。磁痕垂直磨削方向，呈与轴向平行的线状。

(4)车轮轴

车轮轴是铁路客货车的重要运转部件。由于其生产量大，常采用专用交直流联合磁化检测设备进行检查，如图 10－3 所示。其周向磁化电流最大为 3000 A，直流激磁磁动势最大可达 21000 AT。采用荧光磁粉，磁粉浓度 0.4～0.9 g/L，磁悬液自动喷洒，周向和纵向同时自动退磁。整个设备自动操作，除观察记录采用人工外，其他操作全部实现自动化。

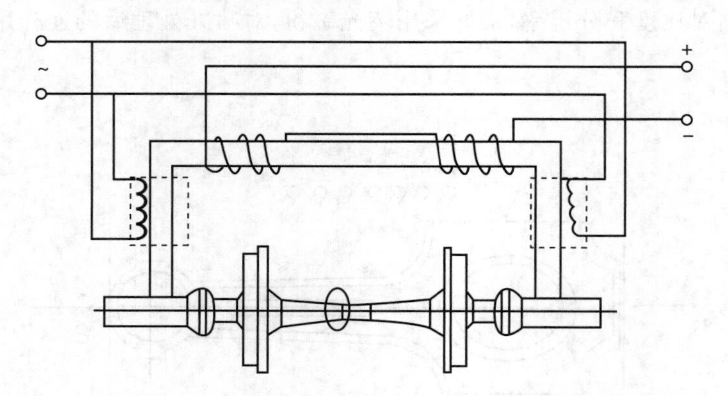

图 10－3　交直流联合磁化车轮轴

探伤过程由进料、工作、出料三部分组成：

① 进料，包括车轮对送入、缓放、喷液、定位、回转。

② 工作，包括夹紧、通电磁化、停止喷液、退磁、松开探头、车轮对重新回转，同时进行目视检查。

③ 出料，轮对由探伤工位退出。

车轮轴缺陷特征为：

① 裂纹。裂纹常位于轴身、轴中央，有纵向和横向裂纹，长度从几毫米到 1 米不等。

② 折叠。折叠一般位于轴身，呈长条状。

(5)万向接头

万向接头是受力的锻钢件，如图 10－4 所示。由于缺陷方向不能预估，所以至少应在两个以上方向磁化，可在固定式探伤机上用湿法检验。

磁化方法如下：

① 孔周围是关键部位，应采用穿棒法磁化和检验孔内外表面及端面。

② 用通电法周向磁化检验纵向缺陷。

③ 用线圈法纵向磁化检验横向缺陷。

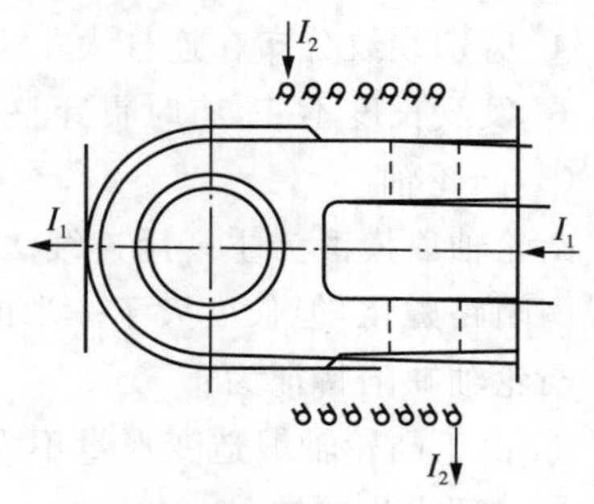

图 10－4　万向接头

(6)防扭臂接头

防扭臂接头，材料为 30CrMnSiN2A，是受力的模压件，如图 10－5 所示。该工件热处理前用湿式连续法，热处理后用湿式剩磁法。磁化方法如下：

① 采用穿棒法磁化检验孔的内外表面及端面。

② 沿两支臂纵长方向，用通电法周向磁化和检验支臂的纵向缺陷。由于支臂是尖脚，应放上铅垫，防止烧伤。.

③ 用线圈法在互相垂直的方向进行两次磁化。

(7)塔形试件

塔形试件(如图 10－6 所示)是用于抽样检验钢棒和钢管原材料缺陷的试验件,磁粉探伤主要是为了检查发纹和非金属夹杂物。

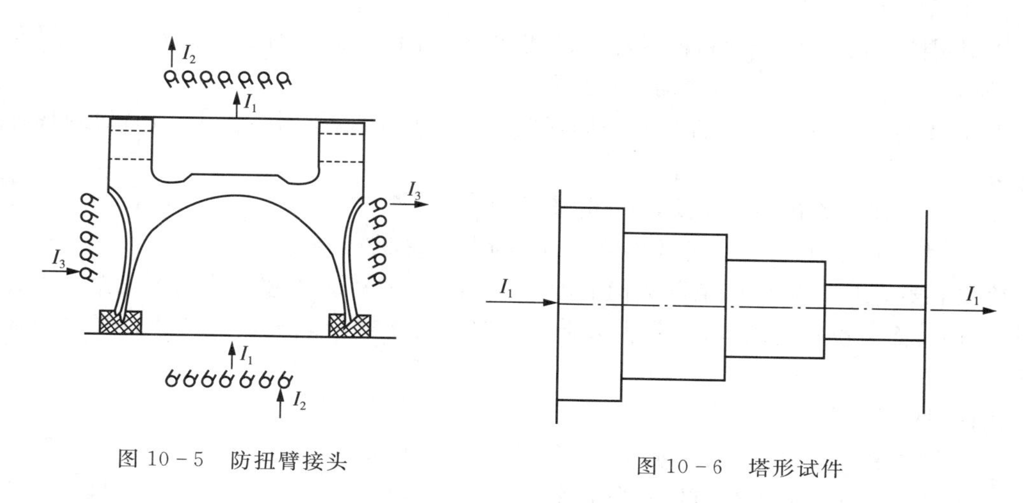

图 10－5　防扭臂接头　　　　图 10－6　塔形试件

塔形试件的缺陷特征为:

① 发纹都是沿轴向或成一夹角,所以只进行轴通电法。

② 塔形都是在热处理前探伤,所以采用湿式连续法。

③ 磁化电流可按各台阶的直径分别计算,磁化和检验的顺序是从最小直径到最大直径,逐阶磁化检验,也可先按最大直径选择电流检验塔形的所有表面,若发现缺陷,再按相应直径规定的磁化电进行流磁化和检验。

④ 如果磁粉探伤不能对缺陷定性时,可用低倍试验验证和定性。

10.2　铸钢件的检测

10.2.1　铸钢件探伤的特点

将熔化的钢水浇注入铸型而获得的工件叫铸钢件。它由于易成型为复杂工件,而被广泛利用。铸件生产过程由冶炼、造型、浇注、出模、热处理等一系列环节组成。铸钢件种类繁多,大的砂型铸钢件,重达数吨,一般表面粗糙,形状复杂;精密铸钢件形状复杂,体积较小,但表面光滑。

铸钢件磁粉探伤一般可做如下考虑:

① 精密铸钢件体积小、重量轻、加工量也少,要求检出表面微小缺陷,所以应在固定式探伤机上至少两个方向磁化,并用湿法检验。

② 砂型铸钢件一般体积和重量较大,壁较厚,要求检出表面和近表面较大的缺陷,所以应采用直流电磁化,并用干法检验,以检出皮下气孔、夹渣等缺陷。磁化方法可选用支杆法、磁轭法或旋转磁轭法。

③ 铸钢件由于内应力的影响,有些裂纹延迟开裂,所以不应铸造后立即探伤,而应等一

两天后再探伤。

④ 根据大小、热处理状态、剩磁、矫顽力，选择适合的磁粉检测工艺。

10.2.2　铸钢件磁粉探伤实例

(1)铸钢阀体

铸钢阀体形状复杂，表面粗糙，探测面积也很大，并且要求检测出表皮下有一定深度的缺陷，根据这个工件的特点，探伤时要做如下考虑：

① 阀体的体积很大，不可能放置在固定式探伤机上，所以要用移动式探伤机，到现场进行探伤。

② 由于要求检查出皮下缺陷，宜采用直流电。

③ 工件表面粗糙，而且又是现场检查，宜采用干法探伤。

检测前要清理受检表面，清除表面的砂子、氧化皮、油污等，并确保表面要完全干燥。检测时，工件表面磁粉应喷洒均匀，除去多余磁粉时不要影响缺陷磁痕。在适当照明下观察缺陷。

铸钢阀体缺陷特征为：

① 热裂纹和冷裂纹，表现为锯齿状的线条。

② 缩孔表现为不规则和面积大小不等的斑点。

③ 夹杂表现为羽毛状的条纹。

(2)高压外缸

高压外缸是承受高压的砂型铸钢件，如图 10－7 所示，在进行磁粉探伤时应做如下考虑：

① 工件表面应清除砂粒、油污和锈蚀并对粗糙部位进行打磨，在正火热处理后进行探伤。

② 采用支杆法分段并改变方向磁化，对工件上某些平坦的表面，可采用交叉磁轭磁化，并采用穿棒法或穿软电缆法检验孔周围的缺陷。

③ 该工件由于承受高压，要求检出表面微小的缺陷，所以用湿式连续法检验。宜采用闪点高的磁悬液，防止使用支杆法时着火。

④ 排除缺陷。对影响致密件的气孔、夹杂和疏松等，可用火焰熔化吹除；裂纹可打磨排除后再补焊和磨平，直到复查无缺陷为止。

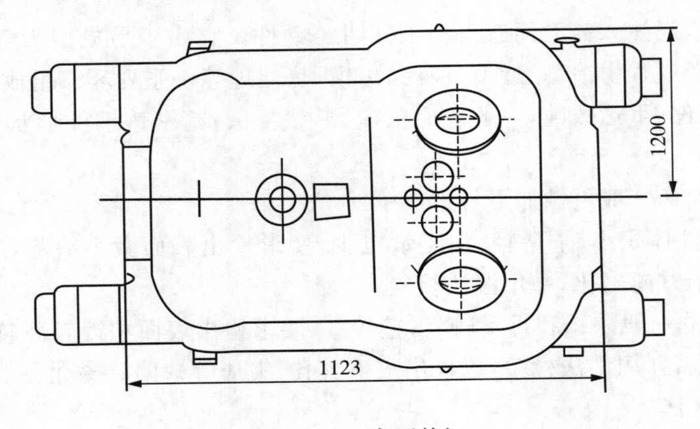

图 10－7　高压外缸

(3)凸轮

凸轮是受力的精密铸件,如图 10－8 所示。凸轮在毛坯件和热处理、机加工后两次探伤,工件表面要喷砂清理,在进行磁粉探伤时可做如下考虑:

① 毛坯件用湿式连续法,热处理机加工后用湿式剩磁法。

② 轮子部位应采用穿棒法磁化,经常发现的缺陷是铸造裂纹和夹杂物。

③ 对杆部进行轴通电法磁化,再用线圈法进行纵向磁化,在杆的根部经常发现纵向和横向裂纹。

④ 对发现的缺陷可以用打磨排除。

(4)十字空心铸件

十字空心铸件一般采用湿法检测,如图 10－9 所示。根据工件磁特性选择连续法或剩磁法检测。磁化方式:中心导体法周向磁化,绕电缆法纵向磁化。检查时,各个电路分别单独通电,能够发现工件表面各个方向上的缺陷。

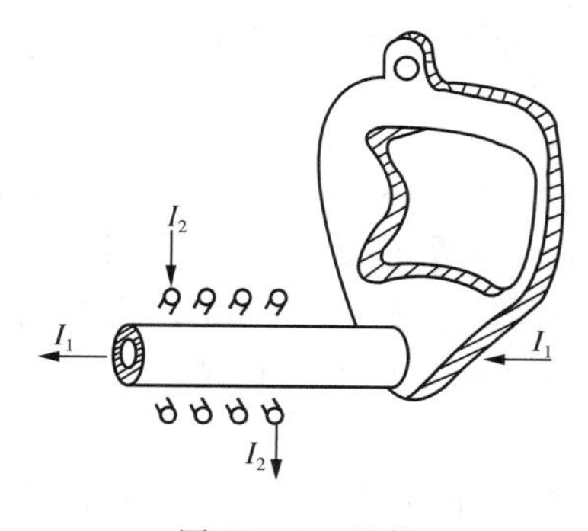

图 10－8 凸轮

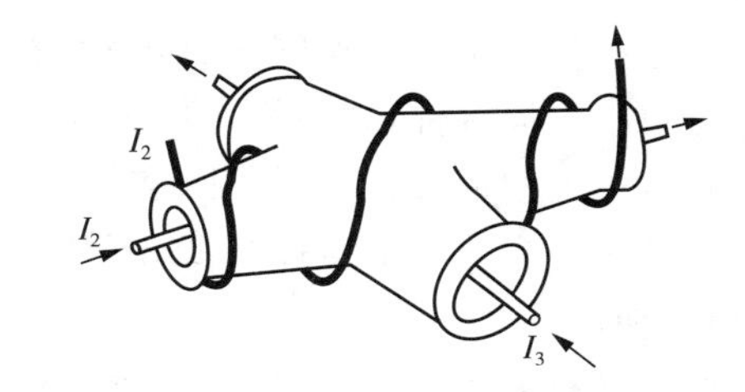

图 10－9 十字空心铸件

10.3 焊接件的检测

焊接技术是一种普遍应用的技术。它是在局部熔化或加热加压的情况下,利用原子之间的扩散与结合,使分离的金属材料牢固的连接起来,成为一个整体的过程。目前,焊接技术广泛应用于冶金、机械、石油、化工等行业。良好的焊接接头是焊接质量的重要保证。因此,必须加强焊接件的质量检测,及时发现并清除危害焊接质量的各类缺陷。磁粉探伤是检验钢制焊接结构表层缺陷的最佳方法,具有设备简单、灵敏可靠、探伤速度快和成本低等特点。

10.3.1 焊接件检测的基本特点

焊接件检测主要是检查焊缝,包括其连接部分和热影响区。焊接缺陷主要有裂纹、未熔合、未焊透、气孔、夹渣等。其中裂纹尤其是表层裂纹在焊接结构中,特别是在承受疲劳应力作用的焊接结构中,是一种危害极大的缺陷。根据焊接件在不同工艺阶段可能产生的缺陷,焊接检测主要对坡口、焊接过程、焊缝质量及焊接过程中的机械损伤进行检查。

① 坡口探伤。坡口检测时检查焊接母材的质量，范围是坡口和钝边。坡口常见缺陷类型为分层和裂纹。分层是轧制缺陷，平行于钢板表面，一般分布在板厚中心附近。裂纹缺陷分为两种：一种是沿分层端部开裂的裂纹，方向大多平行于板面；另一种是火焰切割裂纹。对坡口检测常采用触头法，应注意防止电流过大烧伤接触面。

② 焊接过程中的探伤。层间检测：某些焊接性能差的钢种要求每焊一层检验一次，发现裂纹及时处理，确认无缺陷后再继续施焊；另一种情况是特厚板焊接，在检验内部缺陷有困难时，可以每焊一层用磁粉探伤检验一次。探伤范围是焊缝金属及临近坡口。电弧气刨面的探伤：探伤范围应包括电弧气刨面和临近的坡口，目的是检验电弧气刨造成的表面增碳导致的裂纹。

③ 焊缝探伤。焊缝探伤的目的主要是检验焊接裂纹。探伤范围应包括焊缝金属及母材的热影响区，热影响区的宽度大约为焊缝宽度的一半。因此，要求焊缝探伤的宽度应为两倍焊缝宽度。

④ 机械损伤部位的探伤。在组装过程中，往往需要在焊接部件的某些位置焊上临时性的吊耳和卡具，施焊完毕后要割掉，因此在这些部位有可能产生裂纹，需要探伤。

10.3.2　焊接件探伤方法选择

焊接件探伤方法应根据焊接件的结构形状、尺寸、检验内容和范围等具体情况加以选择。对于中小型焊接件，如飞机零件、发动机焊接件、工装工具焊接件等，可采用固定式设备检验。而对于大型焊接件，其尺寸、重量都很大，无法用固定式设备，大都采用便携式设备分段探伤。其探伤方法一般有磁轭法、支杆法、交叉磁轭法、线圈法、平行电缆法等。

(1)磁轭法

磁轭法具有设备简单、操作方便等特点，它在焊缝探伤中应用广泛。但是磁轭只能单方向磁化工件，因此，为了检出各个方向的缺陷，必须在同一部位至少做两次互相垂直的探伤，而且应将焊缝划分为若干个受检段，作出标记，每个受检段的长度应比两极之间的距离小10～20 mm。为了检查横向缺陷在标定的受检段上，应按图10－10所示来安放磁轭和交替重叠地改变其位置；为了检查纵向缺陷，则应将电磁轭跨在焊缝上，使两极的连线与焊缝相垂直，依次移动磁极，逐个检查每个受检段。

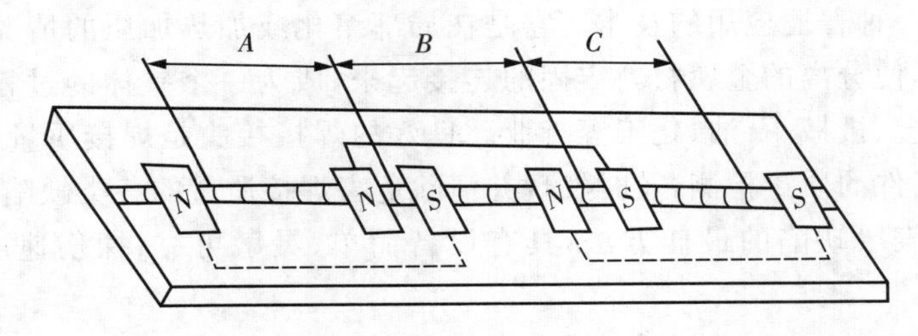

图10－10　电磁轭分段检验焊缝

在工程探伤实际操作中，由于两次互相垂直的探伤，磁极配置不可能很准确，有造成漏检的可能性，这是磁轭法的主要缺点；另一缺点是探伤效率低。

(2)支杆法

支杆法的主要优点是电极间距可以调节，可根据探伤部位情况及灵敏度要求确定电极间距和电流大小。由于支杆法也是单方向磁化的方法，探伤时为避免漏检，同一部位也要进行两次互相垂直的探伤。可采用如图 10－11 的支杆位置布置方法。支杆的间距要保持一定的大小。

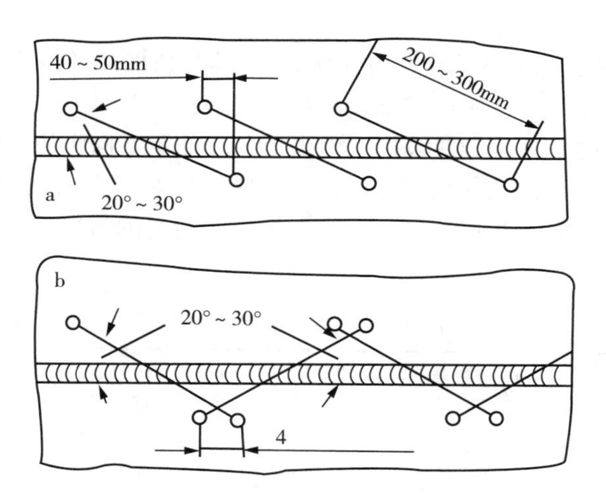

图 10－11　支杆法检验焊缝的支杆布置

如果采用直流电剩磁法探伤，必须注意在磁化焊缝的后一段时，不要造成前一段的退磁，因此可按图 10－12 所示的顺序改变支杆的位置。注意不要将支杆直接放在焊缝上面，应放在焊缝边缘，因为支杆与工件接触的部位检验效果很差。

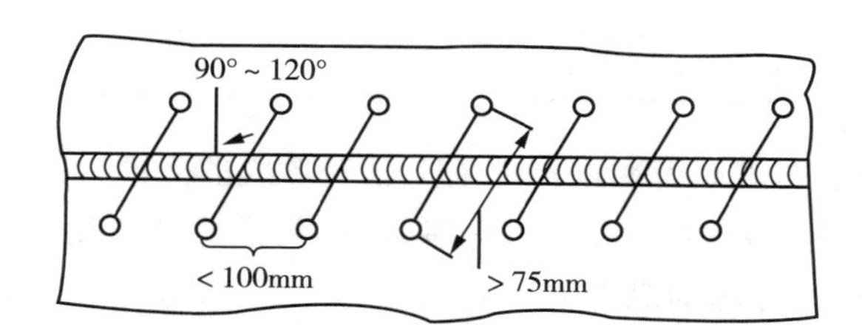

图 10－12　剩磁法检验焊缝的支杆布置

用支杆法探伤时也有电极配置问题，所以与磁轭法一样，也存在漏检的可能，这是它的缺点之一。其次是电极与工件的接触面容易产生电火花，从而烧伤工件表面。严重时在烧伤部位会产生裂纹。因此，在焊缝探伤中，与磁轭法相比，支杆法应用较少。

(3)交叉磁轭法

用交叉磁轭旋转磁化的方法检验焊缝表层裂纹可以得到满意的效果。其主要优点是灵敏可靠并且探伤效率高。目前在焊缝探伤中尤其在锅炉压力容器探伤中得到广泛应用。

交叉磁轭旋转磁化探伤的特点：交叉磁轭相对于工件做相对移动，也就是磁化场随着交叉磁轭面在工件表面移动。对在工件表面有效磁化场内的任意一点来说，这个点都是在一个幅值和椭圆度随着时间而变化着的旋转磁场作用下，因此在被探面上任意方向的裂纹都有与有效磁场最大幅值正交的机会，从而得到最大限度的缺陷漏磁场。

交叉磁轭法注意事项：

① 磁极端面与工件表面的间隙不宜过大。在间隙处产生较大的漏磁场，它一方面会消

耗磁势使线圈发热;另一方面将扩大磁极端面附近产生的探伤盲区,从而缩小探伤有效宽度。一般来说,磁极端面与工件表面的间隙在保证能行走的情况下越小越好,最大不宜超过1.5 mm。

② 交叉磁轭的行走速度要适宜。与其他方法不同,使用交叉磁轭时通常是连续行走探伤。连续行走探伤比固定位置探伤不仅效率高,而且更加灵敏可靠。如果使交叉磁轭固定位置,分段对焊缝进行探伤,就会使被探工件表面各点处于不同幅值和椭圆度的旋转磁场作用下,结果将造成各点探伤灵敏度的不一致,使某些部位对某方向裂纹的探伤灵敏度降低。交叉磁轭行走速度一般应为 2～3 m/min,可根据具体情况酌情确定。表 10-1 列举了影响探伤速度的各种因素。

表 10-1 影响探伤速度的各种因素

条件与要求		探伤速度
探伤面的表面状态	光滑	快
	粗糙	慢
磁悬液的载液	煤油	快
	水	慢
网络供电电压	高	快
	低	慢
探伤灵敏度要求	高	慢
	低	快

③ 为了避免磁悬液的流动而冲刷掉缺陷上已经形成的磁痕,并使磁粉有足够的时间聚集到缺陷处,喷洒磁悬液的原则是:在检查球罐环缝时,磁悬液应喷洒在行走方向的前上方,如图 10-13 所示;在检查球罐的纵缝时,磁悬液应喷洒在行走方向的正前方,如图 10-14 所示。

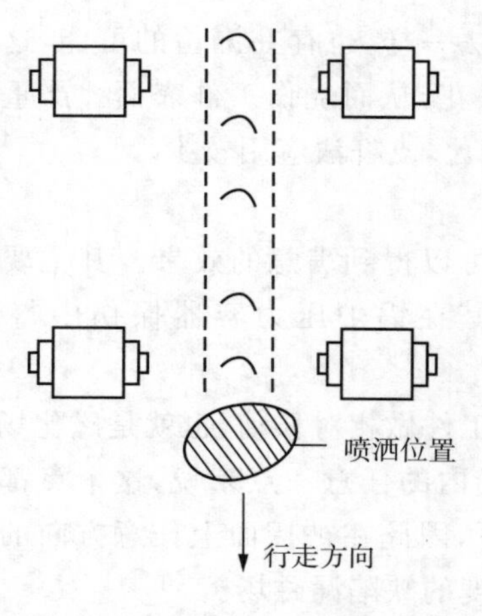

图 10-13 检查球罐环缝磁悬液

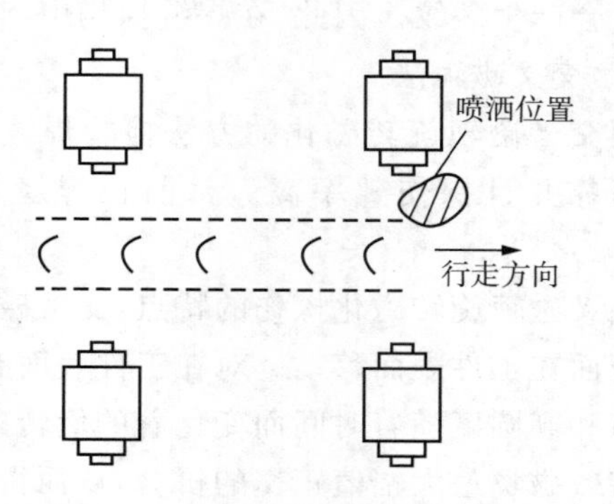

图 10-14 检查球罐纵缝磁悬液

④ 用交叉磁轭探伤时应在交叉磁轭通过探伤部位之后立即观察辨认有无缺陷磁痕，避免缺陷磁痕被践踏和破坏。

(4)线圈法

对于管道圆周焊缝可以用线圈法探伤。线圈法有固定线圈法和柔性电缆缠绕线圈两种方法。在管道环焊缝检测中多采用电缆缠绕法。在焊缝附近沿圆周方向用电缆绕 4～6 匝，如图 10－15 所示，对管道进行轴向磁化。这种磁化方法只能发现焊缝和热影响区以纵向为主的裂纹。采用快速断电法还可以检查工件端面的横向不连续性。

(5)平行电缆法

把电缆按图 10－16 所示布置在焊缝两侧，通电磁化，此方法为感应磁化方法。采用平行电缆法可以实现工件的无电接触，避免工件烧伤和机械损伤。但该方法磁场分布不均，所用电流较大，也只能发现以纵向为主的裂纹。

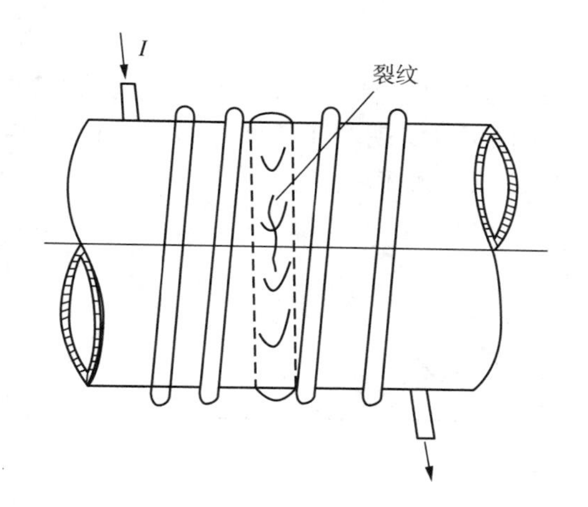

图 10－15 电缆对管道进行轴向磁化

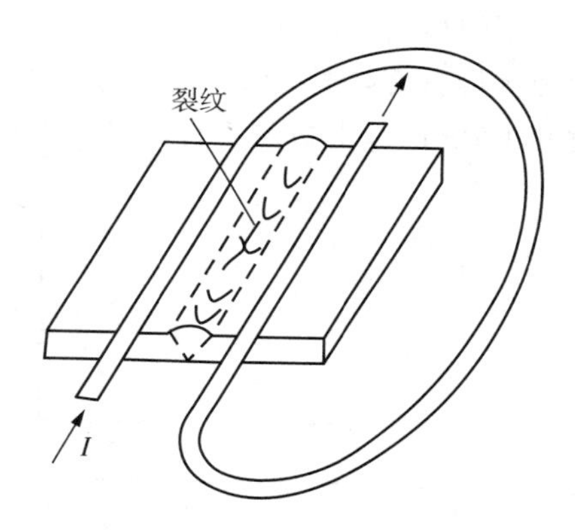

图 10－16 用平行电缆磁化焊缝

使用这种方法时，应将不做磁化用的那段电缆尽量远离被探工件，以免干扰有效磁化场，从而影响探伤效果。

上述五种探伤方法中，前三种都用便携式专用探伤装置。而线圈法及平行电缆法只是辅助性方法，其特点是可以不用专用探伤电源，可以用 300～500 A 交流电焊机代用。但使用时不允许长时间通电磁化，每次通电不能超过 2～3 s。因此操作时动作要快，观察缺陷磁痕应在断电之后进行。

10.3.3 焊接件检测实例

(1)坡口探伤

把交叉磁轭置于靠近坡口的钢板面上，利用交叉磁轭外侧的磁化场磁化坡口，如图 10－17 所示，沿坡口方向连续行走探伤。一般在板厚小于或等于 50 mm 时，在远离交叉磁轭一侧的坡口边上贴 30/100 的 A 型试片，检验探伤灵敏度。对于更厚的钢板经试验达不到灵敏度要求时，需在坡口两侧进行探伤。

(2)电弧气刨面的探伤

探伤时，把交叉磁轭跨在电弧气刨沟槽中间，如图 10－18 所示，沿沟槽方向连续行走检测。边行走边根据构件位置采用喷洒或刷涂磁悬液的方法,无论采用何种方法,交叉磁轭通过后不得使磁悬液残留在气刨沟槽内影响观察检测。

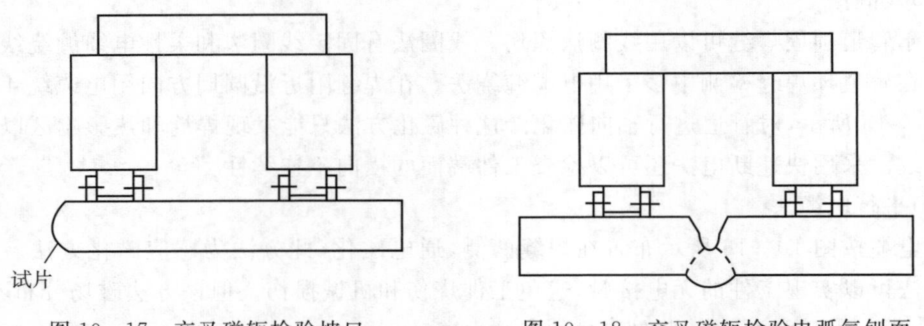

图 10－17　交叉磁轭检验坡口　　　　图 10－18　交叉磁轭检验电弧气刨面

(3)T 型焊接接头探伤

T 型焊接接头应选择用带活动关节的电磁轭,通过调整活动关节的角度,保证磁极与工件表面接触良好,如图 10－19 所示。采用触头法也可以实现对 T 型焊接接头的检测,但通电时间不宜过长,电极与工件间必须保证良好接触,以免烧伤工件。

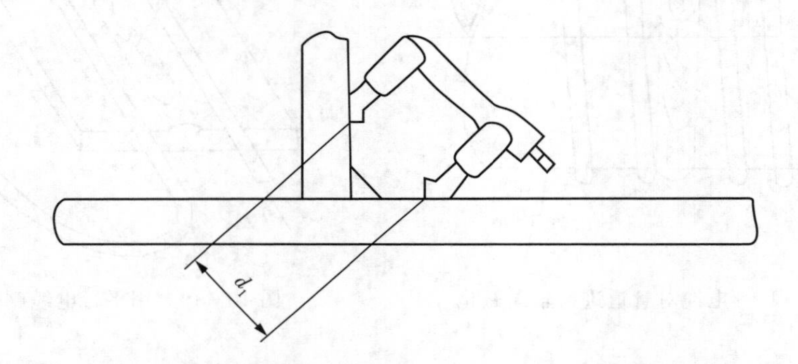

图 10－19　带活动关节的电磁轭检验 T 型焊接接头

(4)球形压力容器的开罐检查

球形压力容器是用于存储气体或液体的受压容器,它一般由多块钢板拼焊而成,外形像一个大球,故又称球罐。按照国家规定,压力容器应进行定期检验。检测部位为球形容器的内侧、外侧所有焊缝(包括管板接头及柱腿与球皮连接处的角焊缝)和热影响区以及母材机械损伤部分。现以手工电弧焊焊接的球形容器的开罐检查为例简述其磁粉探伤的实施方法:

① 将压力容器要检查的部位分区编号,并标注在展开图中。

② 应把焊缝表面的焊接波纹及热影响区表面的飞溅用砂轮进行打磨,不得有凹凸不平的棱角。若做过磁粉探伤且已经打磨过,表面只有浮锈时,可用喷砂或钢丝刷除去焊缝及热影响区表面的浮锈。母材损伤部分也应照此处理。

③ 采用交叉磁轭旋转磁场磁化方式进行磁化检测。当检查纵缝时,注意交叉磁轭行走方向要自上而下。对进出气孔及排污孔管板接头的角焊缝,用交叉磁轭紧靠管子边缘沿圆周方向探伤。检测母材机械损伤时可将交叉磁轭置于损伤部位固定不动,若面积较大,可前

后移动交叉磁轭进行探伤。对柱腿与球皮连接处的角焊缝，由于位置关系无法用交叉磁轭探伤，可采用磁轭法或渗透探伤方法。

(5)飞机的焊接件检查

① 对带摇臂轴的检查。带摇臂轴是飞机上重要的受力件，如图 10 - 20 所示，材料为 30CrMnSiNi2A，焊接后进行热处理。

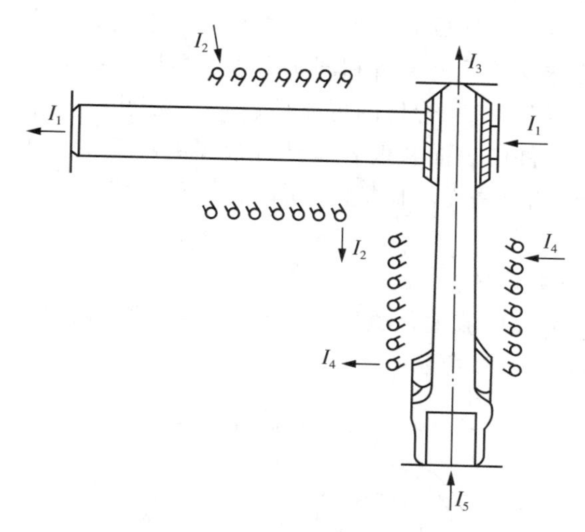

图 10 - 20　带摇臂轴

带摇臂轴磁粉探伤的主要流程为：焊接前，对摇臂和轴分别进行磁粉探伤，合格后再焊接；焊接后，在固定式磁粉探伤机上进行两次周向磁化，并用湿式连续法检验焊缝及热影响区；热处理后，在固定式磁粉探伤机上再进行两次周向磁化，并在线圈内进行两次纵向磁化，用湿式剩磁法检验焊缝及整个工件；探伤合格后，对工件退磁。

② 对缓冲器壳体的检查。缓冲器壳体是飞机起落架上的重要受力件，如图 10 - 21 所示，材料为 30CrMnSiNi2A，有三道焊缝需在焊接后进行热处理，热处理前后的磁粉探伤操作程序与带摇臂的轴完全相同。为了避免给热处理后的精加工造成困难，有一道焊缝是在热处理后进行焊接，由于采用奥氏体不锈钢焊条，所以焊缝及其热影响区应采用着色渗透检验。

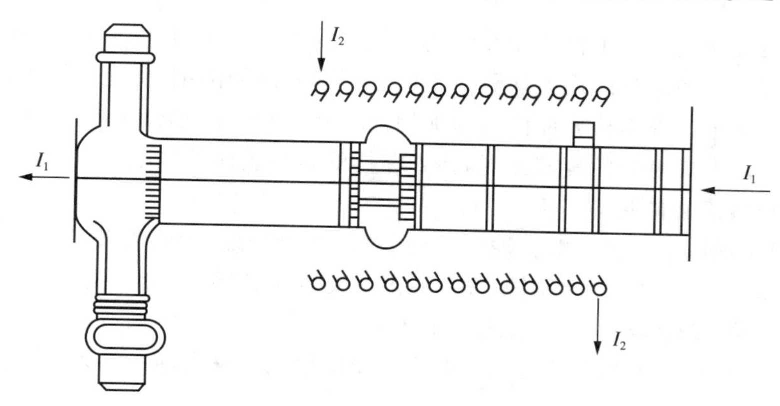

图 10 - 21　缓冲器壳体

10.4　管棒坯的检测

10.4.1　钢管和钢棒检测

(1)钢管和钢棒检测基本特点

特殊钢是指具有特殊的化学成分和特殊的组织形态及性能,用以制造特殊装备及关键零部件的钢铁产品。特殊钢是重大装备和国防先进武器装备制造的核心和关键材料。现代工业的快速发展,对特殊钢棒材和管材的可靠性、安全性提出了更高的要求。

磁粉检测对铁磁性工件的表面和近表面具有很高的检测灵敏度,可发现微米级宽度的小缺陷,这是其他无损检测方法无法比拟的,所以对铁磁性特殊钢产品表面和近表面微小缺陷一般采用磁粉检测。

(2)钢管和钢棒磁化方法选择

磁化系统是由非接触式电流磁化磁发生器系统(用于周向磁化)和磁通流磁发生器(用于纵向磁化)组成,如图 10－22 所示。

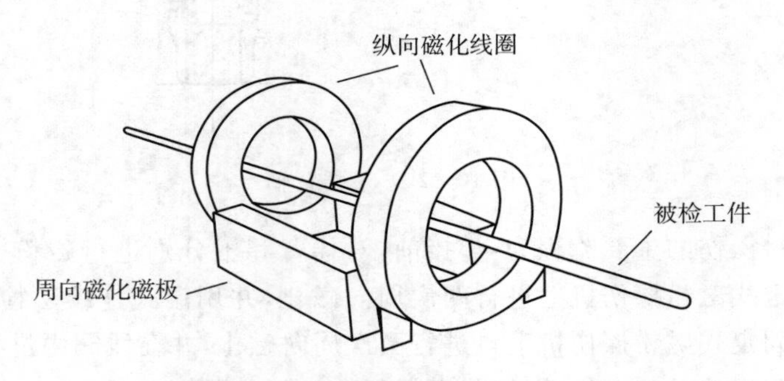

图 10－22　钢管和钢棒磁化装置

周向磁化:电流磁化磁发生器采用两组磁发生器构成开路磁通磁头,固定在被检测圆钢的左右方,角度为 180°,形成周向磁场,检测纵向缺陷。电流磁化磁发生器由内置的叠片铁芯和多匝线圈组成。两组保护防撞块分别固定在磁头的两端,起导向和保护磁头的作用。

纵向磁化:磁通流磁发生器分布在电流磁化磁发生器的两侧。采用双磁化线圈组成,形成纵向磁场,用于检测圆钢的周向缺陷。为适合不同直径的圆钢,磁化机构可以上下调整。

复合磁化:在钢管或钢棒表面同时施加周向磁化、纵向磁化,随着交流电的相位角不断变化,在圆钢表面形成复合的旋转磁场,检查零件的整个表面的缺陷。

(3)钢管和钢棒磁粉探伤实例

钢管和钢棒磁粉探伤机由电气控制系统、磁化电源系统、预清洗装置、磁悬液喷洒及回收系统、周向非接触式感应磁化系统、纵向磁通流磁发生器系统、荧光探伤检查系统、高压喷吹装置、退磁系统、V 形辊道输送系统及上下料台架和上下料机构等部分组成,排布如图 10－23 所示。探伤机采用非接触式感应湿式磁粉法检测棒材表面及近表面的各种裂纹和细微缺陷。

以中棒线(直径为 ϕ50 mm～ϕ180 mm)为例介绍磁粉检测工艺流程:

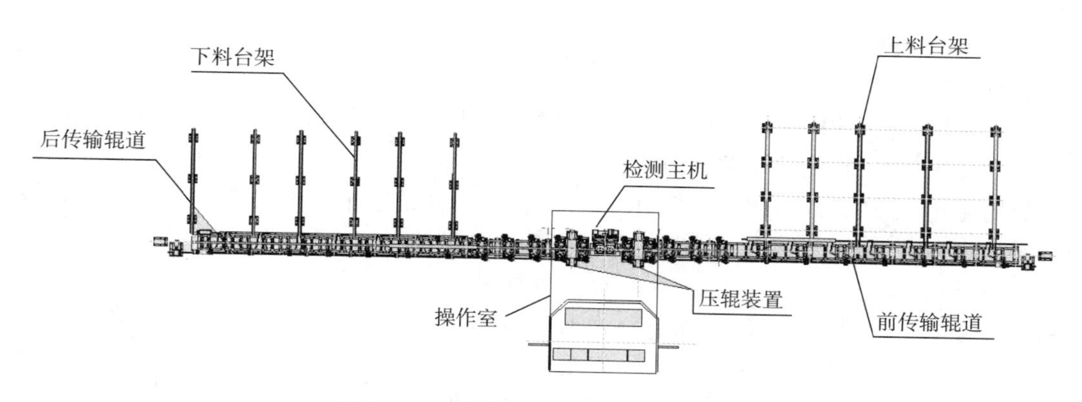

图 10－23　钢管和钢棒磁粉探伤机排布

① 根据样棒尺寸大小，电动调节磁化机构整体高度，使中心对齐。

② 调节周向磁化机构左右引磁板间距。

③ 将周向磁化、纵向磁化选择开关接通，用样棒校准，调整好周向磁化电流和纵向磁化磁势。

④ 将圆钢吊装至上料台架，拨料装置将圆钢拨至螺旋辊道上；螺旋辊道将被检测圆钢送至磁化站；当圆钢接近磁化站时，高压预清洗启动，采用环形自动喷淋头，对圆钢进行预清洗；待圆钢进入磁化站磁化区域时，磁化站进行磁悬液喷淋并磁化；操作人员对圆钢进行荧光观察检查，对有缺陷的部位进行标识；当圆钢尾部离开磁化站时，磁化站停止工作；圆钢进入吹干系统，吹去工件表面附着的磁悬液，节约生产成本，也保证生产场地的清洁；圆钢继续前进，进入退磁装置退磁。

⑤ 分选。根据判定结果进行成品、废品分选。

10.4.2　钢管管端的检验

在无缝钢管生产过程中，可能产生各种缺陷。根据产品标准的要求，大多数钢厂采用自动化的超声、涡流、漏磁等设备进行全管体探伤。端部由于受到水耦合效果、磁化效果、探头保护等因素影响，在线探伤后的钢管端部都会存在一定的检测盲区。为保证钢管的质量，必须对管端盲区进行探伤。磁粉探伤作为检测管端盲区的最有效方法之一，其主要检测工艺有预处理、磁化、施加磁粉或磁悬液、磁痕的观察与记录、缺陷评级、退磁和后处理。

(1)钢管管端检测特点

管端荧光磁粉探伤机为两台(套)设备，分别安装在钢管传送线的两端，与钢管步进传送线有机地结合，分别对钢管两头管端进行荧光探伤检查。其检测特点如下：

① 弥补了管体自动探伤过程中不可避免的端部盲区检测。

② 直观地显示缺陷的形状、位置、大小和严重程度，可大致确定缺陷的性质及定位，为钢管的后续修磨提供准确指引。

③ 检测灵敏度高，可检出宽度很窄的表面裂纹缺陷及腐蚀坑状缺陷，检测重复性好，特别是其还可检测出自动探伤中易产生漏检的斜向缺陷。

④ 工艺及操作简单，成本较低。

⑤ 与其他自动探伤方法比较，检测速度较慢，缺陷判定未实现自动化，因此需人为

判断。

⑥ 检测环境较差。

(2)钢管管端磁化方式选择

周向磁化:剪刀式内撑杆导电周向磁化装置,剪刀式内撑杆和上下夹钳组成导电回路,形成周向磁场,用于检测管端的纵向缺陷。

纵向磁化:线圈式纵向磁化装置,使用环绕被检工件的励磁线圈在工件中建立起沿其轴向分布的纵向磁场,用于检测基本与工件轴向垂直的缺陷。

复合磁化:复合磁化将周向磁化和纵向磁化的两次磁化合二为一,同时在被检工件上施加两个或两个以上不同方向的磁场,合成磁场的方向在被检区域内随着时间变化,经一次磁化就能全方位检查管端内外表面及其近表面的各种裂纹、细微缺陷。

管端磁化装置如图 10-24 所示。

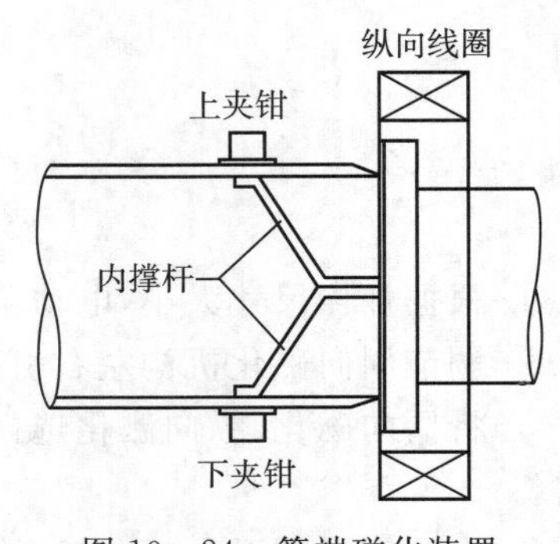

图 10-24　管端磁化装置

(3)钢管管端磁粉探伤实例

管端磁粉探伤机由电源控制系统、喷淋磁化系统、振荡退磁系统、磁悬液喷洒及回收系统、荧光检测系统等几部分组成,与钢管步进输送线有机结合,其排布如图 10-25 所示。管端磁粉探伤机采用湿式磁粉法检测内外表面和近表面的各种裂纹和细微缺陷。它适用于钢管端部 0～350 mm 范围内的缺陷检测。

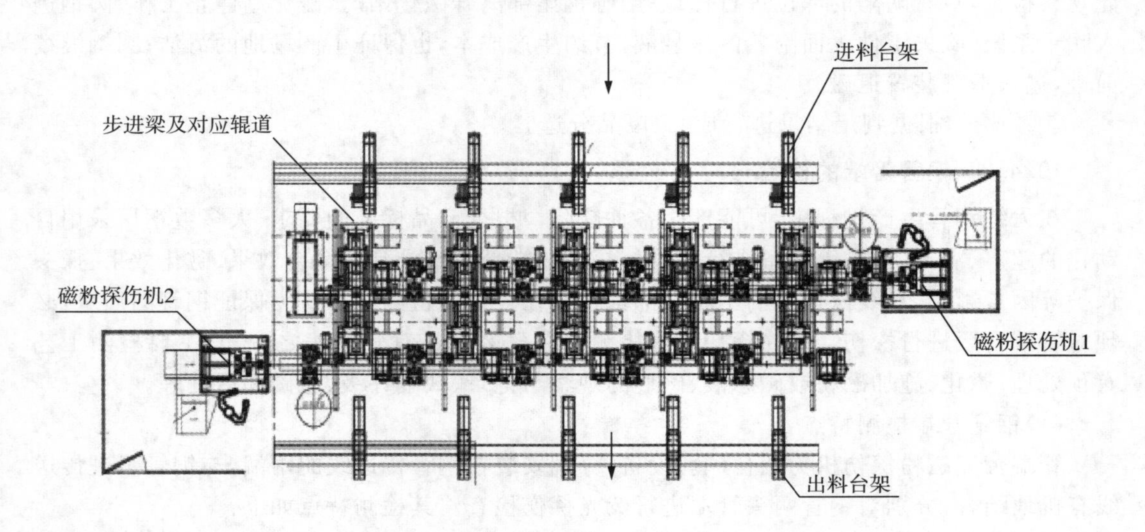

图 10-25　管端磁粉探伤机排布

管端磁粉检测工艺流程:

① 根据样管的大小,调节磁化机构纵向线圈的中心高度。

② 将通剪刀式内撑杆导电周向磁化装置对准钢管管端中心位置。

③ 将周向磁化、纵向磁化选择开关接通,用样管校准,调整好周向磁化电流和纵向磁化磁势。

④ 检测、判断。将料架上钢管上料至右对齐工位，右对齐工位进行钢管右端对齐；步进传送线将右对齐工位上钢管传送至右磁化工位，右磁化工位进行以下操作：右磁化机构进入→右外电极夹紧→右内电极夹紧→右磁悬液喷洒→右复合磁化（磁化二次）→右内电极松开→右外电极松开→右磁化机构返回；步进至右观察工位进行右端托架转动观察；观察结束后，在左磁化工位进行类似流程动作。

⑤ 退磁。独立交流退磁装置于管端探伤后的输送辊道上，用于退掉端部剩磁。

10.4.3　方坯的检验

近年来对钢铁产品的质量要求日益严格，提高产品质量已是整个行业的重要任务，对半成品的方坯也要实行严格的质量检查。

（1）方坯磁化方法选择

方坯磁化系统是由非接触式开路磁轭磁化系统（用于横向磁化）和外加线圈磁化系统（用于纵向磁化）组成。开路磁轭采用两组磁轭构成闭合磁通磁头，固定在摆动和配重平衡支架上，形成 90°角，磁化检测工件的 A、B 面或 C、D 面如图 10－26 所示。开路磁轭磁化系统由内置的叠片铁芯和多匝线圈组成。两组保护滑块分别固定在磁头的两端，起导向和保护磁头的作用。为适合大小不同直径的钢坯，上部一只磁头通过丝杠机构可电动调整中心高度；纵向磁化采用两只磁化线圈，以闭合磁通方式相连，确保纵向磁化灵敏度。并分别安装在每个磁化站的前后端。所有磁化系统的骨架均采用非导磁性材料，表面采用环氧绝缘树脂进行密封处理，防止渗水漏电。

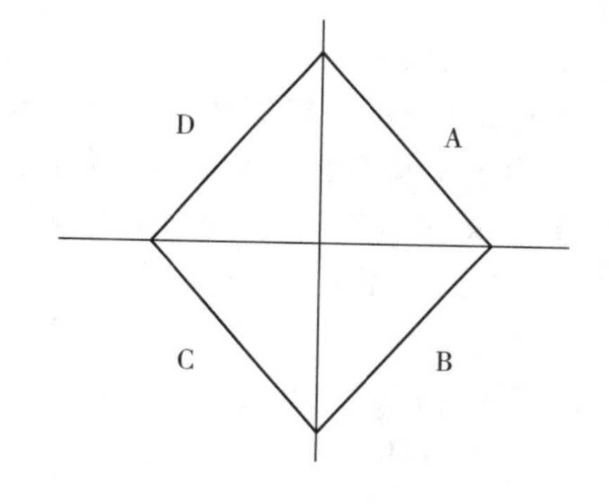

图 10－26　方坯分区示意图

（2）方坯磁粉探伤实例

方坯荧光磁粉非接触式感应探伤设备，主要构成与圆钢磁粉探伤机相似，由电气控制系统、磁化电源系统、高压水预清洗及回收系统、磁悬液喷洒及回收系统、非接触式感应磁化系统、荧光探伤检查系统、高压喷吹系统、V 形辊道输送系统等几部分组成。适用于以湿式磁粉法检测并且由铁磁性材料制成的方坯。

下面以 150 mm×150 mm 方坯为例介绍磁粉检测工艺流程：

① 用样坯校准，调整好主机高度及周向磁化电流和纵向磁化磁势。

② 自动上料，传输，预清洗。

③ 待方坯进入 1# 磁化站磁化区域时，1# 磁化站进行磁悬液喷淋、横向磁化和纵向磁化。

④ 当方坯进入 1# 磁化检查站检测区域，对方坯的 A 面、B 面、BC 面夹角进行荧光观察检查，对有缺陷的部位进行人工标识。

⑤ 当方坯进入 2# 磁化站磁化区域时，2# 磁化站进行磁悬液喷淋、横向磁化和纵向磁化。

⑥ 当方坯进入 2# 磁化检查站检测区域，对方坯的 C 面、D 面、AD 面夹角进行荧光观察检查，对有缺陷的部位进行人工标识。

⑦ 方坯进入吹干系统，吹去方坯表面附着的磁悬液。

⑧ 退磁后，根据判定结果进行分选。

10.5 特殊工件的检验

某些形状、尺寸、重量特殊的工件，一般不能采用常规检测模式，应根据产品要求和工艺特点以及受力部位等诸多因素进行综合选择，常需采取一些专用的特殊检验工艺或设备。以下为一些特殊工件的探伤实例。

10.5.1 弹簧

弹簧是一种常见零件。它能够发生大量弹性变形，从而吸收冲击能量和缓和冲击与震动，它受交变载荷，破坏的主要原因是疲劳。弹簧上的缺陷会导致大的机械事故，所以弹簧检验极为重要。

弹簧有压缩弹簧、拉伸弹簧和扭簧三种，一般用高碳或高合金弹簧钢制成，经热处理后使用。

(1)压缩弹簧

对压缩弹簧的磁粉探伤应做如下考虑：

① 为了检验弹簧钢丝上的纵向缺陷，应将弹簧套在一个长度略短于弹簧的绝缘木棒或胶木棒上，夹在两磁化夹头间，使电流沿弹簧钢丝通过进行磁化，这样做的目的是用绝缘棒支撑磁化夹头的距离，使弹簧不致过于压缩。

② 为了检验弹簧钢丝上的横向缺陷，可将弹簧夹在探伤机的两磁化夹头间，中间仍用绝缘棒支撑进行纵向磁化。

③ 也可将弹簧穿铜棒进行周向磁化，以检验与弹簧钢丝成一定角度的纵向缺陷，但灵敏度较低。

④ 根据材料的热处理状态和磁性，选用湿式连续法或湿式剩磁法检验。

⑤ 弹簧钢丝上经常出现的纵向缺陷有裂纹、发纹、拉痕等，一般可通过打磨排除。横向缺陷对弹簧的疲劳强度影响较大，处理时应慎重。

⑥ 弹簧退磁困难，用线圈法退磁时，应边转动边拉出。

(2)拉伸弹簧

拉伸弹簧如图 10－27 所示。对拉伸弹簧的磁粉探伤应做如下考虑：

① 为了检验拉伸弹簧的钢丝上的纵向缺陷，应首先在拉力机上将弹簧拉开，在弹簧间夹上绝缘片，再将弹簧用绝缘棒支撑夹在探伤机两磁化夹头之间，进行通电法磁化。

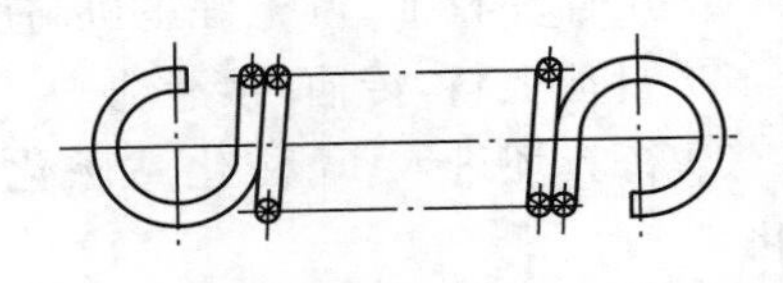

图 10－27　拉伸弹簧

② 为了检验拉伸弹簧的钢丝上的横向缺陷，应采用穿棒法磁化，因为拉伸弹簧一圈挨着一圈，相当于一个钢管。

对拉伸弹簧这样磁化检验尚存在一个缺点，就是弹簧钢丝与绝缘片交界处用连续法检验时，观察不到磁痕，所以最好用剩磁法。

③ 常见缺陷和退磁方法与压缩弹簧相同。

10.5.2 螺纹

带螺纹的工件，螺纹根部容易产生非相关磁痕，所以应特别注意。检验时应做如下考虑：

① 宜采用对比度高的荧光磁粉和湿法检验，磁悬液浓度要偏低，施加的时间要稍长。

② 为了检验螺纹上的纵向缺陷，应采用轴通电法。

③ 为了检验螺纹上的横向缺陷，应采用线圈法。

④ 用剩磁法对淬火后高强度合金钢螺纹进行检验，不容易产生非相关磁痕。

10.5.3 板弯型材

板弯型材是用轧板机将钢板轧成的型材，如图 10－28 所示为"π"形型材。其特点是：钢板在软化状态下成型，然后回火沉淀硬化。

对这种工件在磁粉探伤时应做如下考虑：

① 探伤工序应安排在回火沉淀硬化以后。

② 缺陷只存在于轧制线的两条棱上和两端面倒角处，因为棱上在轧制时受的是拉力，当倒角小、塑性变形不良时，原材料上的小缺陷会被扩大，产生纵长裂纹。内倒角受的是压力，不会产生缺陷。两端面倒角处加工粗糙度不低，轧制时又受到内挤外拉的力，容易产生缺陷。

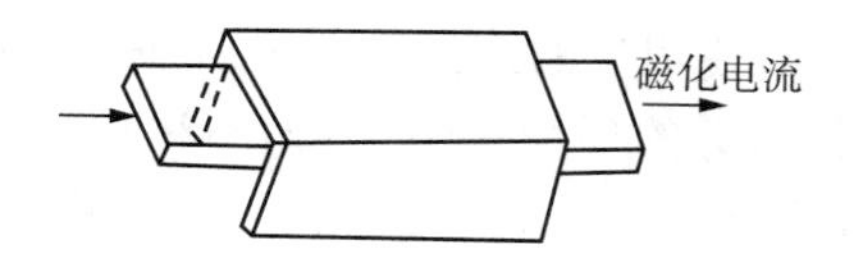

图 10－28 板弯型材平行磁化

③ 由于工件壁很薄，采用直接通电法会引起烧伤或变形，支杆法磁化同样会引起烧伤。

④ 将工件放在铜棒或铜板上，用平行磁化法磁化，可避免烧伤和变形。

⑤ 要保证棱上受检部位有 2400 A/m 的磁场强度，或者保证灵敏度试片上磁痕显示清晰。

⑥ 这种钢材磁性较差，又要求检查出微小缺陷，所以应采用湿式连续法检验。

10.5.4 滚珠

滚珠表面光洁度高，不允许用夹持通电的方法。采用感应电流法可实现无电接触。首先把滚球当作立方体，然后在 x、y、z 三个方面分别进行周向磁化和探伤。

10.5.5 轴承座圈

轴承座圈上的横向缺陷，即横穿环周的缺陷，可采用穿棒法检验。而环周的缺陷，即平行于滚珠槽的缺陷，如果用直接通电的方法磁化（如图 10－29 所示），那么电流在接触点将一分为二，而在接触点的磁场畸变，不能可靠地探伤。为此，要把环转过 90°，可通电磁化和重新探伤。除了浪费时间外，这种方法还有两个主要缺点：一是接触点可能由于起弧或接触电阻引起工件的过热而损坏；二是由于夹持力过大，使轴承座圈变形。

用专用的自动化设备可以完满地解决轴承座圈的探伤问题。该设备可以提供以下探伤手段：一是用穿棒法磁化和探伤；二是用感应电流法磁化和探伤；三是退磁。感应电流法磁化时，电流和磁场的分布如图 10－30 所示。工件放在铁芯和磁化线圈之间，由于铁芯穿过工件和磁化线圈，在磁化线圈中通入交流电后，铁芯中产生交变磁场，在工件中产生感应电流，沿环周分布的缺陷可被检出。

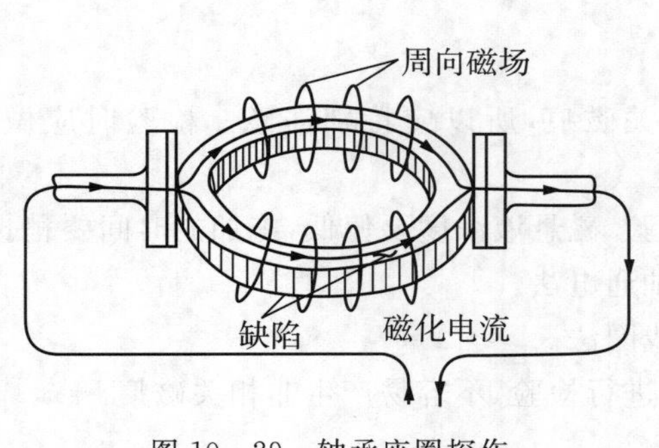

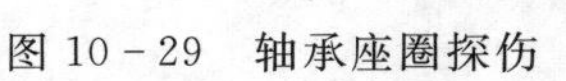
图 10－29　轴承座圈探伤

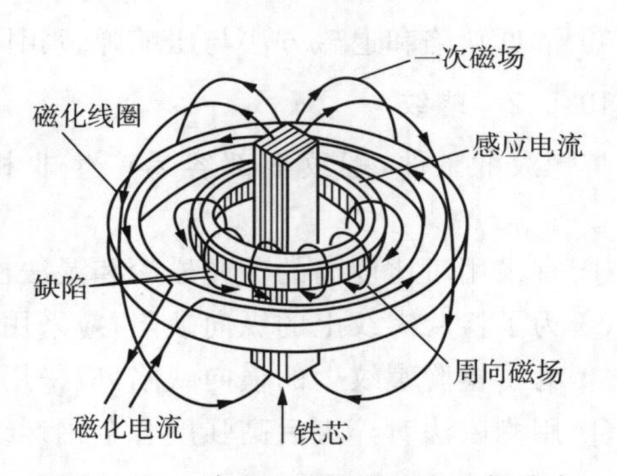

图 10－30　感应电流法电流和磁场分布

10.6　在役工件的检测

对使用中的工件进行定期维护检验是保证设备安全运行的重要环节。一些重要工件在极其恶劣的环境中使用，如不注意对其加强维护检查，关键部位的缺陷可能产生很大的危害，甚至会造成重大事故的发生。例如飞机的大梁和起落架、机车的轮轴、起重天车的吊钩、锻造设备的锤头和锤杆、矿山设备的链带和齿轮及高压容器和球罐等，都是长期在交变应力下工作的。用磁粉探伤和其他无损探伤方法定期检查的目的就是及早发现缺陷并及时清除，防止重大事故发生。

10.6.1　在役件的检验特点

① 在役件主要缺陷为疲劳裂纹，应充分了解工件在使用中的受力状态、应力集中部位、易开裂部位及裂纹方向。

② 由于疲劳裂纹一般出现在应力最大部位，所以在役件一般采用局部检查的方式。

③ 在役工件检测时，常用支杆、永久磁轭、线圈（绕电缆）等工具，已拆卸的小工件也常用固定式探伤机进行全面检验。

④ 对于一些不可接近或视力不可达的部位，可采用其他检测方法辅助进行，如使用光学内窥镜检验小孔内壁缺陷，对于危险孔也可采用橡胶铸型法。

⑤ 对于有镀层或漆层覆盖的在役工件，须采用特殊的探伤工艺或除掉表面覆盖层后进行检测。

⑥ 检查原来就出现过磁痕的部位，观察疲劳裂纹的扩展。

10.6.2　在役件磁粉探伤实例

（1）飞机大梁螺栓孔

飞机在服役过程中，机翼大梁螺栓孔受力部位易产生疲劳裂纹，裂纹的方向与孔的轴线平行。铰刀变钝震颤产生的轴向刀痕也常常导致疲劳开裂，其临界裂纹尺寸很小，安全期限很短，只能利用微裂纹段的寿命，所以飞机往往因大梁断裂而坠毁。因此，定期探伤检验，提高早期疲劳裂纹的发现率极为重要。

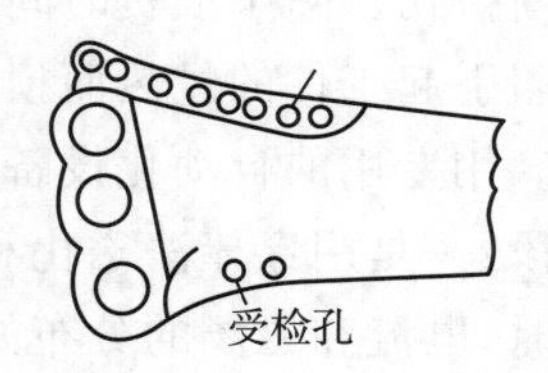

图 10－31　机翼主梁受检部位

常用磁粉橡胶铸型法来检测螺栓孔疲劳裂纹。螺栓孔检测部位如图 10－31 所示。

飞机机翼大梁螺栓孔的检验流程：

① 将螺栓分解，用装有砂布的手电钻将孔壁磨光，无任何锈蚀痕迹后用蘸有溶剂的干净抹布将孔壁彻底擦拭干净。

② 用穿铜棒法进行螺栓孔磁粉检测。

③ 堵住孔的底部，将配制的磁悬液注入孔内并注满，停留 10 min 左右，让磁悬液流掉。

④ 使孔壁彻底干燥。

⑤ 用胶布、软木塞、尼龙塞或用塑料薄膜的橡皮塞将孔的下部堵住。

⑥ 将加入硫化剂的室温硫化硅橡胶注入孔中，直至灌满。

⑦ 橡胶固化后从孔的上端和下端将已固化的橡皮拔开，然后从孔的底部轻轻将铸件顶出。

⑧ 在良好的光线下用 10 倍放大镜检查橡胶铸件，或在实体显微镜下观察。

⑨ 对工件退磁。

橡胶铸型可作为永久记录保存。保存较久的橡胶铸型如果表面有黏液渗出，可用蘸酒精的药棉擦拭。

关于特殊小孔：对于直径 6 mm 的小孔，孔上又无足够的空隙可浇橡胶液，可用注射器将橡胶液从孔底压入，或者在孔内抹一薄层橡胶液，固化后取出观察；还有些接耳为横孔，为了向耳孔灌胶，要做一个专用夹具，使孔的两端堵住，并留出灌胶的浇口。

(2)飞机前起卡箍

飞机前起落架上的卡箍如图 10－32 所示。图中 M 点位于卡箍圆角处，距离焊接点较近。它与前起外筒连接，又与减摆器连接，该处承受较大交变应力载荷，故为维修检查重点。如果漆层厚度大于 100 μm，应除漆后探伤；小于 100 μm，应采用湿式连续法检验。在 M 处绕五匝电缆磁化，表面磁场必须大于或等于 2400 A/m。

(3)起重天车吊钩

起重天车吊钩是起重机承载重物的受力关键件，通常由锻制而成。它在重力拉伸负荷应力下使用，容易产生横向的疲劳裂纹，如图 10－33 所示。为防止吊钩断裂，应定期进行磁粉探伤。一般采用湿式连续法检验，也可用磁轭或支杆法磁化。用支杆法磁化时，应清洗和打磨工件表面，保证良好的电接触。

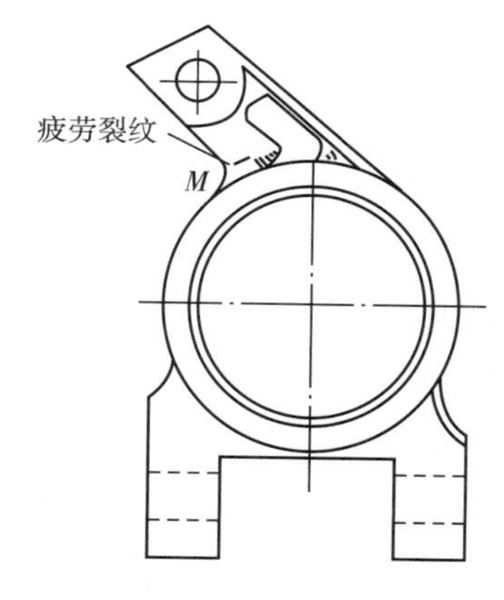

图 10－32　飞机前起卡箍

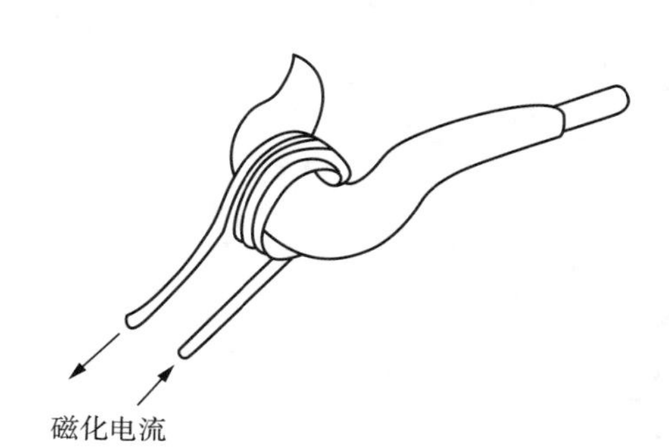

图 10－33　起重天车吊钩

(4)镀硬铬钢管

镀硬铬钢管在使用中易产生疲劳裂纹和延迟裂纹,所以要定期检验。高强度合金钢退铬后再镀,会影响工件寿命,所以最好是带铬层进行磁粉探伤。由于铬层表面光洁度高,且表面覆盖层对探伤灵敏度也有一定的影响。因此,应采用以下特殊的工艺:

① 严格按照规范进行周向磁化和纵向磁化。

② 因工件表面光洁度高,磁痕容易分散消失,所以采用连续法检验时每次只检验一小块面积。

③ 根据镀硬铬钢管规格大小转动 4～6 次检测完毕,管子检测完一个面再检测下一个面,每次沿圆周方向转动 60°～90°。

④ 应采用优质黑色磁粉或荧光磁粉检验,并且磁悬液浓度应大一些。建议荧光磁粉磁悬液浓度为 2 g/L,黑磁粉磁悬液为 20～25 g/L。分散剂黏度可略大一些,黑磁粉可用润滑油作分散剂。

⑤ 必要时,在铬层表面喷洒一层很薄的反差增强剂,以便容易形成磁痕和观察磁痕。

复习题

10-1　锻钢件产生的缺陷,其来源分为哪几个方面?各自的特征缺陷类型是什么?

10-2　简述曲轴磁粉探伤的缺陷特征及特点。

10-3　铸钢阀体磁粉探伤需考虑的要点及缺陷特征有哪些?

10-4　简述焊接件常用磁粉探伤方法。

10-5　交叉磁轭法广泛应用于压力容器焊缝检测,其特点是什么?使用时应特别注意哪些问题?

10-6　简述在役工件磁粉检测特点。

10-7　简述常用钢管管端磁化方式。

10-8　简述中棒线(直径为 ϕ50 mm～ϕ180 mm)磁粉检测的工艺流程。

10-9　管、棒、坯磁粉检测设备的一般构成有哪些?

第十一章　磁粉检测实验

11.1　白光强度和紫外光强度测定

11.1.1　实验目的

(1)掌握白光照度计和紫外辐照计的使用方法。

(2)熟悉白光照度和紫外辐照度的质量控制标准。

(3)测定符合要求的白光照度和紫外辐照度的有效照度范围。

(4)了解强度单位的换算关系。

11.1.2　实验设备及器材

(1)白光照度计(ST－85 型,ST－80B 型)一只。

(2)紫外辐照计(UV－A 型,UVL 型)一只。

(3)紫外灯一台。

(4)硬纸张(500 mm×500 mm)一块。

(5)有刻度的标尺一把。

11.1.3　实验原理

(1)根据照度第一定律得知,在点光源垂直照射下,被照面上的照度与光源的发光强度成正比;与光源到被照面之间的距离平方成反比。因此,用测出的照度值乘以距离平方即为发光强度。

(2)磁粉检测关心的是被检工件表面上的白光和紫外光的照度,一般不必进行发光强度的换算。磁粉检测时,在工作区域工件表面上的白光照度应达到 1000 lx;在紫外灯下38 cm 处,紫外辐照度应达到 1000 $\mu W/cm^2$。

11.1.4　实验方法

(1)将白光照度计放在工作区域的工件表面上,测量白光照度值。

(2)测量符合要求的白光有效照射范围。

(3)将紫外辐照计放在紫外灯下 38 cm 处,测量紫外辐照度值。

(4)在紫外灯下 38 cm 处放一硬纸板,将紫外辐照计放在硬纸板上移动,描出符合要求的紫外光有效照射范围。

11.1.5　实验报告

(1)实验结果。

① 记录工件表面的白光照度。

② 记录符合要求的白光照度的有效照射范围。

③ 记录距紫外灯 38 cm 处的紫外辐照度。

④ 画出符合要求的紫外光有效照射范围。

(2)结果分析。

11.2　综合性能试验

11.2.1　实验目的

(1)掌握用带有自然缺陷的工件进行综合性能试验的方法。

(2)掌握用交流标准环形试块进行综合性能试验的方法。

(3)掌握用直流标准环形试块进行综合性能试验的方法。

(4)了解和比较用交流电和直流电探伤的探测深度。

11.2.2　实验设备及器材

(1)交流电、直流电(或整流电)磁粉检测机各一台。

(2)带有自然缺陷(发纹或磨裂)的工件一件。

(3)交流标准环形试块一件。

(4)直流标准环形试块(或 Betz 环)一件。

(5)标准铜棒一根。

11.2.3　实验原理

磁粉检测的综合性能试验是指利用自然缺陷或人工缺陷上的磁痕显示情况,来衡量磁粉检测设备、磁粉和磁悬液的综合灵敏度。用直流电磁化工件,可以发现工件表层下较深处的缺陷。

11.2.4　试验方法

(1)将带有自然缺陷的工件按规定的磁化规范磁化和检验,观察磁痕显示情况。

(2)将交流标准环形试块穿在标准铜棒上,夹在两磁化夹头之间,用 750 A 交流电磁化,并依次将第一孔、第二孔、第三孔放在 12 点钟位置,用连续法检验,观察在环圆周上有磁痕显示的孔数。

(3)将直流标准环形试块穿在标准铜棒上,夹在两磁化夹头之间,分别用下表中所列的磁化规范,用直流电或整流电磁化,并用连续法检验,观察在环圆周上有磁痕显示的孔数。

(4)再将直流标准环形试块穿在标准铜棒上,夹在两磁化夹头之间,分别用下表中所列的磁化规范,用交流电磁化,并用连续法检验,观察在环圆周上有磁痕显示的孔数。

磁悬液种类	磁化电流(A)	交流电显示孔数	直流电显示孔数
非荧光磁粉湿法检测	1400		
	2500		
	3400		
荧光磁粉湿法检测	1400		
	2500		
	3400		

11.2.5　实验报告

(1)实验结果:

① 记录带有自然缺陷工件的实验结果。

② 记录交流标准环形试块的实验结果。

③ 将交流电和直流电(或整流电)磁化直流标准环形试块的实验结果填入表中。

④ 按表中的实验结果,绘制出交流电和直流电(或整流电)的磁化电流与探测缺陷深度(用显示磁痕的孔数换算出相对深度)的坐标曲线。

(2)结果分析。

11.3　固定式磁粉检测机的应用和测试

11.3.1　实验目的

(1)了解磁粉检测机的构造和各部分用途。

(2)测量磁粉检测机的电流值载荷(额定周向磁化电流和最小磁化电流)。

(3)掌握磁粉检测机的短路检查方法。

11.3.2　实验设备及器材

(1)固定式磁粉检测机一台。

(2)CT－3型高斯计一台。

(3)标准铜棒一根。

11.3.3　实验原理

(1)要求磁粉检测机不仅能提供额定周向磁化电流,而且还能提供最小的周向磁化电流,这是为了保证使用衰减法退磁时有良好效果,也为了防止磁化小工件时引起烧伤。

(2)周向磁化时,磁化夹头上未夹负载时通电,若电流表指针摆动,则说明设备内部有短路。

11.3.4　实验方法

(1)现场剖析磁粉检测机的构造,并了解各部分的功能。

(2)将标准铜棒在磁粉检测机的两磁化夹头间夹紧后通电,观察探伤机所输出的磁化电流,能否达到足够小;最大电流能否达到额定周向磁化电流。

(3)在探伤机两磁化夹头间不夹铜棒和任何负载进行通电时,如电流表指针摆动,则说明设备内部有短路。

11.3.5　实验报告

(1)实验结果:

① 记录磁粉检测机的最小和最大磁化电流值。

② 记录磁粉检测机有无短路。

(2)结果分析。

11.4　交流电磁化剩磁稳定度的测试

11.4.1　实验目的

(1)了解交流电剩磁法探伤时,断电相位对剩磁稳定度的影响。

(2)了解配有相控器的交流探伤机。

(3)掌握剩磁稳定度的测量和计算方法。

11.4.2　实验设备及器材

(1)交流磁粉探伤机一台。

(2)相控器一台。

(3)标准铜棒一根。

(4)开槽的可测剩磁的环形试件一个。

(4)CT-3 高斯计一台。

11.4.3　实验原理

交流电剩磁法探伤时,由于断电相位的影响,在 $0\sim\pi/2$ 和 $\pi\sim3\pi/2$ 相位断电时,每次断电后的剩磁大小都不一样。剩磁很小时会造成工件漏检。为了保证剩磁法探伤时剩磁稳定,所以应给交流探伤机加配相控器,相控器的性能可用测试剩磁稳定度方法来考核。

剩磁稳定度可用下式计算:

$$\frac{\pm B_{\max}-B_{\min}}{\overline{B}}\times100\%$$

式中:$B_{\max}$——最大剩磁值;$B_{\min}$——最小剩磁值;$\overline{B}$——平均剩磁值。

剩磁稳定度小于±5%为合格。

11.4.4　实验方法

(1)测量未知相控器的交流探伤机的剩磁值。方法是将开槽的可测剩磁的环形试件穿在标准铜棒上,用 $5D$、$10D$ 的磁化规范,各通电 10 次,每次磁化后用 CT-3 高斯计测试环形试件槽中的剩磁值。

(2)测量配有相控器的交流探伤机的剩磁值(方法同上)。

11.4.5　实验报告

(1)实验记录:

① 记录未加相控器与配有相控器的探伤机的剩磁稳定度。

② 按公式计算剩磁稳定度。

(2)结果分析。

11.5　螺管线圈横截面上和轴线上磁场分布的测试

11.5.1　实验目的

了解探伤机上空载的螺管线圈横截面上和轴线上的磁场分布。

11.5.2　实验设备及器材

(1)螺管线圈一个。

(2)CT-3 高斯计一台。

11.5.3　实验原理

螺管线圈内部的磁场分布很不均匀。在其横截面上,靠近线圈内壁处磁场强度最强,在轴心上磁场强度相对最弱。而在其轴线上的磁场分布是轴线中心处的磁场强度最强，越远离中心磁场强度越弱。

11.5.4 实验方法

(1)用 CT－3 高斯计测量短螺管线圈横截面上的磁场分布。测量点从轴心到线圈内壁等距离选取。

(2)用 CT－3 高斯计测量螺管线圈轴线上的磁场分布。测量点选轴线中心点 0 和距中心为 50 mm、100 mm、150 mm、200 mm、250 mm、300 mm、350 mm、400 mm 等。

11.5.5 实验报告

(1)实验结果。

① 螺管线圈横截面上磁场强度测量结果见下表所列：

测量点(mm)	轴心 0	50	100	150	200	……	内壁处
磁场强度(A/m)							

画出螺管线圈横截面上磁场分布的对称曲线。

② 螺管线圈轴线上磁场强度测量结果见下表所列：

测量点(mm)	0	50	100	150	200	250	300	350	400	……
磁场强度(A/m)										

画出螺管线圈轴线上磁场分布的对称曲线。

(2)结果分析。

11.6 螺管线圈两端有效磁场范围的测试

11.6.1 实验目的

(1)掌握螺管线圈两端有效磁场范围的测量方法。

(2)了解所用螺管线圈两端有效磁场的范围。

11.6.2 实验设备及器材

(1)螺管线圈一个。

(2)CT－3 高斯计一台。

(3)带有自然缺陷(磨裂或发纹)的长工件一个。

(4)灵敏度试片一组或磁场指示器一个。

11.6.3 实验原理

用螺管线圈磁化检验长度远远大于线圈长度的工件时，在线圈两端产生的有效磁场范围是有限的，超过这个范围时，由于磁场范围强度太弱，缺陷难于发现，故对长工件应分段磁化。

螺管线圈有效磁场的范围，可通过测量工件表面的磁场值，或通过工件上自然缺陷以及灵敏度试片上人工缺陷的磁痕显示来确定。

11.6.4　实验方法

(1)用高斯计测量螺管线圈两端工件上的有效磁场范围。

(2)用灵敏度试片或磁场指示器测量螺管线圈两端工件上的有效磁场范围。

11.6.5　实验报告

(1)实验结果。

有效磁场范围 / 实验方法	距螺管线圈端面距离(mm)
用剩磁法测试	
用灵敏度试片测试	
用自然缺陷工件测试	

被测试的螺管线圈安匝数为________;被测试的螺管线圈尺寸为________。

(2)结果分析。

11.7　工件 L/D 值对退磁场的影响

11.7.1　实验目的

了解用线圈对工件进行纵向磁化时,工件 L/D 值对退磁场大小的影响。

11.7.2　实验设备及器材

(1)磁化线圈一个。

(2)直径相同,而 L/D 值分别为 2 mm,5 mm,10 mm,15 mm,20 mm 的钢棒各一个,钢棒材料为经过热处理的高碳钢或合金结构钢。

11.7.3　实验原理

在能产生磁场强度 H_0 的通电线圈中放一短工件,纵向磁化后会两端产生 S、N 磁极,它能产生一个方向与 H_0 相反的退磁场强度 H',此时作用在工件上的有效磁场 $H=H_0-H'$,退磁场强度 $H'=NJ$,与磁极化强度 J 和退磁因子 N 成正比,N 取决于工件沿磁场方向的长度 L 及与其垂直方向尺寸 D 的比值。L/D 值愈小,N 值就愈大,退磁场也就愈大。

11.7.4　实验方法

(1)选择适当的磁化电流,使线圈内磁场强度达到 12 kA/m(150 Oe)。

(2)分别将直径相同、长度不同的钢棒放在线圈内同一位置上磁化。

(3)用高斯计测量每根钢棒端部的剩磁。

11.7.5　实验报告

(1)实验结果。

① 记录下每根钢棒端头的高斯值。

② 绘出被磁化钢棒端头的剩余磁感应强度同钢棒 L/D 值的关系。

(2)结果分析。

11.8　支杆法磁化磁场分布的测试

11.8.1　实验目的

了解支杆法磁化电流和磁化场的分布。

11.8.2　实验设备及器材

(1)有支杆探头的磁粉检测仪一台。

(2)CT－3 高斯计一台。

(3)灵敏度试片一组。

11.8.3　实验原理

用支杆探头磁化时,在靠近探头的部位电流密度最大,因而检验时,两支杆探头的间距不能小于 50 mm。最大磁化电流分布在两探头的连线上,远离中心连线的电流密度逐渐减小,并产生一个畸变的周向磁场。

11.8.4　实验方法

(1)用有支杆探头的磁粉检测仪磁化一钢板或具有开阔平面的工件。

(2)按 $I=4L$ 的规范通电磁化时,用 CT－3 高斯计测量支杆探头周围的磁场分布。

(3)用灵敏度试片测试可以发现缺陷的有效范围。

11.8.5　实验报告

(1)实验结果。

① 画图标出某条件下,两支杆探头周围被磁化区域各点的磁场强度。

② 画图标出某条件下,可发现缺陷的有效范围。

(2)结果分析。

11.9　偏置芯棒法的磁化方法和磁化效果

11.9.1　实验目的

(1)了解偏置芯棒法的磁化方法。

(2)了解偏置芯棒法的有效磁化长度。

(3)了解偏置芯棒法的磁化效果。

11.9.2　实验设备及器材

(1)标准铜棒一根。

(2)CT－3 高斯计一台。

(3)灵敏度试片一组。

(4)ϕ300 mm 带自然缺陷的钢环一件。

11.9.3　实验原理

对于圆筒形工件,如果直径太大,当芯棒位于工件中心时,探伤机所提供的磁化电流,不足以使工件表面达到所要求的磁场强度值时，应将芯棒贴近工件内壁放置。但这种磁化方法会在工件上形成磁极，产生退磁场，其有效磁化长度为芯棒直径的四倍，所以磁化时应依次改变芯棒的位置进行磁化，并保证每次重叠大于10%。

11.9.4 实验方法

(1)根据圆筒形工件的壁厚，选择磁化规范。

(2)用高斯计测量偏置芯棒法的有效磁化长度。

(3)用贴灵敏度试片法测量偏置芯棒法的有效磁化长度。

(4)用圆筒形工件上的自然缺陷或人工缺陷的磁痕显示程度验证偏置芯棒法的磁化效果。

11.9.5 实验报告

(1)实验结果。

① 用高斯计测量法，测出沿圆周的有效磁化长度为________。

② 用贴灵敏度试片法，测出沿圆周的有效磁化长度为________。

③ 用缺陷显示法，测出沿圆周的有效磁化长度为________。

(2)结果分析。

11.10 磁粉粒度测定(酒精沉淀法测)

11.10.1 实验目的

(1)掌握酒精沉淀法测量磁粉粒度的方法。

(2)了解磁粉粒度与悬浮性能的关系。

(3)了解磁粉粒度合格的标准。

11.10.2 实验设备及器材

(1)长400 mm、内径10+0.1 mm带刻度的玻璃管一根。

(2)工业天平一台。

(3)磁粉20 g。

(4)无水乙醇500 g。

11.10.3 实验原理

磁粉的粒度即磁粉颗粒的大小，对探伤灵敏度影响很大。在湿法检验中，如果磁粉粒度小，则悬浮性好，对小缺陷探伤灵敏度高。

由于酒精对磁粉润湿性能好，所以可用酒精作为分散剂，用磁粉在酒精中的悬浮情况可以说明磁粉粒度的大小和均匀性。一般静置3 min，磁粉柱高度不低于180 mm为合格。还可根据磁粉柱中磁粉的悬浮情况判断磁粉粒度是否均匀。

11.10.4 实验方法

(1)用工业天平称出3 g未经磁化的磁粉试样。

(2)往玻璃管内注入酒精到150 mm高度。

(3)将3 g干燥磁粉倒入管内摇晃。

(4)再往玻璃管中注入酒精至 300 mm 高度处。

(5)堵好橡皮塞,上下反复倒置玻璃管,使之充分混合。

(6)摇晃停止,迅速将玻璃管竖起,并同时启动秒表。

(7)静置 3 min,测量明显分界处的磁粉柱高度。

(8)按上述步骤测试 3 次,每次更换新磁粉,然后取其平均值,并注明磁粉粒度的均匀性。

11.10.5　实验报告

(1)实验结果。

磁粉规格型号	取样数量	磁粉柱高度(mm)				磁粉粒度均匀性
		第一次	第二次	第三次	平均值	

(2)结果分析。

11.11　磁悬液浓度的测量

11.11.1　实验目的

(1)了解磁悬液浓度的测量方法。

(2)掌握用计算法求磁悬液浓度的方法。

(3)掌握磁悬液浓度与磁粉沉淀高度的关系坐标曲线的画法。

11.11.2　实验设备及器材

(1)磁粉沉淀管两只。

(2)已知浓度为 x_1 的磁悬液一瓶。

(3)待测浓度的磁悬液一瓶。

(4)200 mL 量筒一个。

(5)坐标纸一张。

11.11.3　实验原理

在规定的沉淀时间内,磁粉沉淀管中的磁粉沉淀高度与磁悬液浓度呈线性关系,其关系的数学表达式为:

$$\frac{x_1}{x_2}=\frac{h_1}{h_2}$$

式中:h_1 和 h_2 分别是磁悬液浓度为 x_1 和 x_2 时的沉淀高度。如已知其中一瓶的磁悬液浓度,则可计算出另一瓶的磁悬液浓度。

通常在新配置磁悬液时,用不同的磁悬液浓度(g/L)与其磁粉沉淀高度(L/100 L)制作磁悬液浓度坐标曲线,在以后的探伤中,通过测量磁粉沉淀高度便可方便地从坐标曲线上查出磁悬液浓度,并知道是否合格。

11.11.4　实验方法

(1)用荧光磁粉按 1 g/L、2 g/L、3 g/L 的比例配置磁悬液,制作荧光磁粉磁悬液浓度坐标曲线。

(2)用非荧光磁粉按 10 g/L、20 g/L、30 g/L 的比例配置磁悬液,制作非荧光磁粉磁悬液浓度坐标曲线。

(3)先取 100 mL 搅拌均匀、浓度已知为 x_1 的磁悬液,在磁粉沉淀管内沉淀一段时间(如无味煤油配置的磁悬液沉淀 0.5 h,变压器油配置的磁悬液沉淀 24 h),读取磁粉沉淀高度 h_1。然后再从探伤机内取 100 mm 使用过的浓度未知为 x_2 的磁悬液,搅拌均匀,并按规定时间沉淀后,读取磁粉沉淀高度 h_2。

11.11.5　实验报告

(1)实验结果记录。

① 记录和制作荧光磁粉磁悬液浓度的坐标曲线。

② 记录和制作非荧光磁粉磁悬液浓度的坐标曲线。

③ 用计算法求磁悬液浓度。

④ 从磁悬液浓度坐标曲线上查磁悬液浓度。

(2)结果分析。

11.12　磁悬液污染的检查

11.12.1　实验目的

(1)了解磁悬液的污染检查方法。

(3)了解磁悬液污染检查的周期。

(3)掌握磁悬液污染的特征。

11.12.2　实验设备及器材

(1)磁粉检测机一台(带磁悬液槽)。

(2)磁粉沉淀管两只。

(3)使用过的荧光磁粉磁悬液和非荧光磁粉磁悬液各一瓶。

(4)紫外灯和白光灯。

11.12.3　实验原理

(1)磁悬液如被污染或弄脏,则会影响磁悬液的性能,所以一般应每隔 30 天或按订货单位规定的更短的时间间隔进行污染检查。

(2)对于非荧光磁粉磁悬液,在白光下观察时,如果磁悬液混浊、变色、磁粉的辉度或颜色明显减弱而影响缺陷显示时,则说明磁悬液已被污染。

(3)对于荧光磁粉磁悬液,在紫外光下观察时,如果磁粉沉淀管中的沉淀物明显分成两层,若上层(污染层)发荧光,它的体积超过下层(磁粉层)体积的 50%时,说明磁悬液已被污染。另外在紫外光下观察沉淀物之上的液体,如明显的发荧光或在白光下观察时,发现磁悬液已混浊、变色甚至结块，都说明磁悬液已被污染，应更换新的磁悬液。

11.12.4　实验方法

(1)启动油泵 30 min，让磁悬液充分搅拌均匀。

(2)将磁悬液注入磁粉沉淀管的 100 mm 刻度处，此磁悬液可以从浇注的软管喷头取得，也可以从浸渍槽中取得。必要时，应将磁悬液退磁后静置 30 min(指无味煤油配置的磁悬液)，直到固体物质(磁粉等)全部沉淀下来。

(3)根据磁粉类别在白光下或在紫外光下观察磁悬液是否被污染。

(4)再用标准磁悬液与沉淀的磁悬液对比，看磁悬液是否被污染(标准磁悬液是每次更换新磁悬液时，取出磁悬液样品，保留在探伤机附近阴暗的箱子或柜子中，以后定期与使用过的磁悬液作对比用)。

11.12.5　实验报告

记录检查结果。

11.13　水断试验及磁悬液润湿性测试

11.13.1　实验目的

(1)了解水断试验方法。

(2)了解清洗剂和水磁悬液的润湿性能。

11.13.2　实验设备及器材

(1)清洗剂 SP－1 或其他乳化剂、消泡剂和防锈剂。

(2)带油污的工件两件。

(3)量杯一个。

(4)水磁悬液一瓶。

11.13.3　实验原理

使用水磁悬液时，如果工件表面有油污，或水磁悬液的润湿剂不够，则水磁悬液就无法附着在工件表面上，影响探伤效果。所以使用水磁悬液探伤时，应先对工件进行清洗并进行水断试验。清洗工件可用汽油、溶剂等，但水剂清洗剂是比较理想的，它是在水中加入定量的润湿剂，因润湿剂是水包油型，所以能将油污清洗掉。

所谓水断试验，是用水磁悬液喷洒在被检工件上，当喷洒停止后，观察工件的表面状态。如果磁悬液在整个工件表面上是连续、均匀的，说明水中含有足够的润湿剂。如果磁悬液的薄膜断开，在工件表面露出一块一块的，并形成许多小水滴，则说明是水断表面，尚需要加入更多的润湿剂，然后进行探伤。

11.13.4　实验方法

(1)在每升干净自来水中，加入 5%的清洗剂(润湿剂)SP－1，搅拌均匀，水剂清洗剂可在常温下配置，用 40℃温度的水配制的效果更好。

(2)将有油污的工件放入含润湿剂量不同的水剂清洗剂中进行清洗。

(3)再将清洗过的工件，浸入含有润湿剂、防锈剂和消泡剂的水磁悬液中，让磁悬液浸过工件表面，观察工件表面的磁悬液薄膜是连续的还是不连续的。

11.13.5 实验报告

记录实验结果。

11.14 钢管磁粉检测

11.14.1 实验目的

(1)了解磁粉检测机的构造和各部分用途。

(2)了解钢管纵向磁化和横向磁化的方法。

(3)了解有效磁化范围。

11.14.2 实验设备及器材

(1)钢管磁粉检测机一台。

(2)标准试片(A 型)一套。

(3)特斯拉或高斯计一台。

11.14.3 实验原理

(1)磁粉探伤机通过磁轭实现钢管的周向磁化。

(2)磁粉探伤机通过两个线圈实现轴向磁化。

11.14.4 实验方法

(1)现场查看磁粉检测机的构造，并了解各部分的功能。

(2)调整磁极距离和磁化电流。

(3)静态时试验分别磁化以及复合磁化时，观察标准试片上的磁痕显示。

(4)钢管行走时，观察标准试片上磁痕显示。

(5)检测完成后，工件退磁后剩磁大小测量。

(6)调节退磁电流，记录剩磁的大小。

11.14.5 实验报告

(1)实验记录。

① 记录被检钢管磁痕清晰显示时的磁化电流。

② 记录不同电流管头和管尾退磁后的剩磁大小。

(2)结果分析：对记录的结果结合理论给出分析和解释。

11.15 焊缝磁粉检测

11.15.1 实验目的

(1)了解磁轭法磁化时磁场分布规律。

(2)了解磁轭间隙对检测效果的影响。

(3)了解有效磁化范围。

(4)了解现场检验球罐纵缝和环缝磁悬液的施加方法。

(5)了解交流和直流电磁轭检测厚板焊缝的效果。

11.15.2 实验设备及器材

(1)标准试片(A 型)一套。

(2)交流和直流电磁轭磁粉探伤仪各一台。

(3)有焊缝的铁磁性钢板一块(或在现场容器检测)。

(4)磁悬液一瓶。

(5)大于或等于 10 mm 厚钢板一块。

11.15.3 实验原理

交流和直流电磁轭是利用给磁轭线包通电的方式对工件进行磁化的方法,其检测设备轻便,特别适合现场和野外操作。但使用时要注意改变磁化方向,使检测区域各个方向的灵敏度均能达到规定要求。

11.15.4 实验方法

(1)当电磁轭磁极与工件表面紧密接触或保持不同间隙时,用标准试片试验对检测的影响。

(2)将 15/100 标准试片贴在厚板(大于或等于 10 mm)表面,分别用交流电磁轭和直流电磁轭进行磁化检测,观察磁痕显示的差异。

11.15.5 实验报告

(1)实验记录。

① 记录磁轭间距对检测效果的影响。

② 记录磁轭与工件间隙大小对检测效果的影响。

③ 记录用交流和直流磁轭对检测效果的影响。

(2)结果分析:对记录的结果结合理论给出分析和解释。

附录1:无损检测技术资格人员练习题

(将认为正确的序号字母填入题中的括号内,只能选择一个答案。)

1. 导体中有电流通过时,其周围必存在(　　)。
   A. 电场　　B. 磁场　　C. 声场　　D. 辐射场

2. 已知电流方向,判定其磁场方向用(　　)。
   A. 左手定则　　B. 右手定则　　C. 以上说法都不对

3. 已知磁场方向,判定其磁化电流方向用(　　)。
   A. 左手定则　　B. 右手定则　　C. 以上说法都不对

4. 判定螺线管通电后产生的磁场方向用(　　)。
   A. 左手定则　　B. 右手定则　　C. 以上说法都不对

5. 铁磁质的磁导率是(　　)。
   A. 常数　　B. 恒量　　C. 变量

6. 铁磁物质在加热时铁磁消失而变为顺磁性的温度叫作(　　)。
   A. 凝固点　　B. 熔点　　C. 居里点　　D. 相变点

7. 铁磁性物质在加热时,铁磁性消失而变为顺磁性物质的温度叫作(　　)。
   A. 饱和点　　B. 居里点　　C. 熔点　　D. 转向点

8. 表示磁感应强度意义的公式是(　　)。
   A. $b=\Phi_b/S$　　B. $b=S/\Phi_b$　　C. $b=S\Phi_b$(式中:S——面积,Φ_b——磁通)

9. 真空中的磁导率 $\mu=$(　　)。
   A. 0　　B. 1　　C. −1　　D. 10

10. 表示铁磁质在磁化过程中 b 和 H 关系的曲线称为(　　)。
    A. 磁滞回线　　B. 磁化曲线　　C. 起始磁化曲线

11. 磁铁的磁极具有(　　)。
    A. 可分开性　　B. 不可分开性　　C. 以上说法都不对

12. 磁力线的特征是(　　)。
    A. 磁力线彼此不相交　　B. 磁极处磁力线最稠密
    C. 具有最短路径,是封闭的环　　D. 以上说法都对

13. 下列关于磁力线的说法中,正确的是(　　)。
    A. 磁力线永不相交　　B. 磁铁磁极上磁力线密度最大
    C. 磁力线沿阻力最小的路线通过　　D. 以上说法都对

14. 下列关于磁力线的说法中,不正确的是(　　)。

A. 磁力线永不相交

B. 磁力线是用来形象地表示磁场的曲线

C. 磁力线密集处的磁场强

D. 与磁力线垂直的方向就是该点的磁场方向

15. 矫顽力(　　)。

A. 指湿法检验时,在液体中悬浮磁粉的方法

B. 指连续法时使用的磁化力

C. 表示去除材料中的剩余磁性需要的反向磁化力

D. 不是用于磁粉检测的术语

16. 磁通密度的定义是(　　)。

A. 10^8条磁力线(1 Wb)

B. 伴随着一个磁场的磁力线条数

C. 穿过与磁通平行的单位面积的磁力线条数

D. 穿过与磁通垂直的单位面积的磁力线条数

17. 如果钢件的表面或近表面上有缺陷,磁化后,吸引磁粉到缺陷上的是(　　)。

A. 摩擦力　　B. 矫顽力　　C. 漏磁场　　D. 静电场

18. 下列有关缺陷所形成的漏磁通的说法中,正确的是(　　)。

A. 磁化强度为一定时,高度小于 1 mm 的形状相似的表面缺陷,其漏磁通与缺陷高度无关

B. 缺陷离试件表面越近,缺陷漏磁通越小

C. 在磁化状态、缺陷种类和大小一定时,缺陷漏磁通密度受缺陷方向影响

D. 交流磁化时,近表面缺陷的漏磁通比直流磁化时要小

E. 当磁化强度、缺陷种类和大小一定时,缺陷处的漏磁通密度受磁化方向的影响

F. 以上说法都对

19. 下列有关缺陷所形成的漏磁通的叙述中,正确的是(　　)。

A. 它与试件上的磁通密度有关　　B. 它与缺陷的高度有关

C. 磁化方向与缺陷垂直时漏磁通最大　　D. 以上说法都对

20. 下列关于漏磁场的说法中,正确的是(　　)。

A. 缺陷方向与磁力线平行时,漏磁场最大

B. 漏磁场的大小与工件的磁化程度无关

C. 漏磁场的大小与缺陷的深度和宽度的比值有关

D. 工件表层下,缺陷所产生的漏磁场,随缺陷的埋藏深度增加而增大

21. 漏磁场与下列因素有关的是(　　)。

A. 磁化的磁场强度与材料的磁导率　　B. 缺陷埋藏的深度、方向和形状尺寸

C. 缺陷内的介质　　D. 以上说法都对

22. 下列有关工件磁化后表面缺陷形成漏磁场的正确说法是(　　)。
   A. 其漏磁场与磁化电流的大小无关
   B. 其漏磁场与磁化电流的大小有关
   C. 当缺陷方向与磁化场方向之间的夹角为零时,漏磁场最大
   D. 其漏磁场与工件的材料性质无关

23. 下列关于缺陷形成漏磁通的说法中,正确的是(　　)。
   A. 缺陷离试件表面越近,形成的漏磁通越小
   B. 在磁化状态、缺陷类型和大小一定时,其漏磁通密度受缺陷方向影响
   C. 交流磁化时,近表面缺陷的漏磁通比直流磁化时的漏磁通要小
   D. 在磁场强度、缺陷类型和大小一定时,其漏磁通密度受磁化方向影响
   E. 除A项以外的说法都对

24. 下列有关漏磁通的说法中,正确的是(　　)。
   A. 内部缺陷处的漏磁通,比同样大小的表面缺陷为大
   B. 缺陷的漏磁通通常同试件上的磁通密度成反比
   C. 表面缺陷的漏磁通密度,随着离开表面距离的增加而急剧减弱
   D. 用有限线圈磁化长的试件,不需进行分段磁化

25. 下列关于磁粉检测的说法中,正确的是(　　)。
   A. 切断磁化电流后施加磁悬液的方法叫作剩磁法
   B. 高矫顽力材料制成的零件可以用剩磁法探伤
   C. 荧光磁粉与非荧光磁粉相比,一般前者的磁悬液浓度要低
   D. 以上说法都对

26. 下列关于连续法和剩磁法的说法中,正确的是(　　)。
   A. 由于电源的允许通电时间短,采用一边通电几次、一边施加磁悬液的方法,这不是正常的连续法操作
   B. 剩磁法适用于焊接缺陷的探伤
   C. 剩磁法要用直流电,如用交流电,必须采用断电相位控制器
   D. A项和C项都对

27. 可以用剩磁法检查的零件的特点是(　　)。
   A. 形状不规则　　B. 有很高的剩磁和矫顽力
   C. 材料强度高、硬度大　　D. 验证连续法的灵敏度

28. 可以用剩磁法检验的是(　　)。
   A. 零件形状不规则　　B. 零件具有高顽磁性
   C. 零件承受高应力作用　　D. 进一步评定连续法形成的显示

29. 剩余磁性有助于(　　)。
   A. 退磁　　B. 解释和评定显示
   C. 焊接金属的沉积　　D. 以上说法都对

30. 抗退磁性的正确说法是(　　)。
A. 硬磁材料比软磁材料不易退磁
B. 软磁材料比硬磁材料不易退磁
C. 硬磁材料与软磁材料相同

31. 下列有关退磁的难易程度的说法中,正确的是(　　)。
A. 硬磁材料大于软磁材料
B. 软磁材料大于硬磁材料
C. 与材料无关
D. 无阻力

32. 下列有关退磁的说法中,正确的是(　　)。
A. 难易程度取决于材料类型
B. 矫顽力高的材料易于退磁
C. 保留剩磁强的材料总是最易于退磁
D. 以上说法都对

33. 下列有关退磁的说法中,正确的是(　　)。
A. 退磁可将材料加热到居里点以上实现
B. 退磁总是需要进行的
C. 退磁只能用交流电进行
D. 退磁只能用直流电进行

34. 可使试件退磁的方法是(　　)。
A. 高于居里温度的热处理
B. 交流线圈
C. 可倒向的直流磁场
D. 以上方法都可以

35. 下列有关退磁的说法中,正确的是(　　)。
A. 所谓退磁就是将试件上的剩磁减小到不妨碍使用的程度
B. 退磁是把试件放入通直流电的线圈中,不切换电流方向,使试件逐渐远离线圈
C. 圆形截面的试件用轴向通电磁化后,不需要进行退磁
D. 退磁是一边使磁场交替 180°,一边将磁场强度逐渐减弱的方法
E. A 项和 D 项的说法都正确

36. 下列有关退磁的说法中,正确的是(　　)。
A. 交流退磁只能退去强磁材料表面的剩磁
B. 施加退磁场的方法最好与施加磁化磁场的方法相同
C. 经过磁化的试件一律要退磁
D. A 项和 B 项都正确

37. 下列有关退磁场的说法中,正确的是(　　)。
A. 退磁场是由于工件磁化后形成磁极造成的
B. L/D 值越大,退磁场越大
C. 退磁场大小与工件形状无关
D. 将工件夹于电磁铁的两极之间形成闭合磁路后,没有退磁场

38. 使工件退磁的方法是(　　)。
A. 在居里点以上进行热处理
B. 在交流线圈中沿轴线缓慢取出工件
C. 用直流电来回进行倒向磁化,磁化电流逐渐减小
D. 以上说法都对

39. 对于周向磁化的剩余磁场进行退磁时，正确的做法是（　　）。

A. 考虑材料的磁滞回线
B. 建立一个纵向磁场，然后退磁
C. 用半波整流电
D. 使用旋转磁场

40. 将零件放入一个极性不断反转、强度逐渐减小的磁场中的目的是（　　）。

A. 磁化零件
B. 使零件退磁
C. 增大剩余磁场强度
D. 有助于检出埋藏深的缺陷

41. 将零件从线圈中抽出时，电流对零件的退磁效应最小的是（　　）。

A. 交流电
B. 直流电
C. 半波整流交流电
D. 全波整流电

42. 下列最有效的退磁方法是（　　）。

A. 有反向和降压控制器的直流电
B. 有降压控制器的交流电
C. 半波整流交流电
D. 全波整流电

43. 对于含有周向剩余磁场的零件退磁时，下列说法正确的是（　　）。

A. 材料磁滞回线是应考虑的最重要的因素
B. 建立一个纵向磁场，然后进行退磁
C. 在夹头通电设备上用半波电流进行降压磁化可保证将剩余磁场完全去除
D. 使用旋转周期磁场

44. 利用（　　）磁化，可同时发现纵向缺陷和横向缺陷。

A. 直流
B. 旋转磁场
C. 交流

45. 旋转磁场是大小及方向随（　　）变化，形成圆形、椭圆形等的磁场。

A. 地点
B. 时间
C. 距离

46. 旋转磁场是一种特殊的复合磁场，它可以检测工件中的（　　）。

A. 纵向的表面和近表面缺陷
B. 横向的表面和近表面缺陷
C. 斜向的表面和近表面缺陷
D. 任何方向的表面和近表面缺陷

47. 下列有关磁化曲线的说法中，正确的是（　　）。

A. 磁化曲线表示磁场强度 h 与磁感应强度 b 的关系
B. 经过一次磁化后，把磁场强度降为零时的磁通密度称为饱和磁通密度
C. 在铁磁材料中，磁场强度通常与磁通密度成正比
D. 经过一次磁化后，把磁场强度降为零时的磁通密度称为矫顽力

48. 下列有关磁化曲线的说法中，正确的是（　　）。

A. 磁化场在正负两个方向上往复变化时，所形成的封闭曲线
B. 经过一次磁化后，把磁场强度降为零时，所对应的磁场强度 H 与磁感应强度 b 的关系曲线
C. 磁化曲线表示铁磁介质在磁化过程中，磁场强度 H 与磁感应强度 b 的关系曲线
D. 表示剩余磁感应强度随磁场强度变化的规律的曲线

49. 下列关于磁化曲线的说法中，正确的是（　　）。

A. 在 $b-H$ 曲线上,把 H 为零时的 b 值称为矫顽力
B. $b-H$ 曲线是表示磁场强度与磁通密度关系的曲线
C. 一般把 $b-H$ 曲线叫作技术磁化曲线
D. $b-H$ 曲线中,磁导率 μ 的物理意义是表征材料磁化的难易程度
E. 除 A 项以外所的说法都对

50. 下列有关 $b-H$ 曲线的说法中,正确的是(　　)。
A. 在 $b-H$ 曲线上,把 H 为零的 b 值称为矫顽力
B. 在 $b-H$ 曲线上,矫顽力表示反磁场的大小
C. $b-H$ 曲线是表示磁场强度与磁通密度关系的曲线
D. 以上说法都对

51. 直径为 80 mm、长为 200 mm 的圆钢棒,轴通电磁化时,为了使用表面磁场强度达到 100 Oe 所需要的电流值是(　　)。
A. 1001 A　　B. 2000 A　　C. 3000 A　　D. 4000 A

52. 采用线圈磁化法要注意的事项是(　　)。
A. 线圈的直径不要比零件大得太多　　B. 线圈两端的磁场比较小
C. 小直径的零件应靠近线圈　　D. 以上说法都对

53. 直流电通过线圈时产生纵向磁场,确定其方向的法则是(　　)。
A. 左手定则　　B. 右手定则
C. 欧姆定律　　D. 没有相关的定律

54. 下列关于有限长线圈说法中,正确的是(　　)。
A. 线圈内部轴上的磁场方向是与轴平行的
B. 在线圈内部轴上的磁场强度,中间部分与端部是一样的
C. 线圈轴上的磁场以中心为最弱
D. 当线圈的长度、匝数和电流为一定时,线圈的直径越大,其中心磁场越强

55. 对交流做半波整流是为了更好地检验(　　)。
A. 表面缺陷　　B. 内部缺陷　　C. 表面与近面缺陷

56. 同样电流通过长度相同、直径分别为 1 cm 和 2 cm 的钢棒,下列说法正确的是(　　)。
A. 直径 1 cm 钢棒中心磁场强度是直径 2 cm 钢棒中心磁场强度的 1/2
B. 直径 2 cm 钢棒中心磁场强度是直径 1 cm 钢棒中心磁场强度的 1/2
C. 两根钢棒中心的磁场强度均为零
D. 直径 1 cm 钢棒中心磁场强度是直径 2 cm 钢棒中心磁场强度的 1/4

57. 直径为 25 mm 和 50 mm 的圆棒材,使用相同的轴向电流进行磁化,下列关于圆棒表面的磁感应强度的说法中,正确的是(　　)。
A. 两根圆棒材磁场相同　　B. 直径为 50 mm 的圆棒材磁场较强
C. 直径为 25 mm 的圆棒材磁场较弱　　D. 直径为 25 mm 的圆棒材磁场较强

58. 直径为 10cm 和 20cm 的棒材通过相同的电流进行磁化,下列关于其表面磁场的说法中,正确的是(　　)。

A. 两根棒材的磁场相同
B. 直径为 20cm 的棒材磁场较强
C. 直径为 10cm 的棒材磁场较弱
D. 直径为 10cm 的棒材磁场较强

59. 钢轴通以一定值的交流电磁化,其表面磁场强度(　　)。

A. 与横截面成反比
B. 与直径成反比
C. 与横截面成正比
D. 与直径成正比

60. 如果用同样大小的电流通入长度相同而直径分别为 25 mm、50 mm 的圆棒时,比较两工件表面的磁感应强度,下列说法正确的是(　　)。

A. 两圆棒表面磁感应强度是相同的
B. 直径为 25 mm 的表面磁感应强度近似于直径为 50 mm 的 2 倍
C. 直径为 50 mm 的表面磁感应强度近似于直径为 25 mm 的 4 倍
D. 直径为 25 mm 的表面磁感应强度近似于直径为 50 mm 的二分之一

61. 下列有关磁化方法和磁场方向的说法中,正确的是(　　)。

A. 在磁轭法中,磁极连线上的磁场方向垂直于连线
B. 在触头法中,电极连线上的磁场方向垂直于其连线
C. 在线圈法中,线圈轴上的磁场方向是与线圈轴平行的
D. 在穿棒法中,磁场方向是与棒的轴平行的
E. B 项和 C 项说法都对

62. 下列有关磁化电流方向与缺陷方向之间关系的说法中,正确的是(　　)。

A. 直接通电磁化时,与电流方向垂直的缺陷最容易探测到
B. 直接通电磁化时,与电流方向平行的缺陷最容易探测到
C. 直接通电磁化时,与电流方向无关,任何方向的缺陷都能探出
D. 用线圈法磁化时,与线圈内电流方向垂直的缺陷最容易探出

63. 在线圈中,下列有关磁场强度的说法,正确的是(　　)。

A. 磁场强度与安匝数成正比
B. 在有限长线圈轴上,磁场强度端部比中间强
C. 在长度为直径 3 倍以上的有限长线圈中,端部与中间的磁场强度相等
D. 在无限长螺管线圈中磁场强度是均匀的
E. A 项和 D 项说法都对

64. 电流流过无限长的直导体时,有关周围磁场的说法中,正确的是(　　)。

A. 与导体中心轴距离相等的点上,其磁场强度是相等的
B. 离导体中心轴距离增加到 2 倍时,其磁场强度减少到 1/4
C. 离导体中心轴距离增加到 2 倍时,其磁场强度减少到 1/2
D. 当流过导体的电流增加到 2 倍时,其磁场强度增加到 4 倍
E. 当流过导体的电流增加到 2 倍时,其磁场强度增加到 2 倍
F. A 项、C 项和 E 项说法都对

65. 电流流过无限长的直导体时,有关周围磁场的说法中,正确的是(　　)。
A. 与导体中心轴距离相等的点上,其磁场强度是相等的
B. 离导体中心轴距离增加到2倍时,其磁场强度减少到1/2
C. 当流过导体的电流增加到2倍时,其磁场强度增加到2倍
D. 以上说法都对

66. 能被强烈吸引到磁铁上来的材料称为(　　)。
A. 被磁化的材料　B. 非磁性材料　C. 铁磁性材料　D. 被极化的材料

67. 受磁场吸引微弱的材料称为(　　)。
A. 顺磁性材料　B. 抗磁性材料　C. 铁磁性材料　D. 非磁性材料

68. 受磁场吸引微弱的材料是(　　)。
A. 顺磁性的　B. 双磁性的　C. 隐磁性的　D. 抗磁性的

69. 被磁性排斥的材料称为(　　)。
A. 顺磁性材料　B. 抗磁性材料　C. 铁磁性材料　D. 非磁性材料

70. 在磁化时具有微弱吸引力的物质是(　　)。
A. 顺磁性的　B. 逆磁性的　C. 铁磁性的　D. 非铁磁性的

71. 磁铁上,磁力线进入的一端是(　　)。
A. N极　B. S极　C. N极和S极　D. 以上都不是

72. 把铁粉撒到放在一根磁棒上的纸上,由铁粉形成的图形叫作(　　)。
A. 磁场测量图　B. 磁强计　C. 磁图　D. 磁通计

73. 每平方厘米一根磁感应线的度量单位为(　　)。
A. 1 Oe　B. 1 Ω　C. 1 Gs　D. 1 A

74. 在国际单位制中,表示磁场强度的单位是(　　)。
A. A/m　B. m/A　C. T　D. Gs

75. 材料的磁导率表示(　　)。
A. 材料被磁化的难易程度　B. 材料中磁场的穿透深度
C. 工件需要退磁时间的长短　D. 保留磁场的能力

76. 铁磁材料是指(　　)。
A. 磁导率略小于1的材料　B. 磁导率远大于1的材料
C. 磁导率接近于1的材料　D. 磁导率等于1的材料

77. 下列关于钢磁特性的说法中,正确的是(　　)。
A. 一般含碳量越多,矫顽力越小　B. 一般经淬火的材料矫顽力大
C. 含碳量越高的钢,一般磁导率也越高　D. 奥氏体不锈钢显示的磁性强

78. 下列关于铁磁性材料的磁特性说法中,正确的是(　　)。
A. 铁磁性材料有磁滞现象
B. 随着含碳量增高,矫顽力增大

C. 铁磁性材料的磁导率 μ 远大于1,它是与外磁场变化无关的常数
D. 铁磁性材料比顺磁性材料较难达到饱和状态
E. A项和B项说法都对

79. 表示电路中电阻、电感和电容的综合效应对电流总阻力的术语是(　　)。
A. 感抗　　B. 阻抗　　C. 磁阻　　D. 衰减

80. 在某介质中描述磁场强度大小和方向的量是(　　)。
A. 电场强度　　B. 磁感应强度　　C. 磁场强度　　D. 磁通量

81. 在真空中描述磁场强度大小和方向的量是(　　)。
A. 电场强度　　B. 磁感应强度　　C. 磁场强度　　D. 磁通量

82. 下列关于电磁学的符号、单位中,正确的是(　　)。
A. 电流:符号——I,单位——A
B. 磁导率:符号——μ,单位——H/m
C. 磁通密度:符号——b,单位——Gs,国际单位制单位——T
D. 磁场强度:符号——H,单位——Oe特,国际单位制单位——A/m
E. 以上说法都对

83. 磁通密度常用的单位是(　　)。
A. Gs　　B. H　　C. F　　D. A

84. 通电直导线周围的磁场强度的计算公式是(　　)。
A. $H=I/2\pi r$　　B. $H=2\pi r/I$　　C. $H=2\pi/Ir$　　D. $H=2r/\pi I$

85. 交流电的角频 ω 和周期 T、频率 f 的关系是(　　)。
A. $\omega=2\pi/f$　　B. $\omega=2\pi f$　　C. $f=2\pi\omega$　　D. $\omega=2\pi f$

86. 线圈中磁场最强处在(　　)。
A. 线圈内缘　　B. 线圈外缘　　C. 线圈中心　　D. 线圈端头

87. 下列有关磁力线的说法中,正确的是(　　)。
A. 沿直线进行　　B. 形成闭合回路
C. 方向无规律　　D. 覆盖在铁磁材料上

88. 电流通过导体时,围绕导体的是(　　)。
A. 有势场　　B. 电流　　C. 磁场　　D. 剩磁场

89. 下列关于电流形成磁场的说法中,正确的是(　　)。
A. 电流形成的磁场与电流方向平行
B. 电流从一根导体上通过时,用右手定则确定磁场方向
C. 通电导体周围的磁场强度与电流大小有关
D. 通电导体周围的磁场强度与电流大小无关

90. 硬磁材料是指材料的(　　)。
A. 磁导率低　　B. 剩磁强　　C. 矫顽力大　　D. 以上说法都对

91. 磁通密度和磁感应强度都是单位面积上的磁力线条数，它们的不同点是(　　)。
A. 磁通密度是正交平面上的磁力线密度，磁感应强度是非正交平面上的磁力线密度
B. 磁通密度是非正交平面上的磁力线密度，磁感应强度是正交平面上的磁力线密度
C. 磁通密度与磁感应强度无明显区别
D. 以上说法都不对

92. 同样大小的电流通过两根尺寸相同的导体时，一根是磁性材料，另一根是非磁性材料，则其周围的磁场强度是(　　)。
A. 磁性材料的较强　B. 非磁性材料的较强
C. 随材料磁导率变化　D. 磁场强度相同

93. 电流通过铜导线时，下列说法正确的是(　　)。
A. 在铜导线周围形成一个磁场　B. 在铜导线中建立磁极
C. 使铜导线磁化　D. 不能产生磁场

94. 与物质吸引其他物质的能力有关的因素是(　　)。
A. 磁场强度　B. 磁性　C. 矫顽力　D. 磁极强度

95. 磁感应线离开磁铁的位置是(　　)。
A. 北极　B. 南极　C. 北极和南极　D. 以上都不是

96. 顺磁性材料的磁特性是(　　)。
A. 磁性强　B. 根本无磁性
C. 磁性微弱　D. 缺乏电子运动

97. 永久磁铁中的磁畴是(　　)。
A. 以固定位置排列，方向相互抵消　B. 以固定位置排列，在一个方向占优势
C. 无规则排列　D. 与金属点阵相同

98. 磁性材料在达到居里温度时，会变为(　　)。
A. 顺磁性的　B. 抗磁性的　C. 非磁性的　D. 放射性的

99. 下列关于铁磁性材料的说法中，正确的是(　　)。
A. 铁磁性材料有磁滞现象
B. 随着含碳量增高，矫顽力增大
C. 铁磁性材料的磁导率远大于1，它是与外磁场变化无关的常数
D. 铁磁性材料比顺磁性材料较难达到磁饱和状态
E. A项和B项说法都对

100. 下列关于磁场的说法中，正确的是(　　)。
A. 存在于通电导体周围的空间　B. 磁场具有大小和方向
C. 可以用磁力线描述磁场的大小和方向　D. 磁场不存在于磁体的外部
E. 除D项以外都对

101. 在被磁化的零件中和周围存在的磁通量叫作(　　)。
A. 饱和点　B. 磁场　C. 铁磁性　D. 顺磁性

102. 在被磁化的零件上,磁场进入和离开的部位叫作(　　)。
A. 显点　B. 缺陷　C. 磁极　D. 节点

103. 表示磁化力在某种材料中产生的磁场强度的关系的曲线叫作(　　)。
A. 磁力曲线　B. 磁滞回线　C. 饱和曲线　D. 磁感应曲线

104. 撤去外磁场后,保留在可磁化的材料中的磁性叫作(　　)。
A. 漂移场　B. 剩余磁场　C. 衰减磁场　D. 永久磁场

105. 当一个材料中存在表面和近表面缺陷时,在工件磁化后,就会在缺陷附近产生一个磁场。这个磁场称为(　　)。
A. 剩余磁场　B. 磁化磁场　C. 漏磁场　D. 感应磁场

106. 零件中感应的磁场强度通常叫作(　　)。
A. 电流密度　B. 电压　C. 磁感应强度　D. 顽磁性

107. 当外部磁化力撤去后,一些磁畴仍保持优势方向,为使它们恢复原来的无规则方向所需要的额外的磁化力,通常叫作(　　)。
A. 直流电力　B. 矫顽力　C. 剩余磁场力　D. 外力磁场力

108. 把磁性材料放入线圈中时,磁感应线集中于材料中,并且(　　)。
A. 建立一个纵向磁场　B. 建立一个周向磁场
C. 建立一个复合磁场　D. 没有效应

109. 难于磁化的金属具有(　　)。
A. 高磁导率　B. 低磁导率　C. 高磁阻　D. 低顽磁性

110. 纵向磁化时,表示磁化力的是(　　)。
A. 安培数　B. 安匝数　C. 安/米　D. 安·米

111. 磁粉检测优于渗透检测的地方是(　　)。
A. 能检出表面夹有外来材料的表面不连续性
B. 对单个零件检验快
C. 可检出近表面不连续性
D. 以上说法都对

112. 在下列情况下,磁场最强的是(　　)。
A. 磁化电压波动时　B. 磁化电流存在时
C. 材料呈现出高矫顽力　D. 磁化电流变小时

113. 铁磁材料的特点是(　　)。
A. 受磁铁强烈吸引　B. 能被磁化
C. 以上说法都对　D. 以上说法都不对

114. 当磁化电流为交流电且未配备断电相位控制器时,不宜使用的方法是(　　)。

A. 剩磁法　B. 连续法　C. 复合磁化法

115. 使用荧光磁粉的一个优点是(　　)。
A. 需要的设备少　B. 检验速度快　C. 成本低　D. 容易被吸附

116. 检验荧光磁粉显示的光线是(　　)。
A. 荧光　B. 自然光　C. 黑光　D. 氖光

117. 棒形磁铁内的磁力线沿磁铁的长度方向,这个棒形磁铁的磁化叫作(　　)。
A. 随机磁化　B. 永久磁化　C. 周向磁化　D. 纵向磁化

118. 下列对有关术语的解释,其中正确的是(　　)。
A. 湿法:探伤时施加经适当媒质分散的磁粉
B. 干法:探伤时施加经过干燥的磁粉
C. 连续法:切断电流后才施加磁粉
D. 剩磁法:一面施加磁化磁场,一面施加磁粉
E. 轴向通电法:直接在试件上做轴向通电
F. 磁轭法:把穿过试件的铜棒通以电流
G. 触头法:把试件放在电磁铁(或永久磁铁)的两极间
H. A 项、B 项和 E 项说法都对

119. "流线"这一术语是用来形容(　　)。
A. 磁极或磁轭的磁场分布
B. 磨削裂纹形成磁痕的分布图形
C. 厚板材中分层形成的磁粉图形
D. 磁化电流过大,在试件表面上形成的磁粉图形

120. 高压螺栓通直流电磁化,磁感应强度最大处是(　　)。
A. 中心　B. 近表面　C. 表面上　D. 表面外

121. 高压螺栓通交流电磁化,磁感应强度最大的部位是(　　)。
A. 中心　B. 近表面　C. 表面　D. 近表面和表面

122. 试件磁粉检测必须具备的条件是(　　)。
A. 电阻小　B. 探伤面能用肉眼观察
C. 探伤面必须光滑　D. 试件必须有磁性

123. 下列磁化电流对检测近表面裂纹效果最佳的是(　　)。
A. 半波整流　B. 全波整流　C. 交流电　D. 稳恒直流电

124. 正弦交流电的峰值为有效值的(　　)。
A. 3.14 倍　B. 1.57 倍　C. 1.41 倍　D. 2 倍

125. 表面裂纹检出灵敏度最高的电流类型是(　　)。
A. 交流　B. 半波整流　C. 全波整流　D. 直流

126. 用间隔为 150 mm 的手持电极在零件中感应磁场时,产生的磁场是(　　)。

A. 螺线形的　B. 周向的
C. 纵向的　D. 畸变的不规则形状

127. 按照“右手定则”，工件表面的纵向缺陷，可以用通入平行于缺陷方向的电流检测出来。这是因为(　　)。
A. 电流方向与缺陷一致　B. 磁场与缺陷垂直
C. 怎么通电都一样　D. 磁场平行于缺陷

128. 在确定磁化方法时必需的参数是(　　)。
A. 材料磁导率　B. 材料硬度
C. 制造方法　D. 预计缺陷位置方向
E. A 项和 D 项都对

129. 可在试件中感应出周向磁场的方法是(　　)。
A. 夹头法通电　B. 触头法通电　C. 中心导体法　D. 以上都是

130. 电磁轭法产生(　　)。
A. 纵向磁场　B. 周向磁场　C. 交变磁场　D. 摆动磁场

131. 用触头或夹头通电时，应使用大接触面(如用铅网或铜网)，其原因是(　　)。
A. 可增大磁通密度　B. 有助于加热从而有利于磁感应
C. 增大接触面积，减少烧伤零件的可能性　D. 有助于提高零件上的电流强度

132. 围绕零件的通电线圈产生(　　)。
A. 周向磁场　B. 纵向磁场　C. 与电流类型有关　D. 间歇磁场

133. 纵向磁化时，计算磁场强度的正确术语是(　　)。
A. 安培数　B. 安匝数　C. 瓦特数　D. 欧姆数

134. 从零件两端通电磁化零件，零件的长度(　　)。
A. 影响零件的磁导率　B. 对磁场强度无影响
C. 改变磁场强度　D. 改变磁场方向

135. 漏磁场最强时，不连续所处于的方向(　　)。
A. 与磁场成 180°角　B. 与磁场成 45°角
C. 与磁场成 90°角　D. 与电场成 90°角

136. 用来确定磁粉检测中表面缺陷的检出能力的一般法则是(　　)。
A. 与缺陷宽深比无关　B. 缺陷深度至少是其宽度的 5 倍
C. 缺陷的宽深比为 1　D. 以上说法都对

137. 当不连续性平行于磁感应线时出现的情况(　　)。
A. 产生强显示　B. 产生弱显示
C. 不产生显示　D. 产生模糊显示

138. 作为最后的磁化方法时，零件外部的磁场比较容易用磁强针测量的磁化方法是(　　)。

A. 周向磁化　B. 纵向磁化
C. A 项和 B 项都对　D. A 项和 B 项都不对

139. 经过周向磁化的零件和经过纵向磁化的零件相比,在不退磁的情况下,保留残留磁场最有害的磁化方式是(　　)。
A. 纵向磁化　B. 周向磁化　C. 复合磁化　D. 剩余磁化

140. 磁粉检测时,在被检零件中,磁场出现最强的时间是(　　)。
A. 交流电磁化时在切断电流反向以前　B. 磁化电流切断以后
C. 通电过程中　D. 施加磁粉时

141. 下列关于荧光磁粉检测的说法中,正确的是(　　)。
A. 紫外光是可见光
B. 用来荧光磁粉检测的紫外波长是 3650 Å
C. 被检工件表面上的紫外光光强不得低于 970 lx
D. 波长小于 3300×10^{-10} m 的紫外光对人眼有害
E. 除 A 项以外的说法都对

142. 用周向磁化法检验近表面的缺陷时,使用直流电代替交流电的原因是(　　)。
A. 磁粉的流动性不再对检验有影响
B. 直流电易于达到磁场饱和
C. 交流电的趋肤效应使可发现缺陷的深度变小
D. 没有技术方面的理由

143. 周向磁化的零件中,表面纵向裂纹导致的情况将会是(　　)。
A. 使磁场变弱　B. 使磁导率降低　C. 产生漏磁场　D. 产生电流

144. 用芯棒法磁化圆筒零件时,最大磁场强度出现在零件的位置是(　　)。
A. 外表面　B. 壁厚的一半处　C. 两端　D. 内表面

145. 检测灵敏度最高的是(　　)。
A. 连续法　B. 剩磁法　C. 间断法　D. 反向电流法

146. 检验细微的浅表面裂纹时,最佳的方法是(　　)。
A. 干法交流电　B. 干法直流电　C. 湿法交流电　D. 湿法直流电

147. 对检测近表面缺陷灵敏度较高的方法是(　　)。
A. 连续法　B. 剩磁法　C. 周向磁化　D. 纵向磁化

148. 在大多数零件中,磁化最容易控制的形式是(　　)。
A. 纵向磁化　B. 周向磁化　C. 永久磁化　D. 平行磁化

149. 磁粉检验中,磁化程度相同时,最难检出的缺陷是(　　)。
A. 表面裂纹　B. 近表面裂纹　C. 擦伤　D. 缝隙

150. 检测表面裂纹最好的电流是(　　)。
A. 半波整流交流电　B. 直流电

C. 交流电　D. 波动电流

151. 用磁粉检测方法检测材料中不同方向的缺陷,最好使用(　　)。

A. 两个或两个以上不同方向的磁场　B. 强磁场

C. 高频磁场　D. 以上说法都对

152. 使电流直接从工件上通过的磁化方法是(　　)。

A. 支杆法　B. 线圈法　C. 磁轭法　D. 芯棒法

153. 最适合于检测表面缺陷的电流类型是(　　)。

A. 直流　B. 交流　C. 脉动直流　D. 半波整流

154. 可能由于外部磁极太强而不能对零件进行满意检验的磁化方法是(　　)。

A. 周向磁化　B. 纵向磁化　C. 偏振磁化　D. 剩余磁化

155. 半波整流电用来检测的缺陷是(　　)。

A. 表面缺陷　B. 近表面缺陷

C. A 项和 B 项都是　D. 以上说法都不对

156. 不直接把电流通入零件的磁化方法是(　　)

A. 芯棒法　B. 纵向通电法

C. 磁轭法　D. 触头法

E. 磁通贯通法　F. A 项、C 项和 E 项都对

157. 对交流做半波整流是为了检验(　　)。

A. 表面缺陷　B. 内部缺陷

C. 表面和近表面缺陷　D. 以上说法都对

158. 当磁化电流是交流电时,不宜使用(　　)。

A. 剩磁法　B. 连续法

159. 交流电磁化,需作断电相位控制的是(　　)。

A. 连续法　B. 剩磁法

160. 磁粉检测中,不主张使用的方法是(　　)。

A. 纵向磁化　B. 轴向磁化　C. 向量磁化　D. 平行磁化

161. 磁化直流计算的经验公式 $NI=45000/(L/D)$ 适用于(　　)。

A. 纵向磁化　B. 周向磁化

C. 高充填因数线圈磁化　D. 以上说法都不对

162. 磁粉检测灵敏度表示的是(　　)。

A. 绝对灵敏度　B. 相对灵敏度

C. 对比灵敏度　D. 以上说法都对

163. 用永久磁铁磁化工件时,两极之间的磁场强度为(　　)。

A. 一常数　B. 随接近磁极而磁性提高

C. 在两磁极的中间最高　D. 在两磁极的中间最低

164. 下图中,为三相全波整流交流电波形的是(　　)。

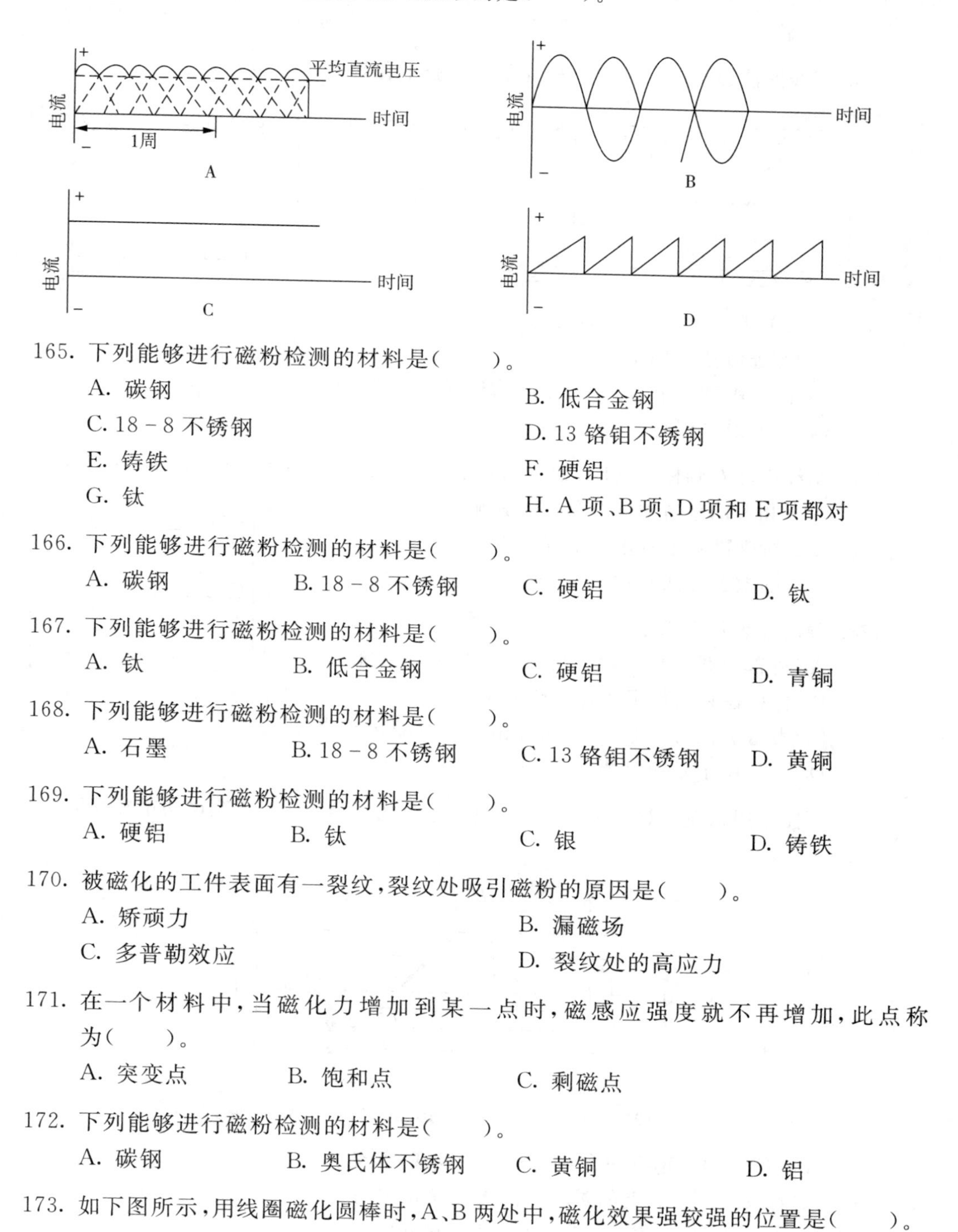

165. 下列能够进行磁粉检测的材料是(　　)。

A. 碳钢
B. 低合金钢
C. 18 − 8 不锈钢
D. 13 铬钼不锈钢
E. 铸铁
F. 硬铝
G. 钛
H. A 项、B 项、D 项和 E 项都对

166. 下列能够进行磁粉检测的材料是(　　)。

A. 碳钢　　B. 18 − 8 不锈钢　　C. 硬铝　　D. 钛

167. 下列能够进行磁粉检测的材料是(　　)。

A. 钛　　B. 低合金钢　　C. 硬铝　　D. 青铜

168. 下列能够进行磁粉检测的材料是(　　)。

A. 石墨　　B. 18 − 8 不锈钢　　C. 13 铬钼不锈钢　　D. 黄铜

169. 下列能够进行磁粉检测的材料是(　　)。

A. 硬铝　　B. 钛　　C. 银　　D. 铸铁

170. 被磁化的工件表面有一裂纹,裂纹处吸引磁粉的原因是(　　)。

A. 矫顽力
B. 漏磁场
C. 多普勒效应
D. 裂纹处的高应力

171. 在一个材料中,当磁化力增加到某一点时,磁感应强度就不再增加,此点称为(　　)。

A. 突变点　　B. 饱和点　　C. 剩磁点

172. 下列能够进行磁粉检测的材料是(　　)。

A. 碳钢　　B. 奥氏体不锈钢　　C. 黄铜　　D. 铝

173. 如下图所示,用线圈磁化圆棒时,A、B 两处中,磁化效果强较强的位置是(　　)。

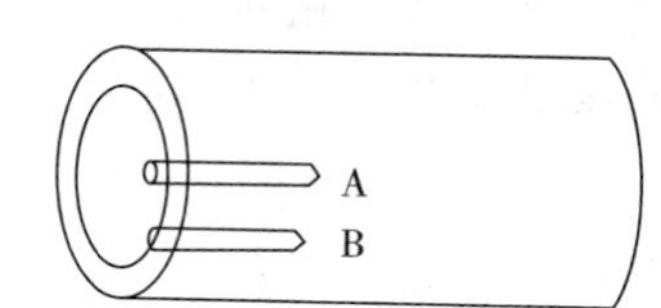

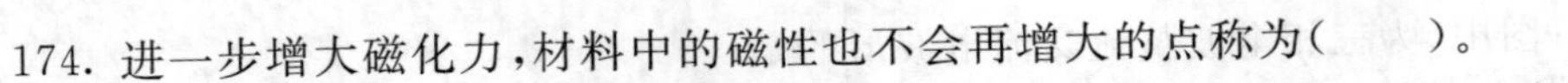

174. 进一步增大磁化力，材料中的磁性也不会再增大的点称为（　　）。

A. 显极　　B. 饱和点　　C. 剩磁点　　D. 残留点

175. 用线圈法磁化时，下图中，磁化效果较强的位置是（　　）。

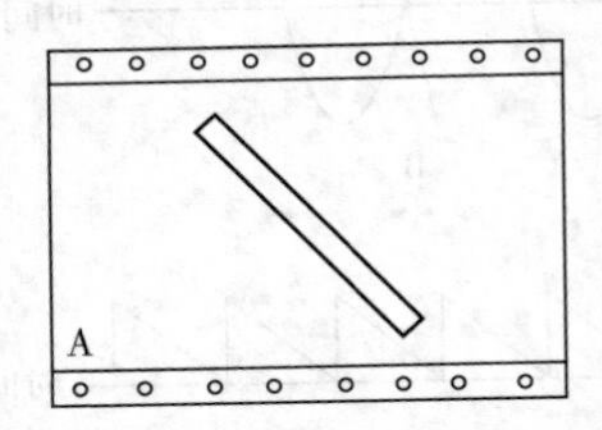

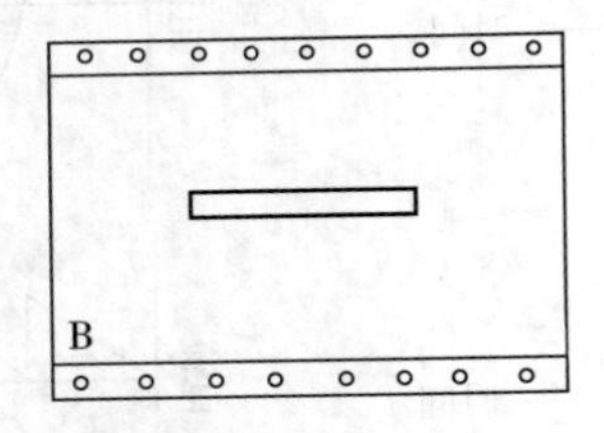

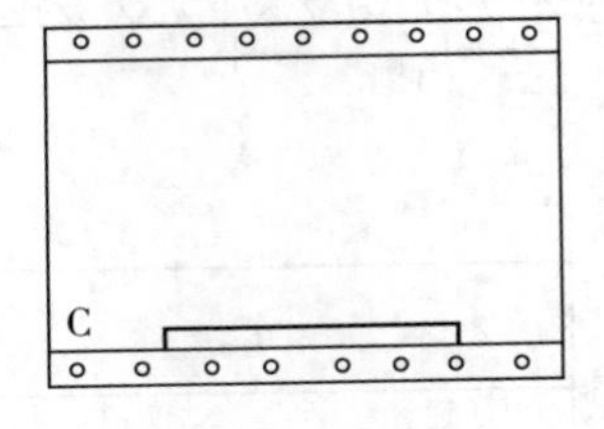

176. 下列关于矫顽力的正确说法是（　　）。

A. 在连续法中用来描述磁化力

B. 在一块材料中为去掉剩磁所需的反向磁化力

C. 以上说法都对

177. 用线圈法对圆棒磁化时（如右图），下列关于试件放置的说法中，正确的是（　　）。

A. a 和 b 的放置对磁化效果无影响

B. a 的放置方法磁化效果好

C. b 的放置方法磁化效果好

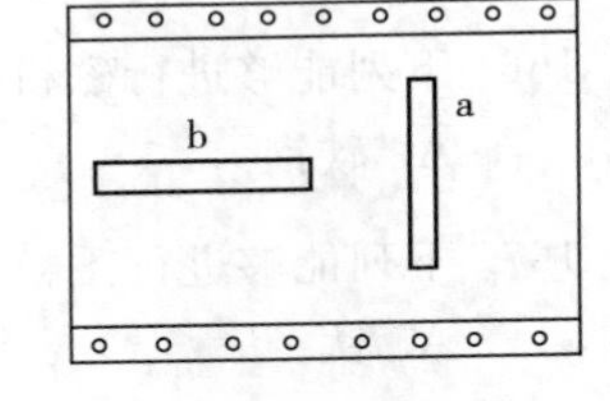

178. 顽磁性表示意思是（　　）。

A. 外部磁化力在铁磁性材料中感应磁场的能力

B. 材料在它内部阻止建立磁通量的能力

C. 表示磁化力去除后，材料保留一部分磁场的能力

D. 不是用于磁粉检测的术语

179. 下图是用磁轭法对平板对接焊缝进行磁化的一个例子。下列说法正确的是（　　）。

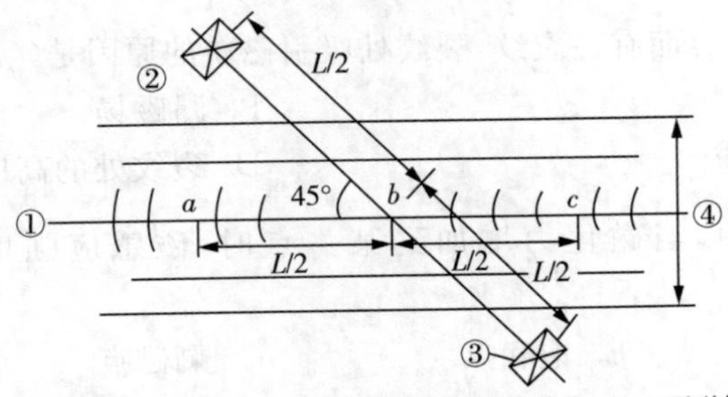

①—焊接线；②③—磁极；④—探伤L/2范围的单位；L—两磁极间距

A. b 位置的磁场方向大致与横向裂纹成 45°角

B. 在 a、b、c 三点上的磁场方向大致是相同的

C. 在 a、b 两点上的磁场强度大致是相同的

D. 在 a 和 c 位置上的磁场强度大致是相同的

E. A 项和 D 项说法都对

180. 下列有关磁粉检测的说法中，正确的是（　　）。

A. 如果使用连续法,就可以对奥氏体钢进行磁粉检测

B. 切断磁化电流后施加磁悬液的方法叫剩磁法

C. 高矫顽力材料制成的零件可以用剩磁法探伤

D. 荧光磁粉与非荧光磁粉相比,一般来说其磁悬液浓度要低

E. B 项、C 项和 D 项说法都对

181. 下列示意图分别表示电流与磁场的方向,正确的是(　　)。

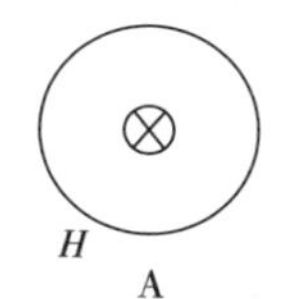

A

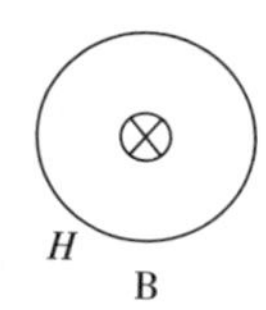

B

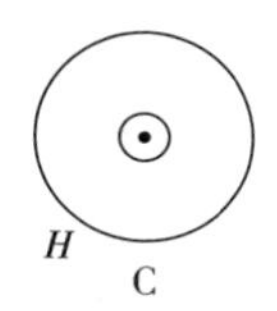

C

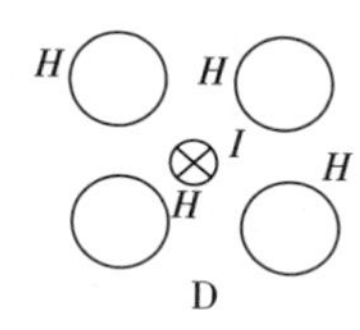

D

182. 使用磁轭磁化时,感应磁场强度最大的部位是(　　)。

A. 磁轭的南极和磁轭的北极附近　　B. 磁极中间的区域

C. 磁极外侧较远区域

183. 如右图所示,在钢铁材料的磁化曲线上,P 点叫作(　　)。

A. 磁导率

B. 剩磁磁通密度

C. 矫顽力

D. 饱和磁通密度

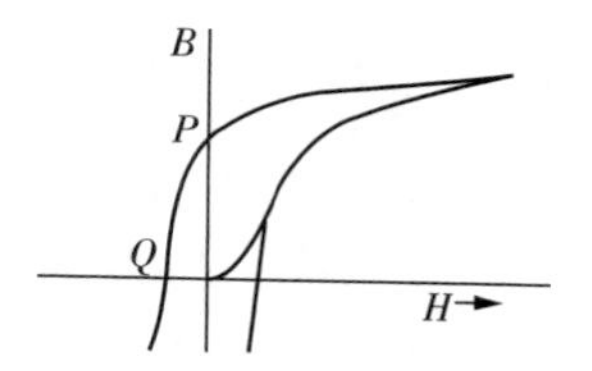

184. 在上图中,在钢铁材料的磁化曲线上,Q 点叫作(　　)。

A. 磁导率　　B. 剩磁磁通密度　　C. 矫顽力　　D. 饱和磁通密度

185. 下列材料中,能进行磁粉检测的是(　　)。

A. 非金属材料　　B. 导电金属材料　　C. 铁磁性材料　　D. 顺磁性材料

186. 下列材料中,不能进行磁粉检测的是(　　)。

A. 碳钢　　B. 马氏体不锈钢　　C. 奥氏体不锈钢　　D. 铸铁

187. 聚集磁粉最多的裂纹方向是(　　)。

A. 与磁场方向平行　　B. 与磁场方向成 45°夹角

C. 与磁场方向垂直　　D. 与磁场方向无关

参考答案:

1—10:BBBBC CBABB

11—20:BDDDC DCFDC

21—30:DBECD DBBBA

31—40:AAADE DADBB

41—50:BABBB DACEC

51—60:BDBAC BDBBB

61—70:EBEFD CAAAA

71—80:BCCAA BBEBC

81—90:CEAAD BBCBD

91—100:BDABA CBAEE

101—110:BCBBC CBABB

111—120:DBCAB CDHDC

121—130:CDACA BBEDA

131—140:CBBBC BCBAC

141—150:ECCDA CABCC

151—160:AABBC FCABD

161—170:ADAAH ABCDB

171—180:BABBC BCCEE

181—187:AABCC CC

附录2：视力检查表

无损检测人员

视力检查表

［GB/T 9445(等同 ISO 9712)标准要求］

4

If the pressure on steel ingot is not enough at the direction during the process of cogging or rolling, it is easy to form a concave groove and it might become surface crack along the material fiber in the lather forging or rolling.

4. 5

Secretions the length of these cracks may equal to the length of the rolled products such as rod, late, strip and tube. This kind of cracks is usually visible.

5

Since burrsor foreign matters may exist on the roller, the material may have a slight cut, and becomes fine surface crack during the lather rolling.

6

These fine cracks may have a long length. When the steel being rolled is at high temperature, heavy oxide scales formed.

7

If the scales are rolled into the steel, surface cracks could be also formed. These cracks may lie inlongitudinal, transverse or in irregular directions.

8

Seams are not one, existed on or near the surface of the steel, but also in the interior or even in the center of the body. Sometimes the number of seams in internal hole of machining parts is more than seams on the surface.

注：申请报考无损检测人员等级证书者应具有符合 GB/T 9445(等同 ISO 9712)标准要求的视力，即无论是否经过矫正，在不小于 30cm 距离处，一只眼睛或两只眼睛的近视力应能读出 Times New Roman 4. 5 或等同大小的字(Times New Roman 4. 5 点的垂直高度，每 1 点为 1/72in 或 0. 3528 mm)。

参 考 文 献

[1] 中国机械工程学会无损检测学会．磁粉探伤[M].2 版．北京:机械工业出版社,2004.
[2] 国防科技工业无损检测人员资格鉴定与认证委员会．磁粉检测[M].北京:机械工业出版社 2004.
[3] 宋志哲．磁粉检测[M].2 版．北京:中国劳动社会保障出版社,2007.
[4] 任吉林,林俊明．电磁无损检测[M].北京:科学出版社,2008.
[5] 美国无损检测学会．美国无损检测手册:磁粉卷[M].上海:世界图书出版公司,1994.
[6] 冶金无损检测人员资格鉴定与认证委员会．铁磁金属材料的漏磁检测[M].北京:中国科学技术出版社,2016.
[7] 李家伟．无损检测手册[M].2 版．北京:机械工业出版社,2011.
[8] 国防科技工业无损检测人员资格鉴定与认证委员会．目视检测[M].北京:机械工业出版社,2006.
[9] 国家质量监督检验检疫总局,国家标准化管理委员会．无损检测人员资格鉴定与认证[S].北京:中国标准出版社,2015.

参考文献

[1] [illegible]

[2] [illegible]

[3] [illegible]

[4] [illegible]

[5] [illegible]

[6] [illegible]

[7] [illegible]